Produktentwicklung und Konstruktionstechnik

Band 18

Reihe herausgegeben vom
Institut für Produktentwicklung und Konstruktionstechnik (PKT) der Technischen Universität Hamburg (TUHH), Hamburg, Deutschland unter der Leitung von Prof. Dr.-Ing. Dieter Krause

In der Buchreihe erscheinen die am Institut von Prof. Dr.-Ing. Dieter Krause erfolgreich betreuten abgeschlossenen Dissertationsschriften. Die Themen umfassen vorwiegend Arbeiten aus den beiden Forschungsschwerpunkten des Institutes, die methodische Produktentwicklung, insbesondere Themen zum Varianten- und Komplexitätsmangement sowie Methodenforschung für die Produktentwicklung im Allgemeinen und dem zweiten Forschungsthema der Strukturanalyse und Versuchstechnik mit Themen aus dem Bereich der Auslegung von Hochleistungswerkstoffen, wie CFK, Sandwich oder auch Keramik, sowie der Weiterentwicklung von Simulationsmethoden und Versuchstechnik für Spezialanwendungen. Bücher zu weiteren interessanten Themen oder Tagungsbände mit wissenschaftlichem oder mehr anwendungsorientiertem Charakter ergänzen die Buchreihe.

Weitere Bände in der Reihe http://www.springer.com/series/16305

Nicolas Gebhardt

Methodische Entwicklung von Visualisierungen als Arbeitswerkzeuge in der Produktentwicklung

Springer Vieweg

Nicolas Gebhardt
Institut für Produktentwicklung und
Konstruktionstechnik (PKT)
Hamburg, Deutschland

ISSN 2629-2157 ISSN 2662-7485 (electronic)
Produktentwicklung und Konstruktionstechnik
ISBN 978-3-662-61621-5 ISBN 978-3-662-61622-2 (eBook)
https://doi.org/10.1007/978-3-662-61622-2

Die Deutsche Nationalbibliothek verzeichnet diese Publikation in der Deutschen Nationalbibliografie; detaillierte bibliografische Daten sind im Internet über http://dnb.d-nb.de abrufbar.

Springer Vieweg ist ein Imprint der eingetragenen Gesellschaft Springer-Verlag GmbH, DE und ist ein Teil von Springer Nature.
Die Anschrift der Gesellschaft ist: Heidelberger Platz 3, 14197 Berlin, Germany

Methodische Entwicklung von Visualisierungen als Arbeitswerkzeuge in der Produktentwicklung

Vom Promotionsausschuss der
Technischen Universität Hamburg

zur Erlangung des akademischen Grades
Doktor-Ingenieur (Dr.-Ing.)

genehmigte Dissertation

von
Johannes Nicolas Gebhardt

aus
Kiel

2019

1. Gutachter: Prof. Dr.-Ing. Dieter Krause

2. Gutachterin: Prof. Dr.-Ing. Kristin Paetzold

Tag der mündlichen Prüfung: 23. Januar 2020

Vorwort

Diese Dissertation entstand in sechs spannenden Jahren am Institut für Produktentwicklung und Konstruktionstechnik der TU Hamburg. Sehr herzlich möchte ich an dieser Stelle meinen Kollegen, Projektpartnern, Studierenden, Familie und Freunden für ihre Unterstützung danken.

Mein besonderer Dank gilt meinem Doktorvater Prof. Dr.-Ing. Dieter Krause. Frau Prof. Dr.-Ing. Kristin Paetzold danke ich für ihre Unterstützung als Zweitgutachterin und Herrn Prof. Dr.-Ing. habil. Hermann Lödding für die Übernahme des Prüfungsvorsitzes.

Wichtige Bausteine dieser Arbeit sind erst durch die Zusammenarbeit mit Partnerunternehmen in verschiedenen Projekten entstanden. Hierfür und für viele spannende Einblicke möchte ich vor allem Herrn Hans-Martin Lutz, Nikolai Fischer, Niels Syassen und Marc Windheim danken.

Meinen Kollegen am Institut möchte ich für den Zusammenhalt sowie die Unterstützung danken. Hervorzuheben sind hier Gregor Beckmann, Henry Jonas und Johanna Spallek. Dank gilt auch den Korrektur- und Probelesern der Arbeit, namentlich Christoph Fuchs, Erik Greve, erneut Johanna und natürlich Thomas Kipp, ohne den die ganze Sache gar nicht begonnen hätte.

Meinen Hilfswissenschaftlern und Studienarbeitern danke ich für die spannenden Diskussionen und Arbeiten – vor allen Julia Beibl, Jan-Christoph Berns, Philipp Dreesen, Katharina Grabowski und Nicolai Roloff.

Nicolas Gebhardt

Summary

Product development can be supported by methods and tools very efficiently. Visualisations form an important group of these tools, e.g. helping to focus the attention of product developers, improve interdisciplinary communication and problem solving, or enhancing creativity. In this work, visualisations are understood as simplified, static and graphical representations of data and information (e.g. product programs, families, products, their structures, properties, behaviours) for the purpose of supporting product development. Despite many applications, visualisations developed by design researchers as tools for product developers do often fall far below the expected improvements in work efficiency. Great potentials are still left in product development by better utilisation of visualisations as working tools.

Existing knowledge in the design of visualisations is not suitable for designing visualisations as tools in product development. It is spread over many fields of research. Thus it's models, methods and solutions are either too generic or too focussed on only specific topics, such as media design or big data visualisation. As a result, product development and design research can hardly build on existing knowledge or methods in order to increase the effectiveness, efficiency and applicability of visual tools in product development. So far, there is no existing work in the field of product development or design research that suppports the knowledge, let alone an approach, to designing visualisations as tools in product development. To provide a sulution, a new "Methode to the Design of Visualisation Concepts as Tools in Product Development" is presented in this work. It fullfills the need for support of visualisation designers as well as product developers, provides the necessary knowledge and an applicable, easy to use procedure. The approach was developed based on the need for support of visualisation designers, the state of research in information visualisation and existing approaches to visualisation design, as well as to development of design supports. The method consists of a five-phase procedure: goal setting, application analysis, solution research, concept generation and evaluation. Three new solution catalogues are provided within the method. Offering the generic collection of visualisation principles and techniques, these catalogues enable an hollistic generation of possible visualisation concepts.

For the purpose of validation, the method is successfully applied to two case studies in research and in industry. The studies have been undertaken within the research project „WiMo - Entwicklung eines Wirkmodells der Eigenschaften modularer Produktstrukturen zur Bewertung methodischer Ansätze", funded by the German Research Foundation, and in collaboration with a german power tool company respectively. Both cases demontrate applicability of the methode and provide effective solution to the specific development and research processes.

Inhaltsverzeichnis

Abkürzungsverzeichnis

ARC	Areas of Research and Contributions
CAD	Computer aided Design
CAM	Computer aided Manufacturing
CAx	Computer aided x
D&I	Daten und Informationen
DFG	Deutsche Forschungsgemeinschaft
DIP	Daten- und Informationsplan
DRM	Design Research Methodology
DS	Deskriptive Studie
EDV	elektronische Datenverarbeitung
FEM	Finite Elemente Methode
KMU	kleine und mittlere Unternehmen
MIG	Module Interface Graph
MPV	Methoden und Prozess Visualisierung
PH	Prüfungshypothese
PKT	Institut für Produktentwicklung und Konsktruktionstechnik
TUHH	Technische Universität Hamburg
PS	Prescriptive Studie
VAM	Variety Allocation Modell
VDI	Verein Deutscher Ingenieure
VR	Virtual Reality
WiMo	Wirkmodell

1 Einleitung

1.1 Ausgangssituation und Problemstellung

Die Aufgaben in der Produktentwicklung sind vielfältig und interdisziplinär. Die Tätigkeiten zeichnen sich durch unterschiedliches Abstraktionsniveau aus – von der Interpretation von Kundenbedürfnissen bis hin zur Auslegung von Bauteilen [Lin09a]. Wesentlich sind sowohl analytische Tätigkeiten, beispielsweise in der Berechnung, als auch kreative Prozesse in der Ideenfindung oder soziale Kompetenzen, wie bei interdisziplinären Aufgaben oder der Moderation von Teamarbeit [Ehr13], [Gra93].

Die Produkte und Arbeitsinhalte werden zunehmend komplizierter. Die Menge und Verschiedenheit der Informationen in der Produktentwicklung steigen stetig an [Sch03], [Hei14]. Die neuen Möglichkeiten der Datenaufnahme, -speicherung und -verarbeitung, sowie neue methodische Ansätze in der Produktentwicklung, wie das Model Based Systems Engineering, verstärken diese Entwicklung. Die Fähigkeiten der Entwickler, die verfügbaren Informationen ausreichend schnell aufzunehmen, richtig zu verstehen und zu verarbeiten werden dadruch umso mehr gefordert [Hol12].

Aus diesen und weiteren Gründen spielen Arbeitsmethoden und -werkzeuge, mit denen die Effizienz und Ergebnisqualität der Produktentwicklung deutlich verbessert werden können, eine große Rolle [Ehr13]. Visualisierungen bilden dabei eine wichtige Gruppe der Arbeitswerkzeuge.

Aufgrund mehrerer Eigenschaften bieten Visualisierungen in der Produktentwicklung sehr gute Einsatzmöglichkeiten als Arbeitswerkzeuge. Sie können hervorragend eingesetzt werden, um die Aufmerksamkeit der Entwickler zu fokussieren, Sachverhalte interdisziplinär zu vermitteln oder die Kreativität zu fördern [Lin09a], [Mai14a]. Das Sehen ist der Wahrnehmungssinn mit der höchsten Menge und Geschwindigkeit an verarbeitbarer Information, wobei bildlich dargestellte Informationen werden dabei noch einmal deutlich schneller aufgenommen und behalten als Texte oder Tabellen [War04]. Visualisierungen sind so deutlich besser als andere Wege der Informationsvermittlung geeignet, die vergleichsweise hohen Informationsmengen in der Produktentwicklung zu erfassen und zu bearbeiten [Spe07].

Bild 1-1 zeigt Beispiele für die Verwendung von Visualisierungen in typischen Arbeitssituationen der Produktentwicklung.

N. Gebhardt, *Methodische Entwicklung von Visualisierungen als Arbeitswerkzeuge in der Produktentwicklung*, Produktentwicklung und Konstruktionstechnik 18, https://doi.org/10.1007/978-3-662-61622-2_1

Bild 1-1: Einzelarbeit, Informationsbeschaffung, Kommunikation und Teamarbeit als typische Arbeitssituationen mit Visualisierungen als Werkzeuge in der Produktentwicklung

Mithilfe von Visualisierungen kann unterschiedliches Verständnis bei abteilungsübergreifenden Aufgaben besonders gut ausgeglichen werden. Die verschiedenen Arbeitsinhalte der Produktentwicklung, wie Anforderungen, Produktstrukturen oder Bauteilgestaltungen, sind gut für eine visuelle Darstellung geeignet und anders oft nicht sinnvoll darstellbar [Ehr13], [Mor08], [Hen99]. Diese Arbeitsinhalte müssen mit vielen anderen Aspekten verknüpft werden, wie Kundenanforderungen oder wirtschaftliche Größen. Diese Zusammenhänge sind häufig nur grafisch zu erfassen und zu bearbeiten [Mai05], [Ric05], [Ren02].

Die Nutzung von Visualisierungen als Arbeitswerkzeuge bietet viel Potential, die Effizienz und Zielerreichung in der Produktentwicklung zu verbessern. Viele Produktentwicklungsmethoden nutzen Visualisierungen als zentrale Arbeitswerkzeuge in ihrem Vorgehen, wie zum Beispiel die VDI 2221 in Form von Skizzen, Funktionsstrukturen oder Flussdiagramme [VDI93], [VDI18].

Trotz der oben beschriebenen Vorteile von Visualisierungen als Werkzeuge in der Produktentwicklung bleiben viele Potentiale in deren Gestaltung und Anwendung ungenutzt. Es werden häufig nur wenige und vergleichsweise simple Visualisierungen angewendet, wie Tabellen, Matrizen, Blockdiagramme oder Zeichnungen, selbst im Vergleich zu Visualisierungen mit ähnlich niedrigem Erstellungsaufwand [Geb14], [Mor08]. Auch beim Einsatz von Bildschirmen oder Projektoren sind die eingesetzten Prinzipien nicht deutlich umfangreicher, abgesehen von spezifischen Anwendungen, wie zum Beispiel CAx oder Virtual Reality [Bec14].

Bei der Verwendung von Visualisierungen treten des Weiteren oft Unsicherheiten und Verständnisschwierigkeiten auf. Bei genauerer Betrachtung sind Gestaltungsfehler in den Visualisierungen der häufigste Grund [Mey99]. Dabei wird das visuelle Verständnis der späteren Betrachter bei der visuellen Darstellung der Inhalte häufig zu wenig oder gar nicht berücksichtig [Dic06]. Die nötige Klärung von Fehlinterpretationen verzögert die Arbeit mit der Visualisierung oder der Verständnisfehler bleibt sogar völlig unbemerkt [Geb14].

Solche Unzulänglichkeiten sind oft durch die fehlenden Fachkenntnisse der Gestalter der eingesetzten Visualisierungen begründet [Mey99], [Geb14]. Diese sind zum Großteil die Entwickler selbst, Berater in der Produktentwicklungsmethodik oder Wissenschaftler in der Methodenforschung und besitzen meist keine besonderen Kenntnisse in der Gestaltung von Visualisierungen als Arbeitswerkzeuge.

In der Methodenforschung werden Visualisierungen als Arbeitswerkzeuge für die Produktentwicklung konzipiert. Deren nachgewiesene Effektivität kann im Entwicklungsalltag jedoch häufig nicht erreicht werden, da gezeigte Inhalte, vor allem aufgrund unpassender Darstellungsweisen, oft fehlinterpretiert werden [Geb14], [Mor08]. Zudem treten viele Arbeitssituationen auf, in denen mit Visualisierungen deutlich effektiver und zeitsparender hätte gearbeitet werden können. Eine bessere Nutzung von Visualisierungen lässt in der Produktentwicklung noch große Potentiale offen [Kis14], [Sah06].

Forschungsgebiete, wie die Informationsvisualisierung, Kognitionswissenschaften oder Mediengestaltung, bieten hilfreiches Grundlagenwissen für die Gestaltungen von Visualisierungen. Dieses Wissen ist jedoch in seiner Formulierung und Dokumentation nicht so verfügbar, dass es für die Entwicklung von Visualisierungen als Arbeitswerkzeuge in der Produktentwicklung angewendet werden kann – zudem ist es über viele Fachgebiete verteilt und die verwendeten Modelle und Begriffe unterscheiden sich stark [Mey99], [Dic06], [Geb14]. Die verwendeten Modelle, Methoden und Lösungen sind hier zu generisch gehalten oder auf andere Gebiete, wie die Mediengestaltung oder Datenvisualisierung, spezialisiert. Verschiedene populärwissenschaftliche Beiträge geben Empfehlungen zur Visualisierung von Daten – sie berücksichtigen aber nicht die speziellen Informationsinhalte und Arbeitssituationen der Produktentwicklung (siehe Kapitel 2.5).

Zusammenfassend wird in der Produktentwicklung das Potential zur Unterstützung von Arbeitsschritten mithilfe von Visualisierungen nicht ausgeschöpft und Visualisierungen werden fehlerhaft angewendet. Das nötige Grundlagenwissen zur Verbesserung dieser Problemstellung ist nicht in anwendbarer Form vorhanden, da eine ausreichende Übersicht und Anwendbarkeit für die Entwicklung von Visualisierungen als Arbeitswerkzeuge in der Produktentwicklung nicht gegeben sind.

1.2 Zielsetzung der Arbeit

Ziel dieser Arbeit ist es, die Entwicklung von Visualisierungen als Werkzeuge für die Produktentwicklung methodisch zu unterstützen. Unter Visualisierungen werden hier statische und grafische Repräsentationen der Daten und Informationen in der Produktentwicklung zu deren Vermittlung und Analyse verstanden.

Dazu sollen mithilfe einer zu entwickelnden Methode Arbeitsabläufe in der Produktentwicklung aufgenommen, analysiert und durch zu entwickelnde Visualisierungen gewinnbringend unterstützt werden können.

Das Vorgehen soll integrierbar in die Entwicklung von Produktentwicklungsmethoden in der Methodenforschung sein. Die für einen erfolgreichen Einsatz einer Visualisierung als Arbeitswerkzeug relevanten Einflussfaktoren sollen methodisch aufgenommen und für die Gestaltung von Visualisierungskonzepten einfach angewendet werden können. Zur Entwicklung der neuen Methode sollen die Modelle und Lösungsmöglichkeiten der Informationsvisualisierung und anderer relevanter Forschungsgebiete recherchiert, übersichtlich aufbereitet und methodisch anwendbar gemacht werden.

Probleme in Entwicklung und Anwendung von Visualisierungen in der Produktentwicklung wurden bisher in verschiedenen Arbeiten beschrieben, jedoch ohne deren genauen Ursachen und Wirkmechanismen zu untersuchen. Um konkrete Anforderungen an eine Unterstützung ableiten zu können, müssen die Sachverhalte in der Anwendung von Visualisierungen als Werkezuge in der Produktentwicklung sowie deren Entwicklung in der Methodenforschung vorab in dieser Arbeit genauer untersucht werden.

1.3 Aufbau der Arbeit

Zunächst werden in Kapitel 2 die Problemstellung beschrieben und die Zielsetzung der Arbeit festgelegt.

In Kapitel 3 werden die relevanten Grundlagen der Produktentwicklung und der Visualisierung vorgestellt. Der Stand der Wissenschaft in der methodischen Entwicklung von Visualisierungen als Arbeitswerkzeuge aus verschiedenen Wissenschaftsdisziplinen wird aufgeführt. Mögliche Beiträge zur Problemstellung werden geprüft und der resultierende Forschungsbedarf dargelegt.

In Kapitel 4 werden zwei im Rahmen dieser Arbeit durchgeführte Studien zur genauen Untersuchung der Problemsituation vorgestellt. Diese untersuchen die Entwicklung von Visualisierungskonzepten in der Methodenforschung sowie die Verwendung von Visualisierungen in der Produktentwicklung. Anschließend werden die nötigen Anforderungen an eine methodische Unterstützung der Entwicklung von Visualisierungen als Werkzeuge festgelegt.

In Kapitel 5 wird die neu entwickelte Methode zur Entwicklung von Visualisierungen als Werkzeuge in der Produktentwicklung vorgestellt. Dies erfolgt anhand einer allgemeinen Übersicht der Methode und eines durchgängigen Demonstrationsbeispiels.

In Kapitel 6 erfolgt die Validierung der Methode anhand einer Studie von zwei Anwendungsfällen, die in Zusammenarbeit mit dem DFG-Forschungsprojekt *WiMo*[1] am Institut

[1] Deutsche Forschungsgemeinschaft (DFG) - Projektnummer 276691857, Förderkennzeichen KR 3478/7-1, gefördert im Rahmen der Sachbeihilfe, „WiMo - Entwicklung eines Wirkmodells der Eigenschaften modularer Produktstrukturen zur Bewertung methodischer Ansätze“, 2015 - 2017

für Produktentwicklung und Konstruktionstechnik der TU Hamburg sowie einem Hersteller von Powertools durchgeführt wurde.

Das Kapitel 7 fasst die Arbeit zusammen und gibt einen Ausblick auf weiterführenden Forschungsbedarf auf Grundlage dieser Arbeit.

2 Grundlagen und Stand der Wissenschaft

In diesem Kapitel werden die für die Problemstellung relevanten Grundlagen sowie der Stand der Technik vorgestellt. Die relevanten Themengebiete sind in Bild 2-1 als ARC-Diagramm zusammengefasst (Areas of Research and Contributions) [Ble09]. In der Abbildung ist ebenfalls der in Kapitel 3 aufgezeigte Forschungsbedarf thematisch verortet.

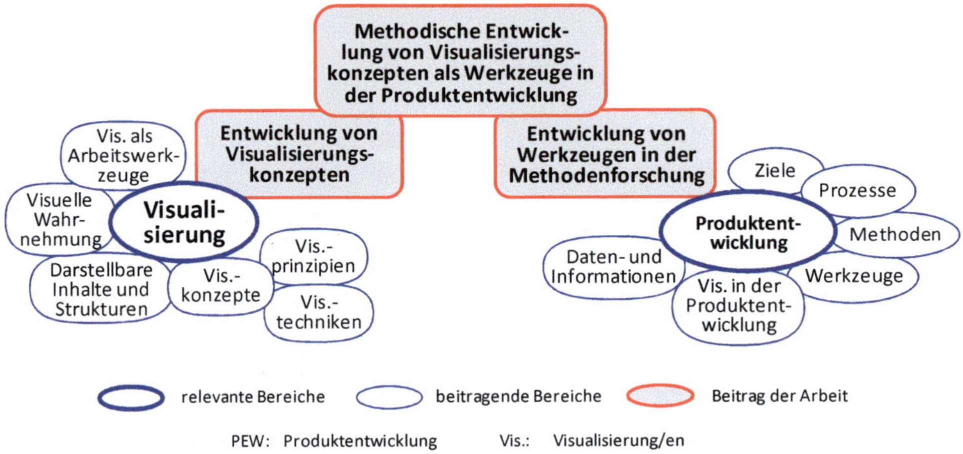

Bild 2-1: Übersicht der relevanten Wissenschaftsgebiete und den Gebieten mit Beitrag durch die vorliegende Arbeit (ARC-Diagramm)

In Kapitel 2.1 werden die grundlegenden Ziele, Prozesse und Methoden der Produktentwicklung dargestellt. Die Einbettung von Visualisierungen als Arbeitswerkzeuge in der Produktentwicklung wird verdeutlicht.

In Kapitel 2.2 werden bestehende Methoden zur Entwicklung von Arbeitswerkzeugen für die Produktentwicklung vorgestellt. Visualisierungen können in der methodischen Produktentwicklung allgemein zu den Arbeitswerkzeugen gezählt werden.

Anschließend werden in Kapitel 2.3 die Grundlagen der Visualisierung und visuellen Wahrnehmung behandelt. Da in der relevanten Literatur eine große Begriffsvielfalt mit häufig widersprüchlichen Definitionen besteht, werden mehrere Begriffsdefinitionen für diese Arbeit vorgenommen.

Relevante Ansätze zur methodischen Entwicklung von Visualisierungskonzepten werden in Kapitel 2.4 vorgestellt und bewertet. Darauf aufbauend wird abschließend in Kapitel

N. Gebhardt, *Methodische Entwicklung von Visualisierungen als Arbeitswerkzeuge in der Produktentwicklung*, Produktentwicklung und Konstruktionstechnik 18, https://doi.org/10.1007/978-3-662-61622-2_2

2.5 der Forschungsbedarf im Hinblick auf die Problemstellung konkretisiert. Dieser wird im folgenden Kapitel 3 anhand zweier Studien weiter spezifiziert und in Anforderungen an die methodische Unterstützung überführt.

2.1 Grundlagen und Begriffe aus der Produktentwicklung

In diesem Kapitel werden die Grundlagen und Begriffe der methodischen Produktentwicklung vorgestellt und anschließend die Einbettung von Visualisierungen als Arbeitswerkzeuge in der Produktentwicklung verdeutlicht.

Zunächst werden die Definition und die allgemeinen Ziele der Produktentwicklung aufgezeigt, da Visualisierungen durch ihren Einsatz als Arbeitswerkzeuge deren Erreichung unterstützen müssen.

Prozesse, Methoden und Werkzeugen werden als grundlegende Beschreibungsmodelle für die Arbeit in der Produktentwicklung vorgestellt. Visualisierungen werden hier als Werkzeuge in der Produktentwicklung aufgefasst.

Abschließend werden die in der Produktentwicklung typischerweise genutzten Daten, Informationen und das Wissen vorgestellt und wie diese in Visualisierungen dargestellt und bearbeitet werden.

2.1.1 Definition und Ziele der Produktentwicklung

Die Produktentwicklung ist ein Abschnitt der Produktentstehung. Ausgangspunkt ist eine Produktidee oder ein Entwicklungsauftrag mit Aufgabenstellung, Planung und Zielsetzung. Auf dieser Basis erarbeitet die Produktentwicklung eine produktionsbereite Dokumentation des fertigen Produktes, zum Beispiel mittels Anforderungslisten, Funktionsstrukturen, Simulationsmodellen, CAD-Modellen oder technischen Zeichnungen [Lin09a]. Viele dieser Modelle sind visuell dargestellt – andere liegen als Text vor. Teilweise gehören auch die Entwicklung der nötigen Produktionsprozesse und gegebenenfalls assoziierter Dienstleistungen zum Aufgabenumfang [VDI93], [VDI18]. Einzelne Teilaufgaben in der Produktentwicklung sind beispielsweise Recherche, Lösungsfindung, Konzeption, Analyse, Bewertung oder Ausgestaltung [Ehr13]. Ergebnis der Produktentwicklung ist eine detaillierte Beschreibung des Produktes mit seinen einzelnen Bestandteilen und Schnittstellen. Die abgeschlossene Entwicklung ist Voraussetzung für die nachfolgenden Produktlebensphasen, wobei durch die Produktentwicklung bereits viele Randbedingungen für diese festgelegt werden. Die Entwicklungsprojekte selbst werden durch das Produktmanagement und die Produktentwicklung geplant und bezüglich Kosten, Terminen und Ressourcen gesteuert [Lin09a].

Ziel der Produktentwicklung ist generell die Befriedigung von Bedürfnissen der Kunden beziehungsweise das Bedienen eines Marktes, um Gewinne zu erzielen [Ben16]. Weitere Zielgrößen von Produktentwicklungsprojekten sind [Ole92], [Ben16], [Lin09a]

- produkt- und prozessspezifischen Ziele, wie Kosten, Durchlaufzeiten / Termintreue, Qualität,

- Effizienz,
- Flexibilität beziehungsweise Robustheit,
- geringes Entwicklungsrisiko sowie eine
- gute Beherrschung der Auswirkungen auf Umgebung und Umwelt.

Die an der Produktentwicklung mitwirkenden Unternehmensbereiche teilen die übergreifende Zielsetzung unterschiedlich auf ihre Teilziele auf [Lin09a]. Die technische Entwicklung beispielsweise optimiert die Funktionalität für den Nutzer, die Entwicklungsleitung fördert innovative Lösungen mit möglichst geringem Risiko. Die Produktion versucht, erprobte Fertigungsverfahren beizubehalten und die Herstellkosten zu senken. Diese unterschiedlichen Teilziele werfen entsprechende Konflikte auf, deren Lösung einen wesentlichen Teil der Entwicklungsarbeit ausmacht [Lin09a].

2.1.2 Typische Charakteristika der Arbeit in der Produktentwicklung

Die Arbeit der Produktentwicklung ist allgemein durch die im Folgenden beschriebenen Eigenschaften geprägt.

Die einzelnen Arbeitsaufgaben stellen stark unterschiedliche Anforderungen an den Produktentwickler. Sie reichen von analytischen Tätigkeiten bei der Berechnung, über kreative Ideenfindung oder Kundenbefragungen bis zur Moderation von Teamarbeit [VDI93], [VDI18]. Eine kreativ vorausschauende Denkweise ist dabei prägend [Röm01].

In den Produkten werden zunehmend verschiedene Technologien verbaut [Mai11], [Lin09a]. Die entsprechend zunehmende Komplexität der Produkte und Prozesse wird vor allem durch eine immer höhere Angebotsvielfalt verstärkt [Kra18].

Circa 30% der Entwicklungsarbeit werden in Teamarbeit durchgeführt [Bir03], [Val00]. Teams sind Arbeitsgruppen auf Zeit, die nach Auftrag ein Problem klären, Lösungsvorschläge erarbeiten und umsetzen. Im Team sollen Personen mit unterschiedlichen Kompetenzen gemeinsam Synergieeffekte erzielen [Lin09a]. Ein intensiver Informationsaustausch unterstützt das gemeinsame Verständnis.

Die Produktentwicklung legt weitgehend die Gestaltungsfreiheiten und Randbedingungen aller an der Wertschöpfung beteiligten Abteilungen fest [Ehr13]. Die Anforderungen aus diesen Produktlebensphasen müssen aufgenommen und berücksichtigt werden. Die Zusammenarbeit ist somit interdisziplinär. Relevante Informationen müssen vielen Interessensträgern mit unterschiedlichen Arbeitsweisen schnell verständlich gemacht werden können. Relevante Daten sind über verschiedene Abteilungen und EDV-Systeme verteilt. Die nötige Informationsmenge und Verarbeitungsgeschwindigkeit nehmen dabei zu [Ric05].

Aufgrund der komplizierten und multidisziplinären Arbeitsinhalte ist die Arbeit der Produktentwicklung durch den Einsatz verschiedener Methoden und Werkzeuge geprägt, wie im folgenden Teilkapitel 2.1.3 näher beschrieben wird [Lin09a], [Ehr13].

2.1.3 Prozesse, Methoden und Werkzeuge der Produktentwicklung

Die Arbeit der Produktentwicklung ist durch Prozesse, Methoden und Werkzeuge beschrieben und strukturiert. Diese bilden eine geeignete Systematik, in der Visualisierungen als Werkezuge integriert werden können.

2.1.3.1 Prozesse

Ein Prozess ist eine planmäßige, geschlossene, logische und zeitliche Sequenz von Arbeitsschritten, um ein spezifisches Ziel zu erreichen. Die Arbeitsschritte werden meist durch Namen, Ziel, Verantwortung, nötige Ressourcen, Inputs und Outputs beschrieben (siehe Bild 2-2).

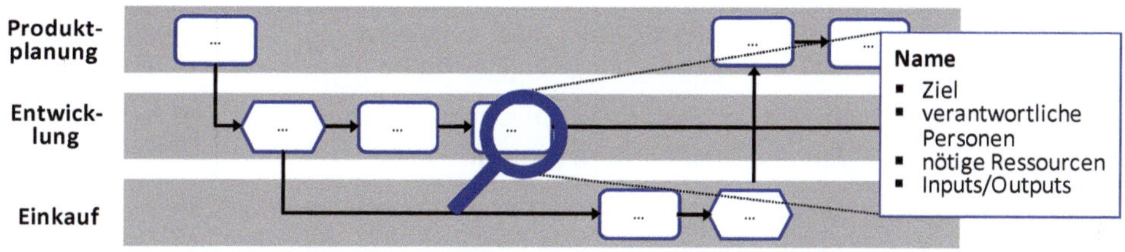

Bild 2-2: Beispiel einer Systematik zur Prozessbeschreibung [Kra18]

Durch den Prozess mit seinen Arbeitsschritten werden Informationen, Wissen und Kompetenzen sowie Werkzeuge und Hilfsmittel genutzt, um Input zu einem Output zu verarbeiten [Lin09a]. Typische Prozesse der Produktentwicklung sind beispielsweise Technologieentwicklung, Neu- und Weiterentwicklung, Produktänderung oder Sonderentwicklung. Produktentwicklungsprozesse werden vornehmlich in Form von Projekten angewendet.

Die Arbeitsschritte werden durch weitere Eigenschaften und Informationen detailliert. Diese sind meist Namen, Ziel, Verantwortlichkeit (Personen, Rollen, Abteilungen), Plandurchlaufzeit, nötigen Ressourcen (in Art und Menge), eventuelle Abhängigkeiten zu anderen Arbeitsschritten und Terminen, Arbeitsformat (Einzelarbeit, Teamarbeit oder Kooperation) sowie In- und Outputs [Lin09a], [VDI93], [VDI18].

Produktentwicklungsprozesse sind meist firmenspezifisch ausgeführt. GERICKE ET AL. geben eine Reihe von Kontextfaktoren zur entsprechenden Anpassung aus den Bereichen makro-ökonomischen Ebene (Gesellschaft und Umwelt), mikro-ökonomischen Ebene (Markt), Organisationsebene (Unternehmen und Unternehmensleitung), Projekt-Ebene und Entwicklungsebene (einschließlich Individuen und Gruppen) [Ger13], [Hal13].

Die VDI 2221 beschreibt die grundlegende Vorgehensweise der Produktentwicklung in den Phasen *Klären der Aufgabe*, *Konzipieren*, *Entwerfen* und *Ausarbeiten* [VDI93], [VDI18]. Dabei wird unabhängig von der jeweiligen Phase ein grundsätzliches Vorgehensmodell für die Bewältigung von Aufgaben gegeben. Dieser sogenannte Prozess der kreativen Lösungsfindung besteht aus den Abschnitten *Problemanalyse*, *Inkubation und Abstraktion*, *Problemlösung* oder *Ideenfindung* sowie die *Anwendung und Verifikation* [Sch89], [VDI93], [VDI18], [Lin09a].

Die VDI-Richtlinie 2221 empfiehlt einen iterativen Ablauf der Phasen und Schritte, da in der Praxis mit unterschiedlichen Entwicklungsständen und Unsicherheiten gearbeitet werden muss [Alb11], [Bad04].

2.1.3.2 Methoden

Eine Methode ist ein zielorientiertes, regelbasiertes und planmäßiges Vorgehen zur Erlangung von Ergebnissen oder Erkenntnissen [Lin16]. Sie beschreibt formell ein operatives, anwendbares Vorgehen und unterstützt das Entwickeln, Entwerfen und Konstruieren von Produkten. In Prozessen können Methoden als konkretisierende Handlungsanweisungen vorgesehen werden.

Methoden unterstützen das Durchdringen von komplexen Problemstellungen durch die Zerlegung in überschaubare Teilprobleme, das Aufzeigen von Zielkonflikten und der Identifikation geeigneter Handlungsschwerpunkte [Lin09a], [Pah07], [And04]. Komplizierte Aufgaben lassen sich so deutlich vereinfachen. Methoden können helfen, Denkbarrieren zu überwinden und Kreativität zu fördern.

Aus diesen Gründen ist der Einsatz methodischer Vorgehensweisen gerade bei kritischen Arbeitsschritten besonders gewinnbringend [Bad01]. Methodische Vorgehensweisen können die getrennte Bearbeitung der Analyse einer Problemstellung von deren Lösungsentwicklung ermöglichen und so wesentlich zur Kreativität und Verbesserung des Ergebnisses beitragen [Mor08]. Durch einen methodisch strukturierten Informationsaustausch wird die Kommunikation und Kooperation verbessert [Lin09a].

Methoden sehen häufig die Anwendung weiterer (Teil-)Methoden vor. Werden solche Methodenkombinationen umfassender, werden sie teilweise als Methodik bezeichnet [Lin09a]. Aufgrund der Kombinierbarkeit vieler Methoden werden auch die Begriffe Methodenbaukästen und Methodenbausteine verwendet.

Zur Einteilung und Beschreibung von Methoden lassen sich verschiedene Eigenschaften und Informationen nutzen, wie der Zweck der Methode, die Einsatzsituation, Teilschritte, Vorgehensanweisungen, Arbeitsformate, Input und Output, beteiligte Rollen, Steuerinformationen (Termine, Vernetzungen etc.) und die erforderlichen Ressourcen [Lin09a], [Bec13]. Bild 2-3 zeigt ein Beispiel einer visuellen Methodendarstellung anhand der Methoden- und Prozessvisualisierung (MPV) nach [Bec13].

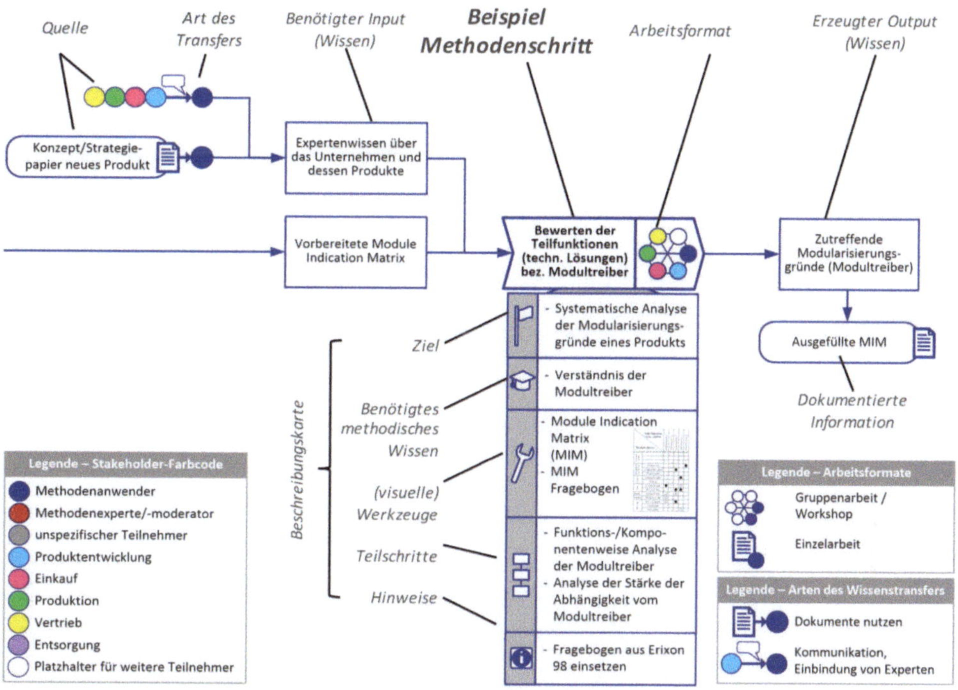

Bild 2-3: Methoden- und Prozessvisualisierung (MPV) nach [Bec13] und Einbettung einer Visualisierung als Arbeitswerkzeuges anhand eines Beispielarbeitsschrittes (exemplarische Darstellung)

Die Produktentwicklung basiert zudem auf Wissen, Kompetenzen und Motivationen von Individuen. In der Auswahl von Produktentwicklungsmethoden nehmen daher auch soziologische Aspekte eine wichtige Rolle ein [Alb11], [Bad04].

2.1.3.3 Werkzeuge

Werkzeuge sind unterstützende Hilfsmittel für Methoden und reichen von Checklisten, Formblättern oder Vorlagen über Visualisierungen bis hin zu aufwändigen Softwarewerkzeugen [Pon08], [Ble09]. Werkzeuge sind Instrumente, mit denen Arbeitsschritte effektiver und effizienter durchgeführt werden können. Sie haben großen Einfluss auf den Erfolg einer Methodenanwendung. Sie können eine einzuplanende Ressource in der Methodenanwendung darstellen. Die Anwendung ist häufig im hohen Maße von der Erfahrung des Anwenders abhängig [Lin09a].

Einzelne Werkzeuge differenzieren stark in der Breite ihrer Anwendbarkeit. Viele sind universell einsetzbar, andere dagegen sind speziell für bestimmte Methoden zugeschnitten und nur für diese anwendbar [Ble09]. Einige Methoden sind nur mithilfe spezieller Werkzeuge durchführbar, sodass diese im begrifflichen Verständnis häufig verschmelzen, wie beispielsweise bei der Roadmap-Planung [Mac06] oder der Design Structure Matrix [Lin09b]. Die Trennung der Begriffe *Methode* und *Werkzeug* wird in der Produktentwicklung und auch in der wissenschaftlichen Praxis häufig nicht scharf eingehalten [Lin09a].

Da Visualisierungen kein planmäßiges und zielgerichtetes Vorgehen darstellen, sind sie Werkzeuge, die eingebettet in methodische Arbeitsanweisungen angewendet werden.

2.1.4 Daten- und Informationsinhalte in der Produktentwicklung

In der Produktentwicklung werden umfassende Kenntnisse und Informationen über Anwendungen, Kunden und Produkt sowie Prozesse und Technologien aller Produktlebensphasen bis hin zum Recycling benötigt [Lin09a].

Daten, Informationen und Wissen stellen auf einander aufbauende Begriffe dar, die im Folgenden erläutert werden (siehe Bild 2-4). Dabei werden Beispiele für ihre Verwendung in der Produktentwicklung gegeben sowie passende Möglichkeiten zu ihrer Visualisierung. Auf die Visualisierung von Daten, Informationen und Wissen wird in Kapitel 2.3.1 näher eingegangen.

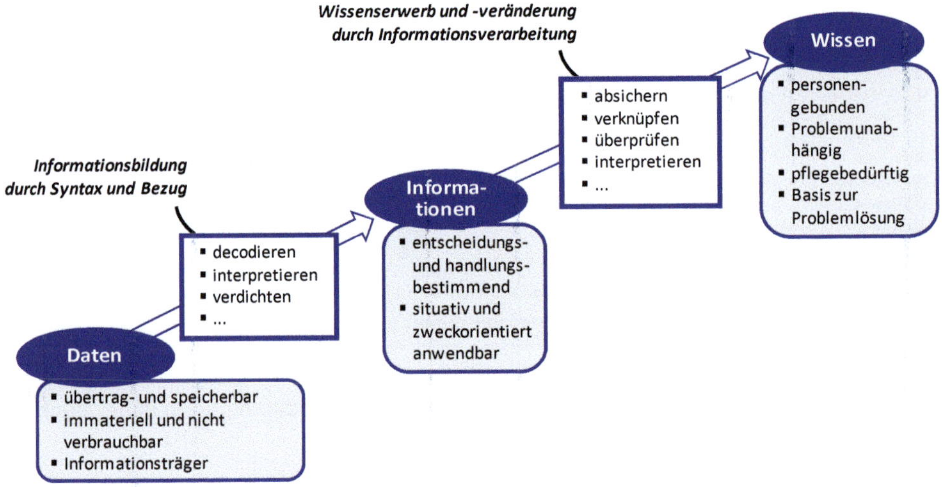

Bild 2-4: Zusammenhang zwischen Daten, Informationen und Wissen (Wissenstreppe) nach [Irl99], [Nor11]

Visualisierungen sind sehr gut geeignet, Daten, Informationen und zum Teil auch explizites Wissen darzustellen. Sie bieten dabei gegenüber anderen Medien besonders gute Möglichkeiten für die Erstellung, Bearbeitung, Speicherung und Kommunikation [Mey96], [War04].

2.1.4.1 Daten

Daten sind Zeichen, die aufgrund bekannter Syntax Informationen darstellen können. Sie sind interpretierbare Träger von Information in formalisierter Art und geeignet zur Kommunikation, Interpretation oder Verarbeitung [Deu95].

Daten werden in formalen Strukturen verarbeitet und abgelegt. Sie können die Entscheidungsfindungen unterstützen und als Zielvorgaben zur Entscheidungsdurchsetzung angewendet werden [Mey99]. Sie können unterschiedlich stark strukturiert vorliegen und in verschiedenen Typen klassifiziert werden, wie boolesch, nominal, numerisch oder ordinal.

Daten in der Produktentwicklung können einzelne Werte, wie zum Beispiel Maße, sein. In einer Visualisierung können sie unter anderem durch Zahlen, Farbskalen (Farbtöne, Farbsättigung), die Größe von grafischen Elementen oder durch deren Lage dargestellt werden [Sch00].

2.1.4.2 Informationen

Informationen umfassen Mitteilungen oder Beschreibungen zu Eigenschaften und Strukturen bestimmter Gegenstände oder Sachverhalte [Deu95]. Sie geben situativ und zweckorientiert Erkenntnisse und Wissen wieder und verbessern idealerweise die Ausführung einer Entscheidung. In Aufgaben und Entscheidungssituationen stellen Informationen handlungsbestimmendes Wissen dar. Informationen entstehen durch die Zusammenführung, Auswahl und Verarbeitung von Daten [Mey96].

Informationen werden in der Produktentwicklung zunehmend parallel, netzwerkartig und simultan verarbeitet sowie in unterschiedlichen Formen gespeichert und dargestellt [Irl99], [Rad95], [Val00]. Im Ablauf einer Produktentwicklung wird die Bedeutung der Informationen verändert. Die Menge der theoretisch für die Bearbeitung von Produktentwicklungsaufgaben zur Verfügung stehenden Informationen übersteigt zunehmend die Verarbeitungskapazitäten, sodass der Bewertung und Auswahl an Informationen eine große Bedeutung zukommt [Bal06], [Hei14]. In der Informationsübertragung hängt der Informationsgehalt einer Nachricht und der letztendliche Wissenszuwachs am Ende stark von der Interpretationsfähigkeit des Empfängers ab [Pro91].

Beispiele für wichtige Informationen in der Produktentwicklung sind Anforderungen, Bauteilgestaltungen oder die Produktstruktur. In Visualisierungen können Informationen aufgrund ihres semantischen Umfanges meist nur durch mehrere grafische Elemente und deren Anordnungsprinzipien dargestellt werden, wie beispielsweise einem Blockbild oder Flussdiagramm.

2.1.4.3 Wissen

Wissen ist die Gesamtheit der Kenntnisse, die einzelne Personen oder Personengruppen zum Erkennen, Analysieren und Lösen von Problemen zur Verfügung stehen [Pro91]. Es stützt sich auf Daten und Informationen, die zuvor erworben und mental verarbeitet wurden (siehe Bild 2-4).

Es wird zwischen explizitem und implizitem Wissen unterschieden [Nor11]. Explizites ist beschreibbar, formalisierbar und zeitlich vergleichsweise stabil. Es kann in Datenbanken gespeichert werden oder, umgewandelt in Informationen, schriftlich festgehalten werden. Implizites Wissen ist dagegen schwer zu formalisieren und nur als Wissen einzelner Personen vorhanden. Es unterliegt dem Vergessen und ist essentiell für die Arbeit in der Produktentwicklung, sodass das Kompetenz- und Wissensmanagement eine wesentliche Herausforderung darstellt [Lin09a].

Die Bedeutung von Informationen und Wissen wird durch den hohen Anteil der Informationsbeschaffung bei der Arbeit von Produktentwicklern von bis zu 50% deutlich [Gra97]. Ein Großteil dieser Informationen wird typischerweise in Gesprächen erworben.

Durch die Bindung von implizitem Wissen an Personen kann es nicht gespeichert oder direkt übertragen werden [Sch18]. Es muss zunächst in Informationen umgewandelt, ausgetauscht und durch den Empfänger in neues Wissen überführt werden, wobei es nahezu in jedem Fall zu Fehlmengen, Fehlinterpretationen und Neu-Interpretationen kommen kann (*Sender-Empfänger-Problem*) [And15].

Visualisierungen bilden ein wichtiges Medium für den Austausch von (explizitem) Wissen, da sie gegenüber anderen Medien, wie Sprache und Text, mit grafischen Inhalten arbeiten können [Dic06]. Große Spektren des im Unternehmen vorhandenen, wichtigen Wissens können jedoch nicht oder nur mit unverhältnismäßigem Aufwand visualisiert oder anders gespeichert werden.

2.1.4.4 Typische Daten und Informationen in der Produktentwicklung

Informationen und Wissen in der Produktentwicklung lassen sich gruppieren in Wissensstand (Wissen und Erfahrung des Entwicklers), Problem (Beschreibung von Problem und Aufgabe), Entwicklung (aktueller Arbeitsstand) und Verifikation (Bewertung, Absicherung) [Gia98]. Sie umfassen verschiedene Domänen, wie Konstruktion, Fertigung oder Einkauf sowie die jeweils genutzten Technologien. Des Weiteren sind sie durch die einzelnen Phasen des Produktlebenszyklus geprägt – stammen also teilweise aus einer der Phasen oder sind nur hier anwendbar [Lin09a].

Informationen in der Produktentwicklung unterscheiden sich weiter durch Abstraktionsgrad, Detaillierungsgrad und durch zeitliche oder regionale Gültigkeit [Lin09a]. Sie werden im Laufe der Produktentwicklung verändert, konkretisiert und in unterschiedlichen Formen und Medien gespeichert. Die steigende Informationsmenge in der Produktentwicklung stellt eine zunehmende Herausforderung dar [Bro14].

Die vielfältigen Verknüpfungen der Daten und Informationen können nach horizontalen und vertikalen Abhängigkeiten unterschieden werden [Sch02]. Horizontale Abhängigkeiten bestehen zum Beispiel als Kopplungen zwischen Komponenten oder als Konfigurationsregeln in Baukastensystemen. Vertikale Abhängigkeiten sind meist hierarchisch, wie Produkt- oder Organisationsstrukturen.

Die in der Produktentwicklung typischerweise verwendeten Daten und Informationen werden im Rahmen der neu entwickelten Methode als Beispielliste aufgeführt (siehe Kapitel 4.5.2).

2.2 Visualisierungen in der Produktentwicklung

Visualisierungen bilden eine wichtige Gruppe von Arbeitswerkzeugen in der Produktentwicklung. Ihre Einbettung in den Methoden der Produktentwicklung sowie in der Methodenforschung wird im Folgenden behandelt.

2.2.1 Einsatz von Visualisierungen in der methodischen Produktentwicklung

Visualisierungen bilden eine der meistgenutzten Gruppen von unterstützenden Werkzeugen der methodischen Produktentwicklung [Dyl91], [Röm01]. Daten, Informationen und Wissen werden in Visualisierungen dargestellt, kommuniziert, bearbeitet und gleichzeitig gespeichert. Bild 2-5 stellt typische Verwendungsmöglichkeiten von Visualisierungen in der Produktentwicklung anhand eines beispielhaften Arbeitsschrittes in der Methoden- und Prozessvisualisierung (MPV) nach dar [Bec13]. Visualisierungen können hier als Inputdokumente verwendet werden, mit denen die relevanten Daten und Informationen für den Arbeitsschritt bereitgestellt werden (Bild 2-5, links). Sie können im Arbeitsschritt als Werkzeuge genutzt werden (Bild 2-5, Mitte) und dokumentieren die Ergebnisse zur weiteren Verwendung in späteren Arbeitsschritten (Bild 2-5, rechts).

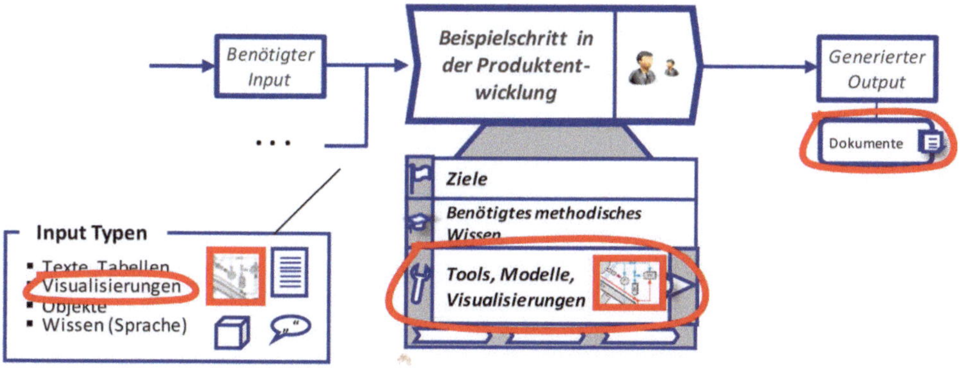

Bild 2-5: Einordnung von Visualisierungen als Input, Werkzeuge und Output von Arbeitsschritten in einer Methoden- und Prozessvisualisierung (MPV) nach [Bec13]

Zur vollständigen und richtigen Interpretation der visualisierten Inhalte durch den Betrachter ist häufig die Kenntnis der verwendeten Syntax nötig, wie beispielsweise bei Symbolen oder Farbskalen, die meist in Form einer Legende oder Anleitung mitgegeben wird. Die Anwendungen von Visualisierungen als Arbeitswerkzeuge lassen sich gruppieren in direkte Kommunikation, Informationsbereitstellung, Problemanalyse und Lösungsentwicklung, Dokumentation sowie die Betriebsorganisation und Steuerung von Aktivitäten [Dic06], [Mai14b].

Ein besonderer Effekt und Vorteil von Visualisierungen als Arbeitswerkzeuge in der Produktentwicklung ist die Möglichkeit zur Externalisierung von Wissen [Eis95]. Der Produktentwickler muss die in einer Visualisierung dargestellten Informationen nicht mehr in seiner mentalen Vorstellung bereithalten [Hac95]. Dieser Teil an mentaler Kapazität ist damit frei für neue Sachverhalte und Ideen, die mit den visualisierten Inhalten einfacher verknüpft werden können [Pac99]. Durch Visualisierung der Arbeitsinhalte lassen sich so bei der Lösungssuche Assoziationen und Kreativität fördern [Röm01].

In vielen Produktentwicklungsmethoden werden Visualisierungen als zentrale Arbeitswerkzeuge eingebunden (siehe Kapitel 2.1.3). Im *Integrierten PKT-Ansatz zur Entwicklung modularer Produktfamilien* werden speziell entwickelte Visualisierungskonzepte genutzt, um in Workshops mit Experten aus verschiedenen Abteilungen besser zusammen arbeiten zu können (siehe Bild 2-6). Dabei werden mithilfe der Visualisierungen der Fokus der Bearbeiter gezielt gelenkt und konkrete Aufgaben bearbeitet. Vornehmlich wird hier auf Postern gearbeitet, um einfach und schnell Ergänzungen und Änderungen im Team vornehmen zu können.

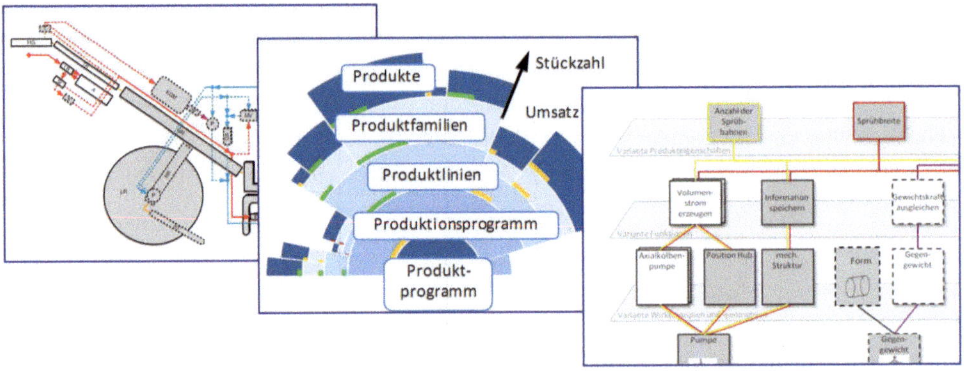

Bild 2-6: Beispiele der als Werkzeuge verwendeten Visualisierungen des Integrierten PKT-Ansatzes zur Entwicklung modularer Produktfamilien (qualitative Darstellung), [Kip12], [Ble11], [Jon14]

In Studien wurden ein großes Potential als auch Unsicherheiten bei der Anwendung von Visualisierungen in der Produktentwicklung untersucht [Dic06], [Eil12], [Geb12], [Geb14]. Auch in anderen methodischen Ansätzen, wie beispielsweise das Radical Forenkling via Design oder das Structural Complexity Management, werden Visualisierungen als zentrale Arbeitswerkzeuge verwendet – mit ähnlichen Erfahrungen bezüglich deren Einsatzes [Mor12], [Lin09b], [Kre09], [Kis14].

2.2.2 Entwicklung von Werkzeugen in der Methodenforschung

Eine methodische Entwicklung von Visualisierungen als Werkzeuge in der Produktentwicklung kann als Gegenstand der Methodenforschung gesehen werden. Die Integrierbarkeit einer Methode zur Entwicklung von Visualisierungen als Arbeitswerkzeuge in der Produktentwicklung in die entsprechende Vorgehenssystematik der Methodenforschung ist daher anzustreben.

Die Design Research Methodology (DRM) nach Blessing und Chakrabarti gibt eine Vorgehensgrundlage für die Erforschung der Produktentwicklung und zur Erarbeitung von Methoden und Werkzeugen als Unterstützung für die Produktentwicklung [Ble09]. Zur DRM bestehen nur wenige vergleichbare Ansätze [Hor01], [Buc92], [Fin89].

Als unterschiedliche Arten von Unterstützungen der Produktentwicklung werden in der DRM vier grundlegende Kategorien unterschieden. Diese sind

- Entwicklungsansätze und -methoden als übergreifende Rahmenwerke, wie beispielsweise die VDI-Richtlinie 2221 [VDI93], [VDI18],

- Entwicklungsmethoden, als Reihenfolgen von Arbeitsschritten zum Beispiel für Entwicklungsphasen oder einzelnen Abschnitte,
- Entwicklungsrichtlinien, Regeln, Prinzipien und Heuristiken, wie beispielsweise die Grundregeln „eindeutig, einfach und sicher“ [Pah07] oder Design-for-X-Richtlinien, sowie
- Entwicklungswerkzeuge (siehe Kapitel 2.1.3), wie Software-Werkzeuge, Formulare, Visualisierungen oder technische Hilfsmittel – meist basierend auf Entwicklungsansätzen, -methoden oder -richtlinien.

Das Vorgehen der DRM ist in vier Phasen eingeteilt, die an grundlegende Vorgehensweisen der Wissenschaftstheorie angelehnt sind (siehe Bild 2-7).

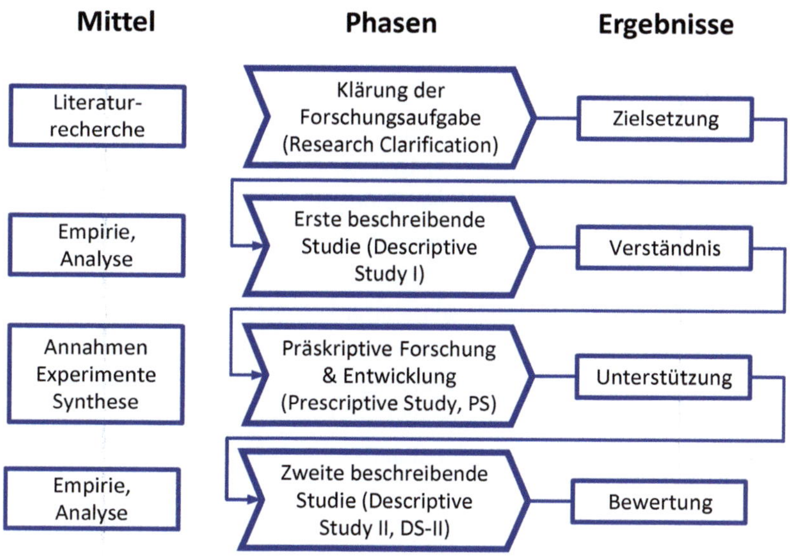

Bild 2-7: Vorgehensmodel der Design Research Methodology (DRM), [Ble09]

In der ersten Phase der Klärung der Forschungsfrage wird der fokussierte Forschungsgegenstand näher abgegrenzt und untersucht, um das Problem genauer zu beschreiben und die Relevanz sicher zu stellen. Eine Zielsetzung und eine Beschreibung der aktuellen und gewünschten Situation sind die Ergebnisse. In der ersten beschreibenden Studie wird durch Recherche und (Praxis-)Studien ein genaues Verständnis der IST-Situation und des Problems erarbeitet. Anforderungen an eine Lösung werden abgeleitet.

Die dritte Phase der präskriptiven Forschung & Entwicklung umfasst die Lösungsentwicklung für die Problemstellung. Im Kontext dieser Arbeit ist besonders diese Phase relevant, da die methodische Entwicklung von Visualisierungen als Arbeitswerkzeuge in diese Phase einzugruppieren ist. In der DRM wird der Arbeitsablauf in den Phasen *Klärung der Anforderungen, Konzeptentwicklung und -ausarbeitung, Realisierung* und *Bewertung* empfohlen.

Die erarbeitete Lösung wird in der abschließenden, zweiten deskriptiven Studie bezüglich ihrer Zielerreichung validiert.

Für die Phasen und Teilschritte werden situationsspezifisch verschiedene Ablaufvarianten und Iterationen empfohlen.

2.3 Visualisierung und visuelle Wahrnehmung

Die Kognitionswissenschaften, die Informations- und Kommunikationswissenschaften, die Informationsvisualisierung und die Mediengestaltung bieten hilfreiche Grundlagen für das Verständnis und die Entwicklung von Visualisierungen als Arbeitswerkzeuge. Diese werden im Folgenden zusammengefasst.

2.3.1 Visualisierung

In diesem Teilkapitel werden die wesentlichen Grundlagen und Begriffe aus dem Bereich der Visualisierung vorgestellt. Die Definitionen der grundlegenden Begriffe in diesem Gebiet weisen jedoch eine hohe Diversität auf. Diese besteht in der Verwendung unterschiedlicher Begriffe für gleiche Definitionen oder Sachverhalte (siehe zum Beispiel [Spe07], [Dic06], [Mey99]). Aufgrund der Uneinigkeit der Quellen in der Informationsvisualisierung wurden für diese Arbeit eigene Begriffsdefinitionen erarbeitet, die im Folgenden vorgestellt werden. Diese sind auf die Entwicklung und Nutzung von Visualisierungen in der Produktentwicklung angepasst.

Der Begriff Visualisierung (beziehungsweise visualization im Englischen) wird in verschiedenen Quellen sowohl als Prozess zur Erstellung einer Abbildung, als fertige Abbildung selbst oder auch als geistige, bildliche Vorstellung verstanden (siehe Bild 2-8). Bei Letzterem bestehen Definitionen als mentales Bild oder auch als mentaler Prozess, der zu diesem führt. Teilweise wird der Begriff Visualisierung auf Computer-Grafiken beschränkt [Mey96].

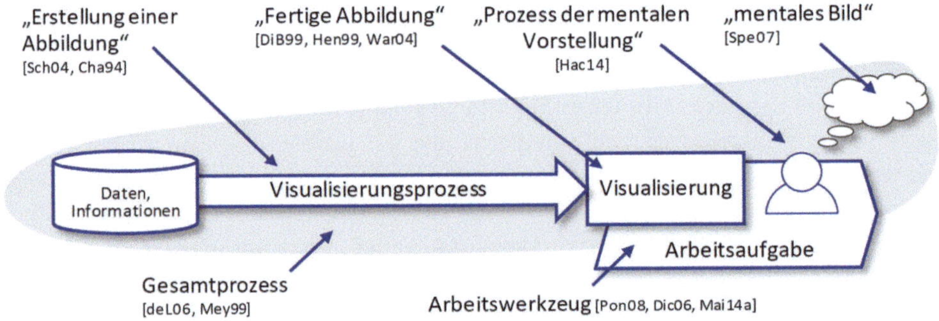

Bild 2-8: Unterschiedliche Definitionen des Begriffes Visualisierung in verschiedenen Quellen der Daten- und Informationsvisualisierung

Relevante Daten und Informationen werden im Visualisierungsprozess ausgewählt, gegebenenfalls gefiltert, korrigiert, zusammengefasst, visuell kodiert und mittels eines Visualisierungsmediums dargestellt [Spe07], [Sch00]. Zur Kodierung werden meist mehr oder weniger formal festgelegte Konventionen oder Normen beachtet, die für das Verständnis der dargestellten Inhalte bei den Zielpersonen nötig sind [Mey96]. Die Abbildung als Ergebnis des Visualisierungsprozesses kann anschließend als Informationsvisualisierung und/oder Arbeitswerkzeug verwendet werden.

Folgende Typen von Visualisierungen werden unterschieden [Pre10], [Maz09], [Sch00].

- Daten-Visualisierungen stellen Daten in Form von visuellen Elementen und deren Variablen dar (beispielsweise Mengenanteile in Form eines Kreisdiagrammes).
- Informations-Visualisierungen vermitteln dem gegenüber umfangreichere Informationen und deren Verknüpfungen, meist aus verschiedenen Domänen (Lagepläne, Schautafeln etc.).
- Technisch-wissenschaftliche Visualisierungen sind aufgabenbezogen als Hilfsmittel für die Lösung technischer oder wissenschaftlicher Problemstellungen gestaltet. Hierzu zählen beispielsweise die meisten der in der Produktentwicklung genutzten Visualisierungen, wie Funktionsdiagramme oder technische Zeichnungen.
- In visuellen Analysen werden verschiedene technisch-wissenschaftliche Visualisierungen umfangreich, dynamisch und interaktiv verknüpft, um komplizierte, rechnerunterstützte Analyse-, Kontroll- und Steuerungsaufgaben zu bearbeiten.

2.3.1.1 Arbeitsdefinitionen der Begriffe Visualisierung und Visualisierungsprozess

Aufgrund der uneinheitlichen Begriffsdefinitionen in der Literatur werden für diese Arbeit eigene Definitionen passend für die methodische Entwicklung von Visualisierungskonzepten als Arbeitswerkzeuge der Produktentwicklung erarbeitet.

Eine **Visualisierung** wird hier als grafische und statische Repräsentation von benötigten Daten und Informationen für die Produktentwicklung verstanden. Mithilfe von Visualisierungen werden die visuell-kognitiven Leistungsfähigkeiten der Entwickler für die Erreichung konkreter Bearbeitungsziele genutzt. Der Prozess zur Erstellung einer Visualisierung bestehend aus Daten- und Informationsaufnahme, Filterung, Anpassung, Kodierung und Darstellung wird als **Visualisierungsprozess** verstanden (siehe Bild 2-9).

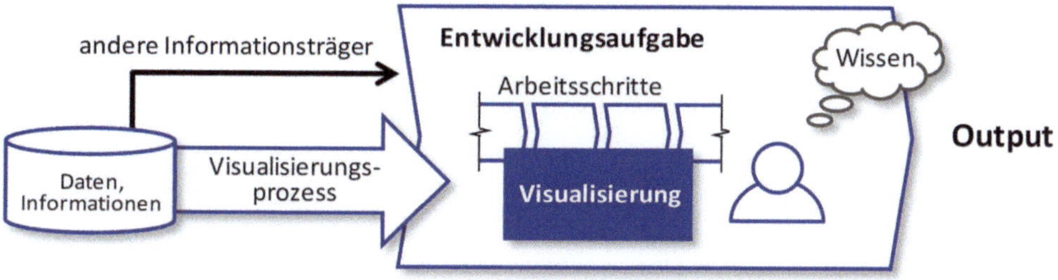

Bild 2-9: Visualisierung und Visualisierungsprozess im Rahmen dieser Arbeit

Die Inhalte einer Visualisierung werden über das visuelle System des Betrachters aufgenommen und mental als Bild verarbeitet und gespeichert [Mey99]. Sie sind weitestgehend unabhängig von anderen Reizen (semantisch, sprachlich, akustisch, geschmacks-sensorisch/olfaktorisch oder haptisch) [Mey99].

2.3.1.2 Darstellbare Inhalte

Die in Visualisierungen darstellbaren Daten und Informationen sowie deren Modellierung lassen sich in Objekte sowie deren Eigenschaften und Abhängigkeiten einteilen [War04], [Sch00]. Objekte können Gegenstände oder Sachverhalte sein, wie zum Beispiel Bauteile, Personen oder Produkte. Deren Eigenschaften, wie beispielsweise Preis oder Produktionsmenge, werden grundlegend in quantitative und qualitative Attribute unterschieden. Zwischen Objekten oder Eigenschaften können hierarchische, relationale, zeitliche oder andere Abhängigkeiten bestehen [Ber11]. Auch diese Anhängigkeiten können wiederum beschreibende Eigenschaften besitzen.

Bild 2-10 zeigt ein Beispiel für Objekte, Eigenschaften und Abhängigkeiten anhand des Module Interface Graph (MIG) als Visualisierung. Diese zeigt als Objekte die Komponenten einer Produktfamilie mit ihren Eigenschaften, zum Beispiel Name und Varianz. Dazu werden im MIG als Abhängigkeiten der Komponenten untereinander deren verbindenden Flüsse gezeigt.

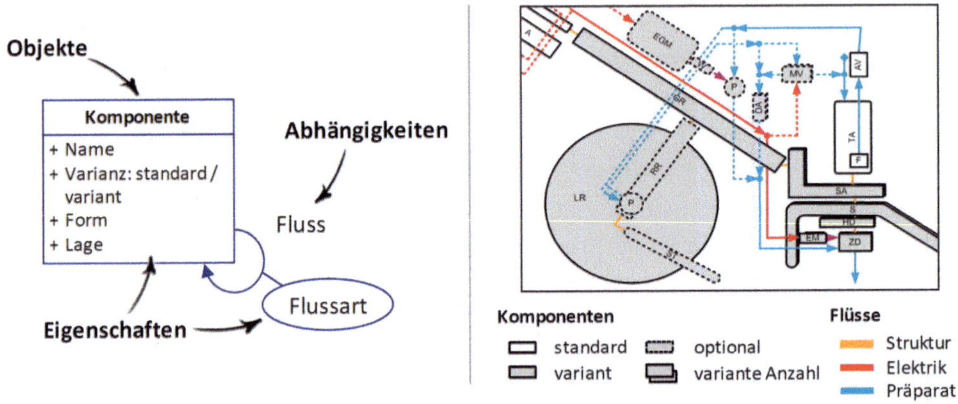

Bild 2-10: Beispiel der Objekte, Eigenschaften und Abhängigkeiten (links als Klassendiagramm) des Module Interface Graph (MIG, rechts, exemplarische Darstellung), [Geb15a]

Die Menge an dargestellten Objekten, Eigenschaften und Abhängigkeiten bildet das sogenannte Datenmodell einer Visualisierung, im Bild 2-10 links beispielhaft als Klassendiagramm dargestellt.

Um die Inhalte möglichst gut und verständlich visualisieren zu können, werden sie nach verschiedenen Gesichtspunkten klassifiziert und für diese Klassen in der Literatur unterschiedliche Visualisierungen empfohlen [Ber05], [Sch00], [War04]. Klassen sind beispielsweise gegenständlich, nominal, quantitativ, qualitativ oder abstrakt. Qualitative und abstrakte Informationen spiegeln Ideen und Zusammenhänge wieder, die mathematisch nicht beschreibbar sind. Bei qualitativen Inhalten wird weiterhin deren Dimensionalität nach uni-, bi-, tri- oder multivariat unterschieden. Auch Abhängigkeiten werden gruppiert in sequentiell, zeitlich, hierarchisch, relational oder multipel. Bei Zeitabläufen können diskrete und kontinuierliche Abläufe sowie lineare Sequenzen und Zyklen unterschieden werden.

Eine Empfehlung in Abhängigkeit dieser Gruppen ist beispielsweise ein Gantt-Diagramm für zeitliche, sequentielle, kontinuierliche und nicht-zyklische Abläufe [Shn96]. Zu solchen Empfehlungen werden in den folgenden Abschnitten weitere Erläuterungen und Beispiele gegeben.

2.3.1.3 Aufbausystematik von Visualisierungen

Zum Aufbau von Visualisierungen verwenden verschiedene Quellen deutlich unterschiedliche Begriffe, auch wenn die grundlegende Beschreibungssystematik meist sehr ähnlich ist. Diese wird übernommen. Da die Literatur jedoch keine einheitliche Benennung bietet, werden hier die Begriffe neu definiert (siehe Bild 2-11).

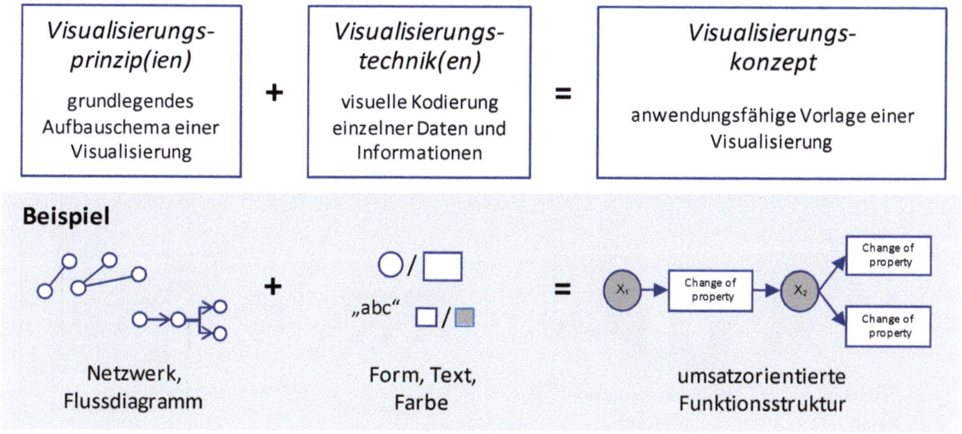

Bild 2-11: Übersicht der im Folgenden vorgestellten Begriffe Visualisierungsprinzip, Visualisierungstechnik und Visualisierungskonzept

Die *Visualisierungsprinzipien* und *Visualisierungstechniken* bilden die grundlegenden Bausteine, aus denen ein *Visualisierungskonzept* als Aufbauprinzip einer Visualisierung als grafische Repräsentation von Daten und Informationen aufgebaut ist. Die Begriffe und deren Zusammenhänge werden im Folgenden vorgestellt.

2.3.1.4 Arbeitsdefinition Visualisierungsprinzip

Ein **Visualisierungsprinzip** ist ein grundlegendes Aufbauprinzip einer visuellen Repräsentation von Daten und Informationen inklusive der Abhängigkeiten zwischen diesen (siehe Bild 2-11, links), [Geb14], sinngemäß nach [Ber11], [Dua08], [War04], [Sch00]. Beispiele sind Tabelle, Matrix, Balkendiagramm, Skizze, Karte oder Rendering (siehe Bild 2-12).

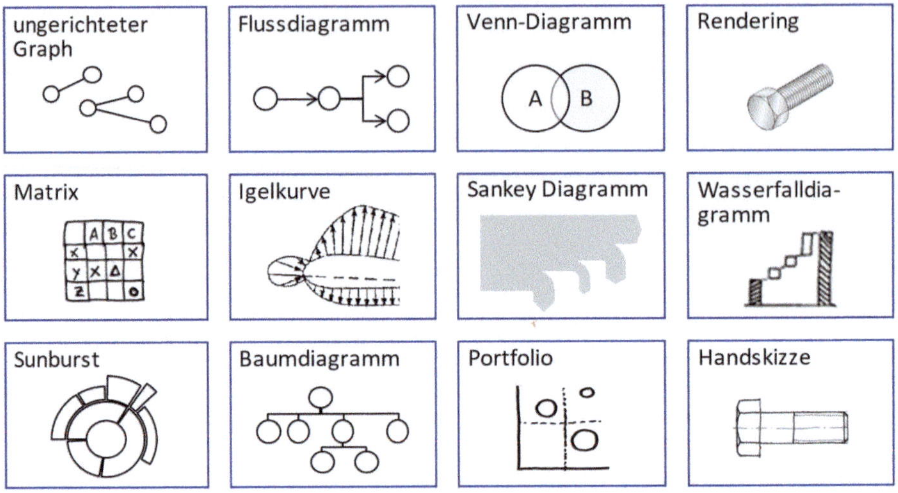

Bild 2-12: Beispiel für Visualisierungsprinzipien nach [Ber11], [Dua08], [War04], [Sch00]

Visualisierungsprinzipien unterscheiden sich wesentlich in ihren visuellen Elementen, wie Formen oder Linien, sowie den Regeln zur deren Positionierung auf einer Visualisierungsfläche. Dadurch zeigen sie eine jeweils sehr unterschiedliche Eignung für die Visualisierung verschiedener Daten und Informationen sowie deren Abhängigkeiten (siehe Bild 2-13).

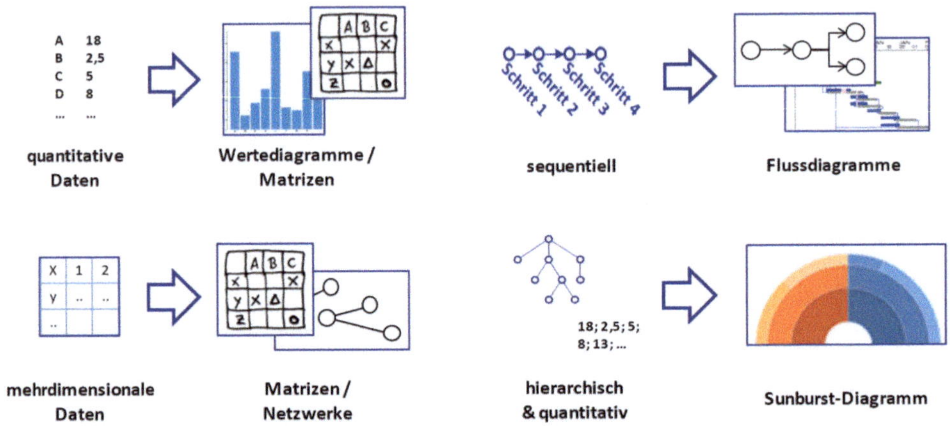

Bild 2-13: Beispiele für verschiedene Datentypen und Abhängigkeiten sowie jeweils geeignete Visua-lisierungsprinzipien (exemplarische Darstellungen) nach [War04], [Geb14], [Lin09b], [Jon14]

2.3.1.5 Arbeitsdefinition Visualisierungstechnik

Eine **Visualisierungstechnik** ist eine konkrete Kodierungsregel von Datenwerten, Informationen oder deren Beziehungen mithilfe der Art und Ausprägung visueller Elemente beziehungsweise deren Variablen (siehe Bild 2-14), [Geb14], singgemäß nach [War04], [Ber11], [Sch00], [Dua08], [Spe07]. Ein visuelles Element ist eine elementare Einheit einer Grafik, wie beispielsweise ein Rechteck, ein Symbol oder ein Foto. Variablen dieser Elemente können deren Position, Form, Orientierung, Farbe, Größe und so weiter sein.

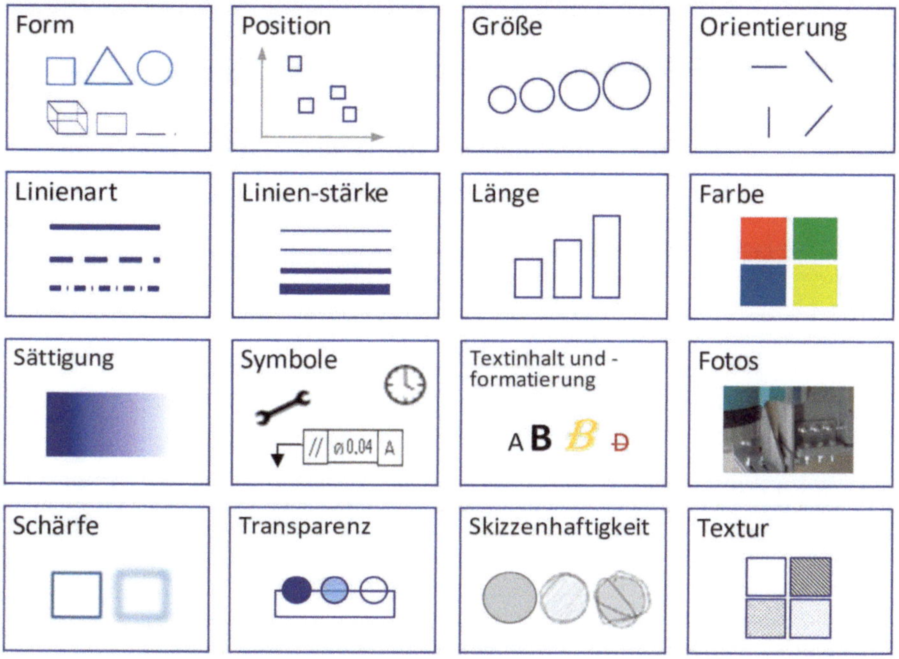

Bild 2-14: Übersicht der wichtigsten Visualisierungstechniken nach [War04], [Ber11], [Sch00], [Dua08], [Spe07]

Visualisierungstechniken sind unterschiedlich gut für die Darstellung verschiedener Daten und Informationen geeignet. So können beispielsweise zweidimensionale, quasistatische Strömungsfelder besonders gut durch Pfeilsymbole mit Richtung und Länge visualisiert werden. Für Zahlenwerte sind Längen oder Größen besser geeignet. Auch die im jeweiligen Fall benötigte Genauigkeit der Daten spielt bei der Eignung verschiedener Visualisierungstechniken für ihre Darstellung eine große Rolle.

Häufig können mehrere Visualisierungstechniken auf ein grafisches Element gleichzeitig angewendet werden, wie zum Beispiel die Größe und die Farbe eines Kreises, sodass mehrere Daten und Informationen in einem Element kodiert werden können [Ber05].

Zu beachten ist, dass die Gruppen der Visualisierungsprinzipien und -techniken nicht scharf voneinander trennbar sind. Dies ist der Fall bei Abbildungen, wie Renderings oder Zeichnungen, die sowohl als Aufbauschema eines gesamten Visualisierungskonzeptes als auch zur Kodierung konkreter Daten genutzt werden können.

2.3.1.6 Arbeitsdefinition Visualisierungskonzept

Ein **Visualisierungskonzept** ist eine vollständige Abbildungslogik zur Erstellung einer Visualisierung für festgelegte Daten und Informationen, gegebenenfalls unter Beachtung der Bearbeitungsziele und Nutzer des Arbeitsablaufes in dem die Visualisierung eingesetzt werden soll [Geb14], sinngemäß nach [Dua08], [War08], [Ber11], [Sch04], [Ker07], [Tja79]. Es besteht aus mindestens einem Visualisierungsprinzip und mehreren Visualisierungstechniken.

Visualisierungskonzepte sind beispielsweise Gantt-Diagramm, technische Zeichnung, umsatzorientierte Funktionsstruktur oder Roadmap.

Eine abschließende Übersicht der im Rahmen dieser Arbeit festgelegten Begriffsdefinitionen ist in Bild 2-15 gezeigt. Hierbei werden die Begriffe am Beispiel eines Module Interface Graph (MIG) als Visualisierungskonzept verdeutlicht (vergleiche Bild 2-10).

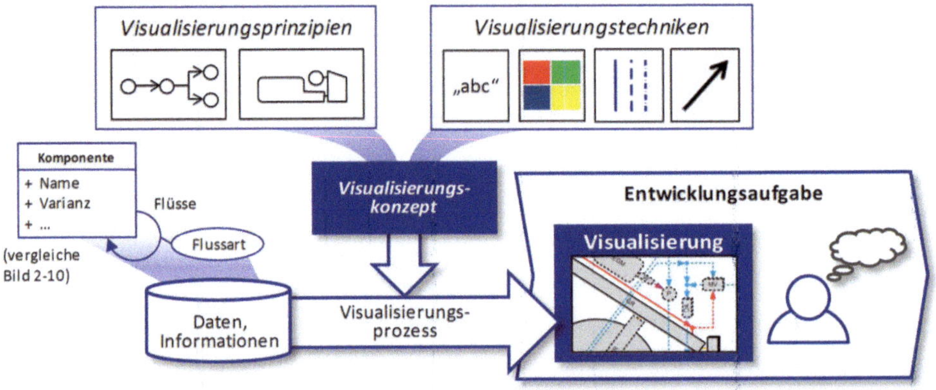

Bild 2-15: Kontext der Begriffe Visualisierungsprinzip, -technik, -konzept, -prozess und Visualisierung, exemplarische Darstellung in Anlehnung an [Mar13], [Ble11], [Geb15a]

Im MIG werden als Daten und Informationen (Bild 2-15, links unten) die Komponenten einer Produktfamilie mit ihrer Varianz und ihren verbindenden Flüssen dargestellt. Dazu werden als Visualisierungsprinzipien (Bild 2-15, oben links) eine Kombination aus Flussbild und Blockbild. Die Komponenten werden zusätzlich durch Text als Visualisierungstechnik identifiziert (Bild 2-15, oben rechts). Die Verbindungen der Komponenten werden im Flussbild als Linien dargestellt, mit den Visualisierungstechniken Farbe zur Unterscheidung der Flussarten und Linienart zur Kennzeichnung optionaler Verbindungen. Diese Visualisierungsprinzipien und -techniken bilden das Visualisierungskonzept des Module Interface Graph. Dieses Konzept wird vom Ersteller der Visualisierung genutzt, um die Daten und Informationen im Anwendungsfall als MIG darzustellen (Visualisierungsprozess) und in der Produktentwicklung zu nutzen (Bild 2-15, unten rechts).

2.3.2 Visualisierungen als Arbeitswerkzeuge

Menschliche Wahrnehmung ist durch Selektion gefiltert, durch die die Vielzahl an Informationen auf ein verarbeitbares Maß reduziert wird [Mac06]. Wahrgenommene Informationen werden gefiltert, interpretiert und in jeweils abnehmenden Umfang in Ultrakurzzeitspeicher bis zwei Sekunden, Kurzzeitspeicher bis circa 20 Minuten sowie Langzeitspeicher übernommen (Multi-Speicher-Theorie) [Beh91]. Durch das begrenzte Kurzzeitgedächtnis können nur circa sieben Informationseinheiten, wie beispielsweise Gegenstände oder Begriffe, gleichzeitig behalten und bewusst bearbeitet werden [Mil56].

2.3.2.1 Visualisierungen als kreatives Arbeitsmedium

Gerade in der Produktentwicklung werden hohe kognitive Anforderungen gestellt. Das menschliche Sehen als leistungsfähigster Aufnahmekanal gegenüber den anderen Sinnen macht Visualisierungen zu wichtigen Arbeitswerkzeugen in der Produktentwicklung [Som95], [Shn96]. Durch die Arbeit mit Visualisierungen kann bestehendes Wissen aus dem Langzeitgedächtnis besonders gut mit den visualisierten, neuen Informationen kombiniert werden [Hän89]. Diese Funktion begründet die besondere Eignung von Visualisierungen – vor allem des Skizzierens – als Hilfsmittel bei der kreativen Ideenfindung [McG05], [Pac05]. Durch iteratives Visualisieren und Betrachten wird in der kreativen Lösungsfindung das Kurzzeitgedächtnis entlastet und somit weitere, kognitive Kapazitäten nutzbar [Wik11].

2.3.2.2 Visualisierungen als Kommunikationsmedium

Visualisierungen übertragen Informationen zwischen dem Ersteller der Visualisierung als Sender und dem Betrachter als Empfänger. Im Sinne der Boundary Object Theory fungieren sie als Vermittlungsmedium zwischen verschiedenen Personengruppen, besonders bei der interdisziplinären Arbeit [Mai14a], [Sta89]. Dazu müssen alle Beteiligten die Visualisierung leicht verstehen können. Anhand des sogenannten Sender Empfänger Modell lassen sich dabei mögliche Ursachen für Kommunikationsfehler aufzeigen (siehe Bild 2-16).

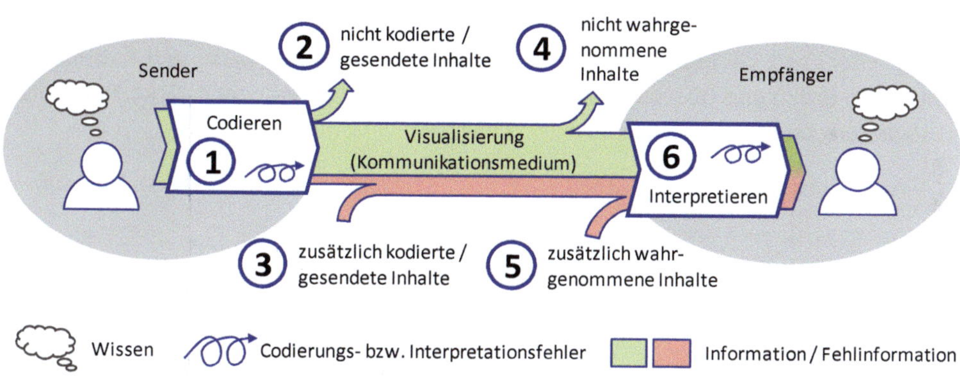

Bild 2-16: Kommunikationsfehler im Sender Empfänger Modell (Nummern erläutert im Text) nach [Sha98], [And15]

Bei der Erstellung einer Visualisierung können Informationen mit inadäquaten Visualisierungsprinzipien und -techniken dargestellt werden, sodass ein späteres Verständnis beim Betrachter erschwert wird (siehe Punkt 1 in Bild 2-16). Wichtige Informationen können vergessen werden (Punkt 2 in Bild 2-16) oder unbemerkt andere Informationen zusätzlich visualisiert werden (Punkt 3 in Bild 2-16). Der Betrachter einer Visualisierung kann häufig nicht alle gezeigten Informationen überblicken (Punkt 4 in Bild 2-16) und nimmt unter Umständen weitere Informationen auf (Punkt 5 in Bild 2-16). Bei der Interpretation der gesehenen Informationen unterlaufen weitere Fehler – vor allem dann, wenn die visuelle Kodierung anders verstanden wird, als vom Ersteller der Visualisierung vorgesehen (Punkt 6 in Bild 2-16). Die Angemessenheit der gewählten Visualisierungsprinzipien und -techniken sowie deren Kenntnis bei Ersteller und Betrachter der Visualisierung sind hierbei wesentlich für die korrekte Darstellung und Interpretation [War04], [deL06].

2.3.2.3 Visuelle Konventionen

Die Interpretation visueller Eindrücke ist beim Menschen deutlich geprägt von seinen visuellen Konventionen [War04], [Spe07]. Zum Großteil sind diese kulturell bedingt und werden im Kindes- und Jugendalter geprägt [Sch04]. Ampelfarben sind ein Beispiel für solche Konventionen, bei denen im Gegensatz zu anderen Kulturkreisen in einigen asiatischen Gesellschaften grün mit Tod und rot mit Glück assoziiert werden. Auch in verschiedenen Berufsgruppen sind visuelle Konventionen ausgebildet. Diese sind nur teilweise dokumentiert, wie beispielsweise in Symbolsätzen oder Zeichnungsnormen. Firmen und auch einzelne Abteilungen oder Arbeitsgruppen bilden oft eigene visuelle Konventionen aus, wie zum Beispiel typische Arten von Produktdarstellungen [Ped10]. Die Interpretation von Visualisierungen ist somit stark individuell geprägt.

2.3.2.4 Präattentative Wahrnehmung

Präattentative Wahrnehmung entstehen durch die Verarbeitung bestimmter, visueller Sinneseindrücke unter 0,2 Sekunden, also noch bevor die Information überhaupt wahrgenommen, fokussiert und bewusst verarbeitet werden könnte [Hea95].

Dieser Effekt tritt bei bestimmten Visualisierungstechniken auf. Diese sind Position, Orientierung, Größe und Überschneidung von visuellen Elementen, Strichstärke, Parallelität, Gruppierung und Tönung (siehe Bild 2-17) [War04].

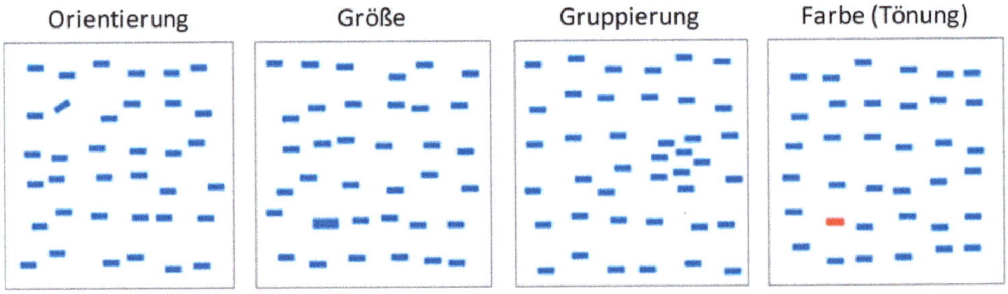

Bild 2-17: Beispiele für präattentative Wahrnehmung bei unterschiedlicher Orientierung, Größe, Gruppierung und Farbe nach [Hea17]

Gegenüber anderen Elementen und visuellen Variablen fallen diese dem Betrachter unmittelbar und nicht steuerbar „ins Auge". Einige Quellen empfehlen daher die Verwendung präattentativ wahrgenommener Visualisierungstechniken für besonders wichtige Informationen [Kra09], [Pre10],[Spe07], [Sch11].

2.3.2.5 Funktionen von Visualisierungen als Arbeitswerkzeuge in der Produktentwicklung

In der Produktentwicklung können Visualisierungen für folgende Zwecke besonders gut als Arbeitswerkzeuge genutzt werden.

Als Entwicklungswerkzeuge werden Visualisierungen eingesetzt, um relevante Daten und Informationen während der Produktentwicklung darzustellen, zu analysieren und zu bearbeiten [Buu90]. Dies geschieht in Einzelarbeit oder in kleinen Entwicklungsteams. Die Visualisierungen dienen zur besseren Übersicht, zur Vernetzung von Inhalten, zur Änderung und Ausarbeitung neuer Entwicklungen und zur Anregung kreativer Ideen [Len07].

Visualisierungen dienen weiterhin als Kommunikationsmittel, zum Beispiel von Konzepten, Ideen und Ergebnissen an andere Organisationseinheiten oder Entscheider [Buu90]. Hierbei werden Visualisierungen häufig als wesentliche Bewertungsgrundlage genutzt, wofür die Informationen vergleichsweise stark verdichtet dargestellt sind [Mey96]. Die Betrachtungsdauer ist dabei relativ kurz, sodass Fehler in der Gestaltung der Visualisierungskonzepte häufig nicht auffallen. Allgemein bekannte und einfachere Visualisierungskonzepte werden daher bevorzugt, wie zum Beispiel Balken- oder Kreisdiagramm [Mey96].

Schließlich können Visualisierungen als allgemeine Informationsvisualisierungen genutzt werden [Dic06]. Gegenüber Texten können dabei unterschiedliche Inhalte deutlich besser vermittelt und von den Betrachtern behalten werden. Die visuelle Weitergabe von Informationen erhöht deutlich die Menge und Geschwindigkeit der vermittelbaren Informationen [Eng05]. In diesem Zusammenhang können Visualisierungen ebenfalls zur Schulung und als Instrumente zur Organisation und Führung gut eingesetzt werden. In letzterer Funktion lassen sie sich besonders gut einsetzen zur Planung, Organisation, Zielsetzung und zum Teambuilding.

Für die Aufgaben der Produktentwicklung, in denen eine Visualisierung eingesetzt werden soll, müssen zunächst die benötigten Daten und Informationen festgelegt, beschafft, geprüft, gefiltert und gegebenenfalls umgewandelt, zum Beispiel abstrahiert, werden. Für die Visualisierung wird ein Visualisierungskonzept ausgewählt und dieses gegebenenfalls angepasst. Es können ebenfalls bekannte Visualisierungskonzepte kombiniert werden oder es werden Konzepte recherchiert, wenn keine Passenden bekannt sind. Die Visualisierung wird entsprechend des Visualisierungskonzeptes erstellt und anschließend in der Produktentwicklungsaufgabe verwendet.

2.3.2.6 Interaktionen

Bei der Nutzung einer Visualisierung besteht folgender Musterablauf [Cro96], [Sch04], [Ker07]. Bei erster Betrachtung wird zunächst versucht, das Gesehene zu erfassen und grob einzuordnen. Es wird versucht, die Aufbaulogik der Visualisierung zu erkennen. Inhalte werden interpretiert und mit bereits bekanntem Wissen verglichen. Anschließend wird die Visualisierung mit dem jeweiligen Kontext, also zum Beispiel der Aufgabe im aktuellen Arbeitsschritt, in Verbindung gebracht und versucht, ihren inhaltlichen Beitrag und Möglichkeiten zur Nutzung als Kommunikations- oder Arbeitswerkzeug abzuschätzen. Bestehendes Wissen wird dazu mit der Interpretation des Gesehenen gedanklich kombiniert.

Während der Nutzung der Visualisierung als Arbeitswerkzeug werden Formen der Interaktion genutzt [Ber05], [Pre10], [Ker07]. Dies beginnt bereits beim Erklären der dargestellten Inhalte für eine andere Person oder beim Zeigen auf dargestellte Elemente. Höhere Interaktionsmodi sind das Streichen, Markieren, Verknüpfen und Ergänzen von Inhalten auf der Visualisierungsfläche.

2.3.2.7 Visuelle Metapher

Metaphern sind Begriffe oder Inhalte, die als Vergleich aus einem anderen Bedeutungszusammenhang entnommen werden. Durch Assoziationen soll dadurch möglichst anschaulich kommuniziert oder eine Begriffslücke gefüllt werden. Sie können Emotionen auslösen und die Betrachter an bekannte Gedankenmodelle anknüpfen lassen (siehe Bild 2-18), [Pei04].

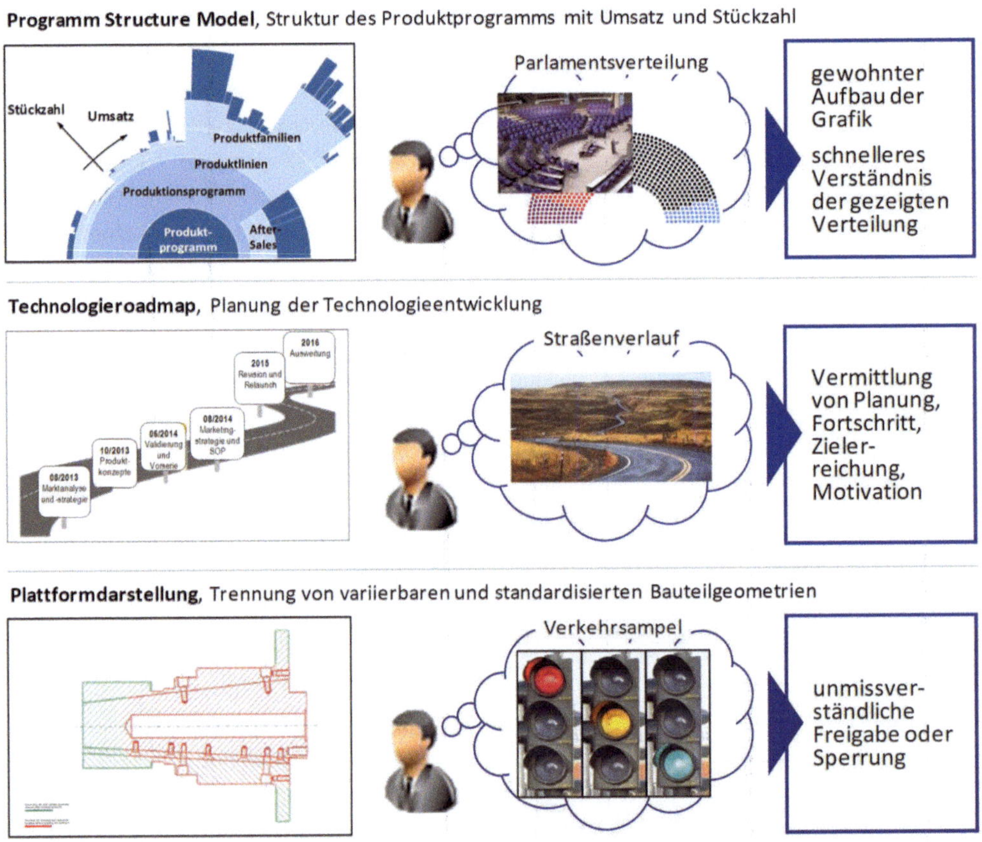

Bild 2-18: Beispiele für die Nutzung von Visualisierungen mit visuellen Metaphern in der Produktent-wicklung (exemplarische Darstellung) nach [Jon14], [Mac06], [Ped10]

Visuelle Metaphern sind gut geeignet, um wichtige Inhalte zu betonen, komplizierte Abhängigkeiten zu vermitteln oder eindrucksvoll zu kommunizieren [Sch15], [Sch00]. Bei interdisziplinärer Arbeit können visuelle Metaphern ein gemeinsames Verständnis fördern.

Die korrekte Interpretation und Wirkung einer visuellen Metapher hängt jedoch stark von der Bekanntheit beim Betrachter, der Angemessenheit im Kontext sowie von der Erkennbarkeit in der Visualisierung ab.

2.3.3 Allgemeine Einflussfaktoren auf die Gestaltung von Visualisierungskonzepten

In der Literatur werden verschiedene Einflussfaktoren aus dem Anwendungskontext genannt, die wesentlich für die Entwicklung von erfolgreich einsetzbaren Visualisierungskonzepten sind. Die systematische Aufnahme und Anwendung dieser Einflussfaktoren ist wesentlich für die Entwicklung von Visualisierungen als hilfreiche Arbeitswerkzeuge der Produktentwicklung. Diese lassen sich zusammenfassen in die Bereiche Inhalte, Verwendung und Nutzer (siehe Bild 2-19) und werden im Folgenden erläutert.

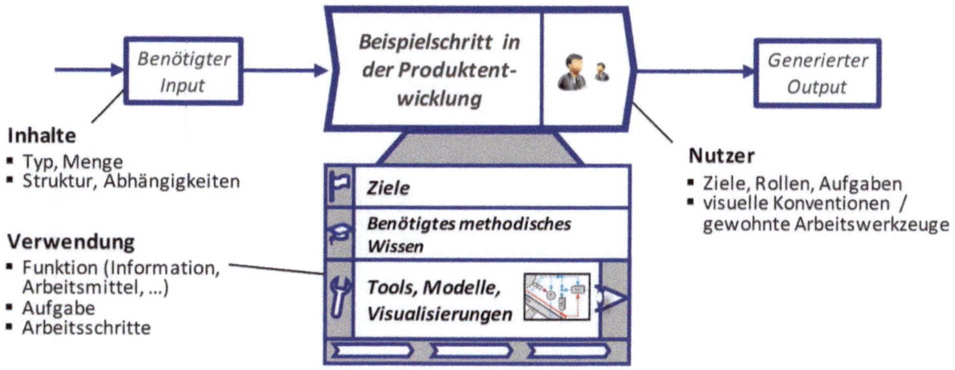

Bild 2-19: Zusammenfassung der relevanten Einflussfaktoren auf die Gestaltung hilfreich einsetzbarer Visualisierungskonzepte als Arbeitswerkzeuge in der Produktentwicklung

Die für eine Produktentwicklungsaufgabe zu visualisierenden Inhalte schränken durch die Art, Menge, Abhängigkeiten und Herkunft der Daten und Informationen die Menge der geeigneten Visualisierungsprinzipien und -techniken deutlich ein [Len07], [Mor08], [Shn96]. Die Gesamtmenge der Informationen und deren Wichtigkeit sowie Verwendung über die Arbeitsschritte sind daher relevant für die Gestaltung der Visualisierungskonzepte.

Die Nutzer einer Visualisierung als Arbeitswerkzeug haben unterschiedliches Ausgangswissen, individuelle Ziele bezüglich einer Entwicklungsaufgabe sowie unterschiedliche visuelle Konventionen [War08]. Ihre Interpretationen visueller Darstellungen weichen somit häufig signifikant voneinander ab (siehe Teilkapitel 2.3.2.3). Die persönlichen, visuellen Konventionen einzelner Nutzer sind bei der Entwicklung eines Visualisierungskonzeptes als Arbeitswerkzeug selten bekannt. Die visuellen Konventionen werden jedoch stark durch kulturelles Umfeld, berufliche Ausbildung und Arbeitserfahrung geprägt – diese Faktoren können beachtet werden [Len07], [Spe07].

Ja nach Verwendung der Visualisierung für verschiedene Aufgaben sind unterschiedliche Visualisierungskonzepte unterschiedlich gut geeignet [Len07]. Grundlegend kann dabei zwischen Information, Kommunikation und Bearbeitung unterschieden werden (siehe Teilkapitel 2.3.2.5). Die Abfolge und Inhalte der einzelnen Arbeitsabfolgen haben ebenfalls Einfluss auf die Gestaltung geeigneter Visualisierungskonzepte als Werkzeuge [Dic06], [Eng05].

2.3.4 Bewertungskriterien für Visualisierungskonzepte als Arbeitswerkzeuge

Für die Eignung eines Visualisierungskonzeptes als Arbeitswerkzeug für eine festgelegte Aufgabe bieten verschiedene Quellen Bewertungskriterien und -verfahren. Ebenso bestehen Ansätze zur Bewertung von Arbeitswerkzeugen für die Produktentwicklung, die auf Visualisierungskonzepte angewendet werden können. Diese Kriterien können in der Entwicklung von Visualisierungskonzepten als Arbeitswerkzeuge in der Produktentwicklung genutzt werden, um Konzepte zielgerichtet zu Entwickeln und Konzeptalternativen zu bewerten.

Zu den meist genannten Gütekriterien für Visualisierungen werden die Expressivität, die Effektivität und die Angemessenheit gezählt [Sch00], [Duc07], [Mac86], [Bat08], [Sch11].

Die Expressivität einer Visualisierung beschreibt die unverfälschte und vollständige Wiedergabe der darzustellenden Inhalte [Mac86], [Kul07]. Auch dürfen aus der Visualisierung keine anderen Informationen interpretiert werden können als vorgesehen[Duc07].

Im Bild 2-20 links ist Zuordnung von Modulen zu Produkten beispielsweise nicht eindeutig möglich. Die Expressivität ist primär abhängig von der Verwendung von Visualisierungsprinzipien und -techniken passend zu Arten und Abhängigkeiten der gezeigten Inhalte (siehe Kapitel 2.3.1).

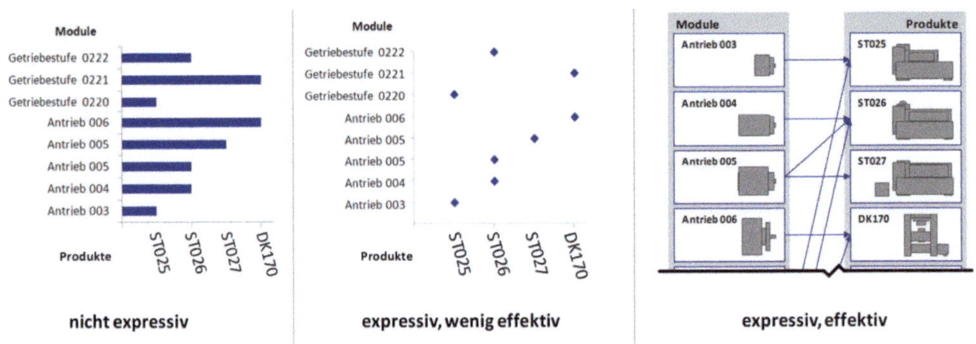

Bild 2-20: Beispiele für die Expressivität und Effektivität von Visualisierungen

Die Effektivität beschreibt, inwieweit eine Visualisierung den Wahrnehmungs- und Verständnisfähigkeiten der Betrachter gerecht wird [Sch00], [Kul07]. Der Betrachter soll dabei möglichst schnell die gezeigten Inhalte richtig erkennen und verstehen können. Wesentlich ist vor allem das Verständnis des Betrachters, der in Abhängigkeit seiner visuellen Konventionen unter Umständen die dargestellten Inhalte anders interpretiert, als vom Ersteller der Visualisierung beabsichtigt. Die Expressivität einer Visualisierung ist Voraussetzung für eine gute Effektivität [Sch00].

Die in Bild 2-20 mittig gezeigte Visualisierung ist beispielsweise eindeutig, also expressiv. Das Verständnis ist jedoch durch die Art der Darstellung erschwert. Die in Bild 2-20 rechts darsgetellte Alternative ist hier durch die bildliche Darstellung schneller zu verstehen und damit effektiver.

Die Angemessenheit einer Visualisierung als Arbeitswerkzeug beschreibt das Verhältnis von (Mehr-)Kosten und (Zusatz-)Nutzen der Visualisierung als Werkzeug im Arbeitseinsatz [Sch00], [Mey99]. Zu den Kosten können Arbeitszeit und -material für die Erstellung, Nutzung und Nachbereitung der Visualisierung oder gegebenenfalls für Auswahl und Schulungen gezählt werden. Für die Angemessenheit einer Visualisierung müssen Expressivität und Effektivität zu einem gewissen Maße gegeben sein. Eine expressive und effektive Visualisierung kann jedoch in ihrem Erstellungsaufwand dem Nutzen nicht ausreichend entsprechen und somit nicht angemessen sein. Als Nutzen einer Visualisierung kann die Menge der Informationen verstanden werden, die im Arbeitsablauf vom Betrachter aufgenommenen, korrekt verstandenen und zielführend angewendet werden können [Mai14a]. Indirekt sollen durch die Visualisierung die spezifischen Ziele der damit durchgeführten Entwicklungsaufgaben besser erreicht werden und verantwortliche Personen allgemein bessere Entscheidungen treffen können.

Verschiedene Quellen zählen aufgrund der einfachen, wenn auch stark subjektiven Bewertbarkeit die Nutzerzufriedenheit als qualitatives Bewertungskriterium hinzu [Kul07], [DiB99], [Duc07]. Als mögliche Unterpunkte werden Übersichtlichkeit, Erlernbarkeit, Wiederholbarkeit und Motivation genannt.

Weitere Autoren führen Empfehlungen und Gestaltungsregeln für Visualisierungen auf, wie zum Beispiel die Freiheit von Redundanz in der Darstellung [Rau97], die Reduktion auf möglichst wenige visuelle Elemente [Tuf01] oder die Nutzung von Navigationshilfen [Spe07]. Besonders erwähnenswert ist hier das häufig als *Mantra der Informationsvisualisierung* bezeichnete Prinzip „first overview, then detail“, nach dem eine Visualisierung so gestaltet werden sollte, dass dem Betrachter schnell die grundlegende Struktur der dargestellten Inhalte deutlich wird und er anschließend Details betrachtet kann, ohne die Übersicht zu verlieren [Spe07].

Von den Ansätzen zur Entwicklung und Bewertung von unterstützenden Methoden und Werkzeuge in der Produktentwicklung (siehe Teilkapitel 2.2.2) lassen sich einige auf die Bewertung von Visualisierungen als Arbeitswerkzeuge anwenden. BIEDERMANN ET AL. fassen folgende Bewertungskriterien zusammen [Bie12], auf Basis von [Hev10], [Mil09], [Ble09], [Lin09a].

- Relevanz (Wichtigkeit des Problems in Praxis oder Wissenschaft)
- interne Validität (auch Objektivität, Nachvollziehbarkeit, Glaubhaftigkeit)

- externe Validität (auch Übertragbarkeit, Angemessenheit, Generalisierbarkeit, Anwendbarkeit)
- Nutzen (auch Anwendung , Handlungsorientierung , Mehrwert)
- Kosten (auch Aufwände , Nachteile , Neben- und Fehlwirkungen)

2.4 Vorgehen zur Entwicklung von Visualisierungskonzepten

In der Forschung zur Daten- und Informationsvisualisierung sind Vorgehen zur Gestaltung von Visualisierungen entstanden. Von diesen werden in Teilkapitel 2.4.1 die im Kontext dieser Arbeit wichtigsten Verfahren vorgestellt. Einige wurden speziell für die Entwicklung von Visualisierungskonzepten im Bereich der Produktentwicklung oder angrenzender Fachgebiete entwickelt. Diese werden in Teilkapitel 2.4.2 erläutert.

Der potentielle Beitrag der Verfahren zur methodischen Entwicklung von Visualisierungskonzepten als Arbeitswerkzeuge in der Produktentwicklung wird jeweils grob bewertet. Die Bewertungen werden abschließend in Teilkapitel 2.5 anhand der in Kapitel 1 formulierten Problem- und Aufgabenstellung zusammengefasst.

2.4.1 Verfahren aus der Daten- und Informationsvisualisierung

2.4.1.1 Visualisierungspipeline

Die Visualisierungspipeline wird von verschiedenen Autoren mit leicht unterschiedlichen Schwerpunkten beschrieben ([Aig11], [Hab90], [Rob94]) und im Folgenden dargestellt nach [Sch00]. Sie gibt die nötigen Schritte der Erzeugung von Bildern von Rohdaten bis hin zum fertigen Abbild wieder (siehe Bild 2-21).

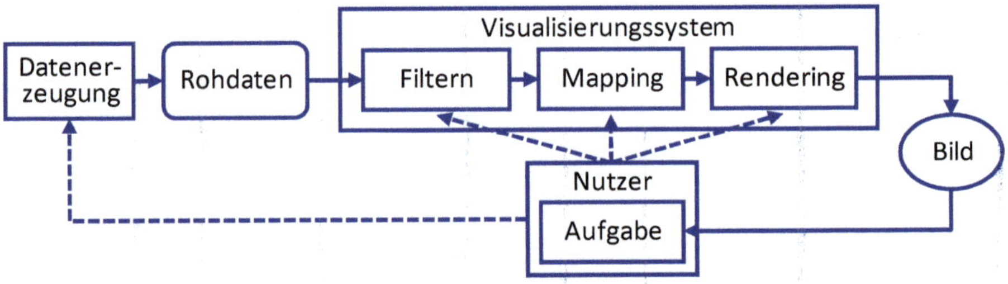

Bild 2-21: Die Visualisierungspipeline als Referenzmodell für die Visualisierung [Sch00]

Rohdaten werden dabei gegebenenfalls aufgenommen oder erzeugt. Zum Filtern der Ausgangsdaten werden charakteristische Eigenschaften der Datenmenge definiert, nach diesen gefiltert und die Daten, wenn nötig, umgewandelt. Im Mapping als wichtigster Schritt werden die Daten in visuelle Geometriedaten überführt. Die Festlegung der Darstellungsarten erfolgt je nach Anwendungsfall. Folgende Kriterien werden für die Auswahl empfohlen.

- Daten (Datentyp, Dimensionalität, Wertebereich, Strukturierung)
- Problem und Ziel der Bearbeitung (Identifikation, Lokalisierung, Korrelation, Vergleich, Verteilung, Häufigkeit, Gruppierung, Kategorisierung)

- Nutzer mit ihren Wahrnehmungsfähigkeiten, Charakteristika, Präferenzen und Wissensstand
- verfügbaren Ressourcen und gegebenenfalls weitere Randbedingungen

Im Rendering (Bildgenerierung) werden die Geometriedaten nach den im Mapping festgelegten Darstellungsarten abgebildet [Sch00].

Fazit: Die Visualisierungspipeline ist ein generisches Vorgehen. SCHUMANN gibt weiterhin vielfältige Grundlagen zur Auswahl von Visualisierungsprinzipien und -techniken sowie Gestaltungsregeln. Diese und andere Beschreibungen der Visualisierungspipeline bleiben jedoch zu unkonkret, um anwendbare Schritte zur Entwicklung von Visualisierungskonzepten für die Produktentwicklung geben zu können, zumal der Fokus der Quellen auf der Visualisierung großer Datenmengen liegt.

2.4.1.2 Data Visualization Methodology nach KIRK

Im Umfeld der Unternehmensberatung entwickelte KIRK ein Vorgehen zur Entwicklung von Visualisierungskonzepten und bietet hierzu Trainings und Serviceleistungen[1] an [Kir12]. Das Vorgehen fokussiert die Visualisierung von Daten. Es ist explizit nicht beschränkt auf Branchen, Funktionen oder Ähnliches und besteht aus folgenden Schritten:

1. Zielsetzung und Identifikation der Schlüsselfaktoren mit Zieldefinition, Festlegung der Funktionen der Visualisierung und Aufnahme der Schlüsselfaktoren aus dem Umfeld der Visualisierung
2. Datenaufnahme, Analyse der Anwendung und der zu visualisierenden Daten
3. Sammlung und Bewertung von Lösungsmöglichkeiten unterstützt durch eine Taxonomie von Methoden zur Datenvisualisierung auf Basis der Dateneigenschaften und nötigen Genauigkeit der Darstellung
4. Auswahl der finalen Lösung mit Farben, Interaktionen, Erläuterungen und Anmerkungen und Arrangement
5. Ausarbeitung der Lösung durch Auswahl der Medien und Erstellung der Visualisierung

Das Vorgehen wird mit mehreren Hinweisen und Hilfsmitteln unterstützt. Nach DE BONO werden acht Interessenträger eines Visualisierungskonzeptes unterschieden und mit ihren Aufgaben und Zielen integriert [deB12]. Diese müssen nicht zwingend verschiedene Personen sein. Genannt werden der Initiator, Informationssammler, Journalist, Computer-Wissenschaftler, Designer, kognitive Wissenschaftler, Kommunikator und der Projektmanager.

Fazit: Das Vorgehen bietet nachvollziehbare Schritte und viele wertvolle Hinweise. Gerade die Taxonomie der Visualisierungen als generische Sammlung von Lösungsmöglichkeiten und die Betrachtung verschiedener Rollen mit ihren individuellen Zielsetzungen ermöglichen sehr gut eine situationsspezifische Ausrichtung der Visualisierungsgestaltung.

---

[1] siehe http://www.visualisingdata.com, abgerufen am 18.06.2019

Der Fokus liegt allerdings auf der visuellen Analyse großer, numerischer Datenmengen, wie sie in der Produktentwicklung selten auftreten.

2.4.1.3 Visualisation Design nach Kulyk

Kulyk et al. geben eine umfangreiche Sammlung an Grundlagen, Regeln, Vorgehensschritten und Verweise auf Werkzeuge für die Entwicklung von Visualisierungen [Kul07]. Grundlegend wird folgende Vorgehensweise empfohlen.

1. Analyse der Nutzer hinsichtlich ihrer Erfahrungen, Widerständen, Persönlichkeiten, gewohnte Arbeitsumgebungen, -inhalte und -visualisierungen, Kulturen und Nationalitäten
2. Anwendungsanalyse bezüglich der darzustellenden Daten, Aufgaben, Funktionen der Visualisierung, Arbeitsumgebung, Umgebungsobjekte, Arbeitssprache und -begriffe, sowie nutzbaren Medien
3. Visualisierungsentwicklung
4. Implementierung, Test und Verbesserung

Für die Schritte werden Vorgehen und Hinweise gegeben sowie Kriterien für eine erfolgreiche Visualisierung aufgestellt (Funktionserfüllung, Erlernbarkeit, Abstraktionsgrad, Effektivität, Expressivität und Nutzerzufriedenheit).

Fazit: Das Vorgehen beruht auf umfangreichem Wissen aus der Informationsvisualisierung und stellt dies sinnvoll zu einzelnen Schritten zusammen. Es werden viele zu beachtende Einflussfaktoren und mögliche Vorgehensweisen formuliert – meist jedoch zu abstrakt für eine direkte Anwendung. Fokussiert werden die Gestaltung von Informationsvisualisierungen und Mensch-Maschine-Schnittstellen. Das unübersichtliche und wenig konkrete Vorgehen erschwert die Anwendbarkeit.

2.4.1.4 slide:ology nach Duarte

Ausgerichtet auf die Gestaltung von Präsentationen im professionellen Umfeld bietet dieses Lehrbuch viele hilfreiche Regeln und Hinweise für die Gestaltung von Präsentationsfolien und -grafiken [Dua08]. Indirekt wird dabei ein Vorgehen zur Entwicklung von Präsentationen geboten, das durch wesentliche Schritte leitet und Gestaltungsmöglichkeiten übersichtlich illustriert. Die Analyse der Zielgruppe und die kreative Ideenfindung werden methodisch unterstützt. Die gegebenen Hinweise können im Sinne einer Checkliste bei der Entwicklung von Visualisierungskonzepten hilfreich eingesetzt werden.

Fazit: Das Lehrbuch slide:ology ist sehr hilfreich für die Erstellung von Präsentationen und visuell anderweitig unterstützten Reden. Mehrere Aspekte können für die Entwicklung von Visualisierungskonzepten als Arbeitswerkzeuge adaptiert werden. Durch den Fokus auf Präsentationen und Reden als unidirektionale Kommunikation fehlen jedoch die Berücksichtigung der Nutzung einer Visualisierung als Arbeitswerkzeug sowie der Bezug zur Produktentwicklung.

2.4.1.5 Protovis, D3.js, D4 nach Bostock et al.

Protovis ist ein Werkzeugkasten für die Zusammenstellung von Daten- und Informationsvisualisierungen aus einfachen Grafikbausteinen des Interactive Data Lab der University of Washington (siehe Bild 2-22), [Bos09]. Die Open Source Software ist eher Visualisierungswerkzeug als -vorgehen und mündete in die JavaScript Bibliothek D3.js.

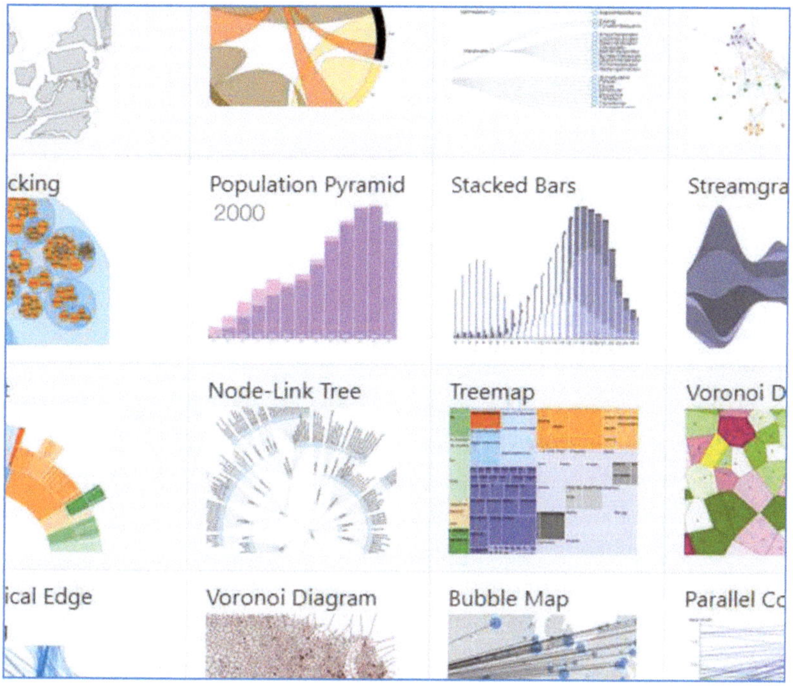

Bild 2-22: Ausschnitt der Visualisierungsmöglichkeiten der Website www.D3.js (exemplarische Darstellung) [Bos16]

Fazit: Protovis beziehungsweise D3.js gibt einen Überblick über viele verschiedene Visualisierungsprinzipien und -techniken. Vorteilhaft ist die Möglichkeit der Anpassung und automatischen Verwendung in der digitalen Datenvisualisierung. Die Sammlung an Visualisierungen ist jedoch nicht auf die Inhalte der Produktentwicklung ausgerichtet und es wird kein Vorgehen zur Auswahl und Zusammenstellung gegeben.

2.4.1.6 Five Design-Sheets nach Roberts et al.

Die Methode Five Design-Sheets nach Roberts et al. richtet sich an die Konzeption und die grafische Gestaltung von interaktiven Datenvisualisierungen sowie Software- und Bedienungsoberflächen [Rob17]. Dabei wird eine möglichst allgemeingültige Vorgehensweise der Problemlösung gegeben, um die Anwendbarkeit der Methode auf andere Aufgabenstellungen zu verbessern. Das Vorgehen teilt sich in fünf Stages ein, in denen jeweils ein Skizzenblatt genutzt wird (siehe Bild 2-23). Die fünf Skizzenblätter sind nicht eindeutig den fünf Stages zugeordnet.

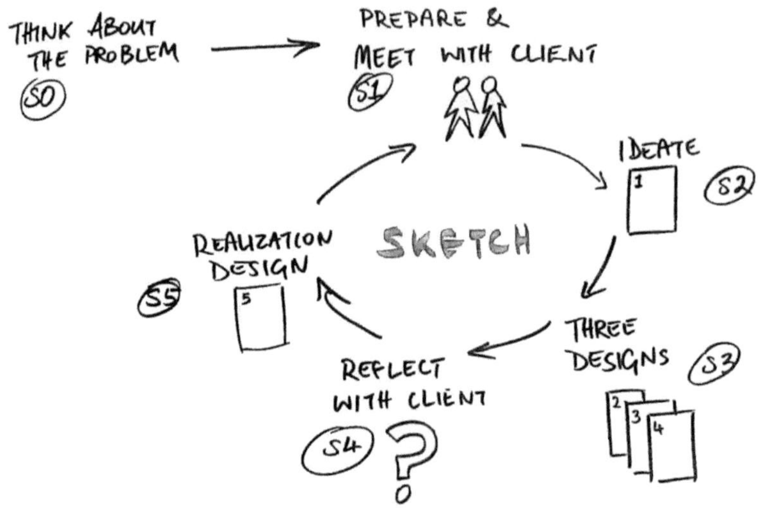

Bild 2-23: Vorgehen der Five Design-Sheets nach Roberts et al. mit fünf Stages (S0 bis S5) und fünf Skizzenblättern [Rob17]

In Stage 0 wird die Problemstellung erfasst und grob geklärt. In Stage 1 wird die Visualisierungsaufgabe mit dem Kunden beziehungsweise späterem Nutzer gemeinsam geklärt. Für die Stage 3 werden die Schritte Ideensammlung, Filtern, Kategorisieren, Kombinieren & Verbessern sowie Reflektion durchlaufen. Die Stage 3 widmet sich der Entwicklung von mindestens drei alternativen Gestaltungen der Visualisierung. Diese werden in Stage 4 dem Kunden vorgestellt und mit diesem bewertet. Nach eventuell nötigen Iterationen der Stages 1 bis 4 wird das finale Konzept in Stage 5 ausgearbeitet.

Zu den einzelnen Phasen werden verschiedenen Kreativitätstechniken verwendet und Hilfen zu möglichen Lösungen und Skizziertechniken aufgeführt. Durch das gesamte Vorgehen wird das intensive Arbeiten mit Skizzen empfohlen.

Fazit: Das Vorgehen der Five Design-Sheets bietet einen übersichtlichen Arbeitsablauf für die Strukturierung von Aufgaben und deren grafische Lösung. Im Fokus steht dabei das Design von interaktiven Nutzeroberflächen. Das Vorgehen lässt sich ebenfalls auf die interaktive Visualisierung großer Datenmengen anwenden. Konkret lassen sich die gegebenen Hilfsmittel und Lösungen nur schwer für die Visualisierung der Arbeitsinhalte der Entwicklung anwenden. Auch wird kein Arbeitsablauf für die Anwendung der Visualisierung betrachtet.

2.4.2 Verfahren aus der Produktentwicklung und ihrem Umfeld

Im Forschungsbereich der Produktentwicklung wurden einige Vorgehen zur Gestaltung von Visualisierungen entwickelt. Diese werden im Folgenden erläutert.

2.4.2.1 Engineering Graphic Modelling nach TJALVE

Die Arbeit unterstützt die Konzeptentwicklung durch methodisches Skizzieren, Zeichnen und Illustrieren [Tja79]. In einem methodischen Vorgehen können für verschiedene Schritte der Produktentwicklung passende, grafische Modelle ausgewählt werden. Es besteht aus einer Reihe von Arbeitsblättern, in denen die wesentlichen Eigenschaften von Visualisierungen je nach Anwendungsfall geklärt und Visualisierungslösungen ausgewählt werden.

Aufgenommen werden die Inhalte (Funktion, Struktur, Form, Material, Dimension, Oberfläche) und die Adressaten (Entwickler selbst oder andere Entwickler, Zeichner, Produktion, Produktionsplanung, Kunden, Management und Öffentlichkeit). Darauf aufbauend werden die Zeichnungsnorm (wie zum Beispiel für Hydraulik, Elektrik oder Prozesse), grafische Symbole, die Projektionsarten, Zeichnungstechnik (Freihand, Linienzeichnung, Schablonen, Plotter) und der Zeichnungstyp (Blockdiagramme, Prinzipskizzen, Zusammenbauzeichnungen, Explosionsdarstellungen, Balken- und Liniendiagramme und andere) festgelegt. Für alle Schritte werden Hinweise und Anleitungen gegeben, wie in Bild 2-24 beispielhaft gezeigt.

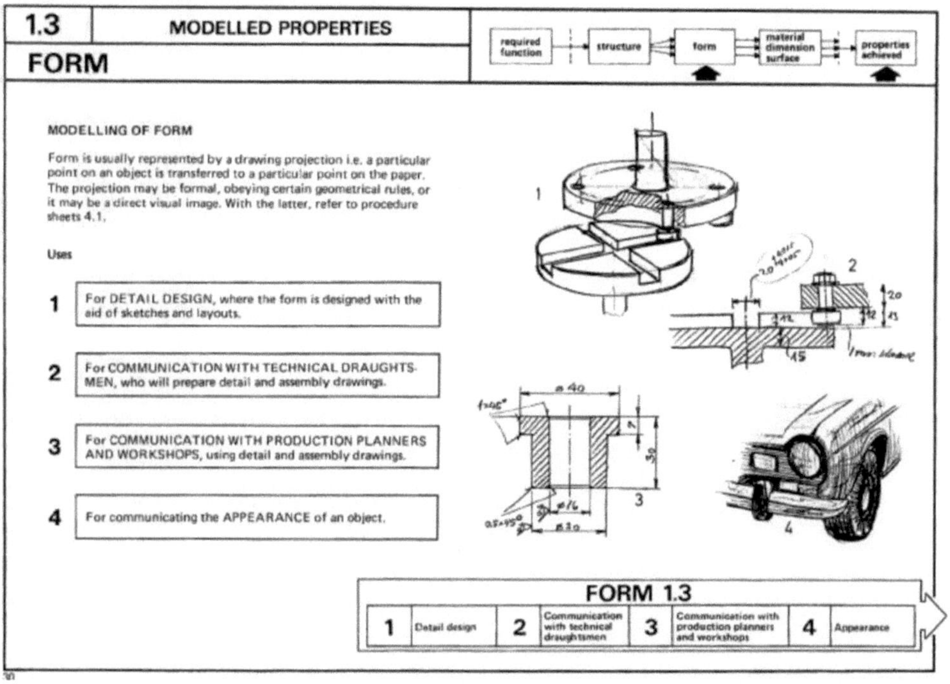

Bild 2-24: Beispiel für die Darstellung im Engineering Graphic Modelling (exemplarische Darstellung) [Tja79]

Fazit: Das Verfahren bietet eine gute Vorgehenssystematik mit klaren Handlungsschritten und anschaulichen Anleitungen. Der Fokus liegt auf technischen Zeichnungen und

Handskizzen, was der Entstehung in den 70er Jahren entspricht. Die Auswahlsystematik für Visualisierungsarten zeigt gut, welche Einflussfaktoren zu beachten sind.

2.4.2.2 Vorgehensweise zur Auswahl und Gestaltung visueller Darstellungen nach MEYER

MEYER bietet ein Entwicklungsverfahren für Visualisierungen als Entscheidungsvorlagen für das Management unter Berücksichtigung der Adressaten [Mey99], [Mey96]. Ziel ist es, die Aufnahme, Erinnerung und Verständnis des Gezeigten zu verbessern. Dafür wird ein konkretes Vorgehen gegeben, wie visuelle Vorlagen gestaltet werden können, sowie eine Sammlung möglicher Darstellungsformen und Gestaltungsregeln (siehe Bild 2-25).

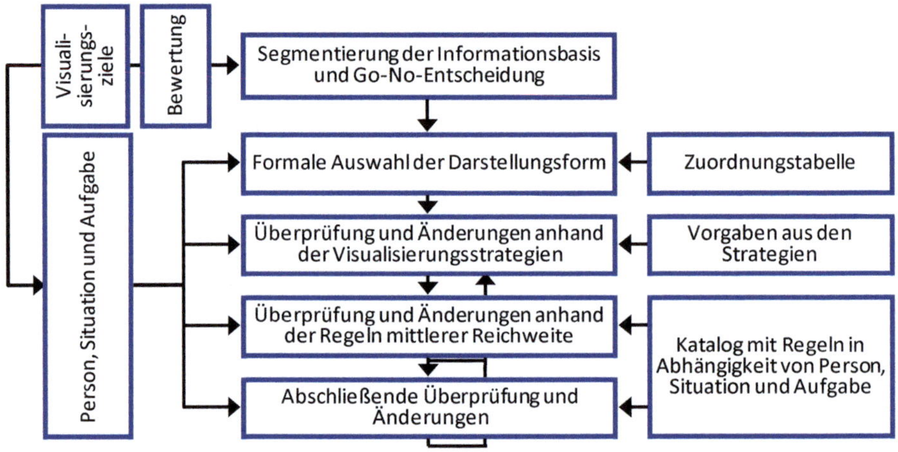

Bild 2-25: Vorgehensweise zur Auswahl und Gestaltung visueller Darstellungen nach [Mey96]

Je nach Inhalten, Personen, Situationen und Aufgaben werden unterschiedliche Darstellungsformen empfohlen. Die darzustellenden Informationen werden gesichtet, ausgewählt und gegebenenfalls auf verschiedene Visualisierungen (sogenannte Segmente) verteilt. Für diese werden ahand einer Tabelle geeignete Darstellungsformen ausgewählt. In Abhängigkeit der Ziele werden „Instrumente", wie zum Beispiel Farben, für die einzelnen Informationen ausgewählt. Anschließend werden Gestaltungsregeln je nach Person, Situation und Aufgabe für die Visualisierungen angewendet.

Fazit: Es wird eine übersichtliche Arbeitsanleitung geboten und mögliche Darstellungsformen verständlich dargestellt. Die Gestaltungsregeln bieten wichtige Hinweise zur Fehlervermeidung. Das Verfahren fokussiert Entscheidungssituationen im Management und beachtet daher nicht explizit die Arbeitsinhalte und -aufgaben in der Produktentwicklung. Das Verfahren und der angebotene Lösungsraum sind dementsprechend begrenzt.

2.4.2.3 Systematik zur Entwicklung von Visualisierungen nach WAßMANN

Das Verfahren dient der Entwicklung von Visualisierungen für die *Analyse fortgeschrittener mechatronischer Systeme in Virtual-Reality-Anwendungen* [Waß13]. Für eine Analyse eines mechatronischen Systems werden sogenannte Primär- und Sekundär-

Visualisierungstechniken ausgewählt und zusammengestellt (siehe Bild 2-26). Diese entsprechen weitestgehend den in den Kapiteln 2.3.1.4 und 2.3.1.5 vorgestellten Visualisierungsprinzipien und -techniken. Die Primärtechniken werden nach der Analyseaufgabe, die Sekundärtechniken nach dem darzustellenden System ausgewählt.

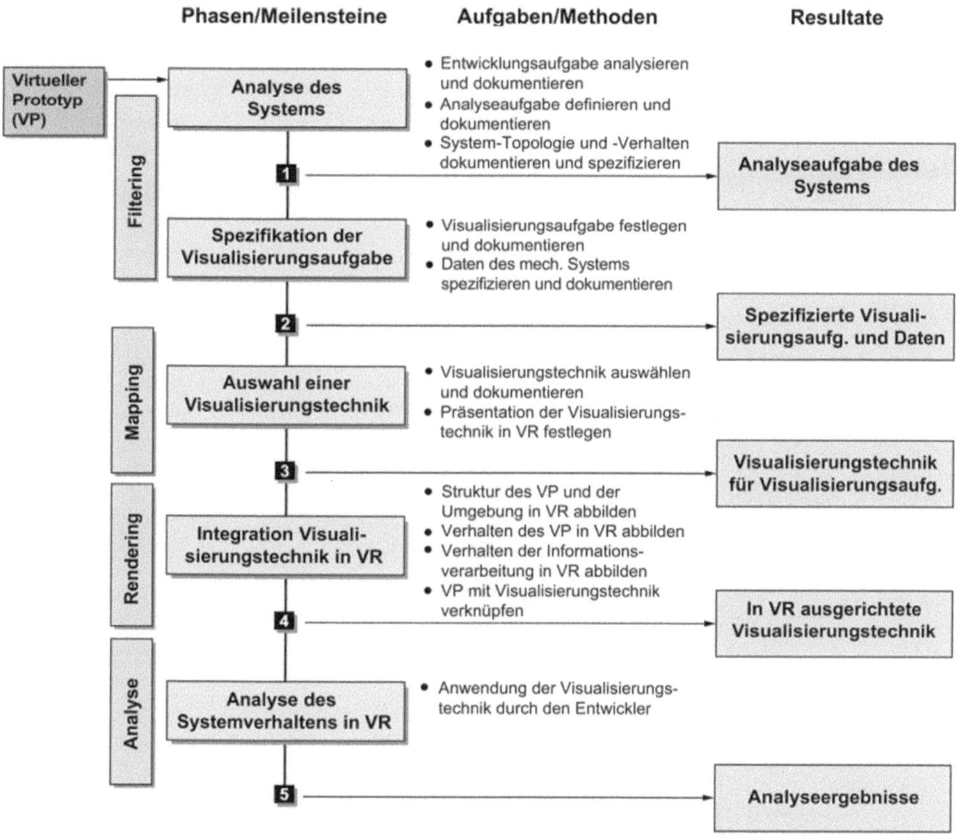

Bild 2-26: Vorgehensmodell zur Entwicklung von Visualisierungen für die visuelle Analyse fortgeschrittener mechatronischer Systeme in VR-Anwendungen nach [Waß13]

Das iterative Vorgehensmodell orientiert sich an der gängigen Visualisierungspipeline mit den Phasen Filtering, Mapping, Rendering und Analyse (siehe Teilkapitel 2.4.1.1). Das mechatronische System und die Analyseaufgabe werden analysiert. Als Hilfsmittel wird eine Reihe von Analyseaufgaben für mechatronische Systeme sowie an darzustellenden Inhalte und Visualisierungsaufgaben vorgegeben. Nach den aufgenommenen Informationen werden Visualisierungstechniken aus einer Liste mit deren Eignung für die Visualisierungsaufgaben ausgewählt. Abschließend wird die Visualisierung im VR realisiert und die Analyse durchgeführt.

Fazit: Das Vorgehen zeigt systematisch die Einflussfaktoren bei der Entwicklung von Visualisierungskonzepten auf und wie diese zur Lösungsauswahl herangezogen werden können. Es werden hilfreiche Werkzeuge gegeben. Die Spezialisierung auf die Analyse fortgeschrittener mechatronischen Systemen in Virtual-Reality-Anwendungen schränkt es für die Entwicklung von Visualisierungskonzepten als Werkzeuge in der Produktentwicklung allerdings zu stark ein.

2.4.2.4 Periodic Table of Visualization Methods of Management nach Lengler und Eppler

Mit dem Fokus auf Managementaufgaben fassen Lengler und Eppler gängige und geeignete Visualisierungskonzepte zusammen [Len07]. Diese werden in einem Zugriffssystem nach Inhalt, Kompliziertheit, Darstellungsart, Sicht und Aufgabe kategorisiert. Aufgrund der ähnlichen Struktur der Systematik wird dieses plakativ als Periodensystem für Visualisierungsmethoden bezeichnet (siehe Bild 2-27).

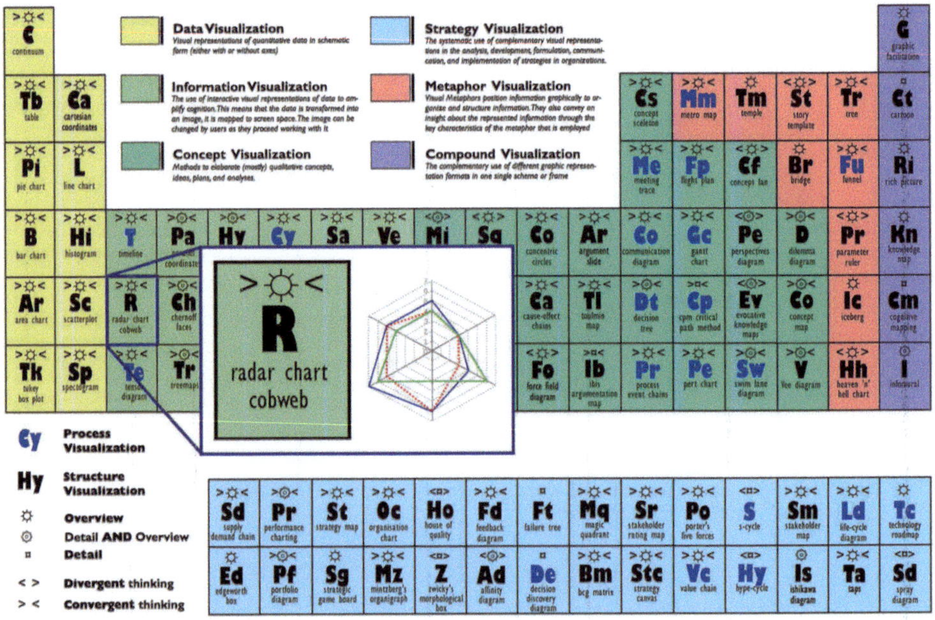

Bild 2-27: Periodensystem für Visualisierungsmethoden nach Lengler und Eppler mit vergrößertem Beispiel (exemplarische Darstellung) nach [Len07]

Fazit: Die Einteilung nach Lengler und Eppler fokussiert Managementaufgaben. Es werden vollständige und gängige Visualisierungskonzepte angeboten. Ein Auswahlvorgehen wird nur indirekt gegeben. Die genutzte Klassifizierung ist jedoch allgemeingültig.

2.4.2.5 Strategic Visualisation Tools for Managing Technological Information nach Yoon

Yoon nutzt sechs gängige Visualisierungskonzepte für acht typische Aufgaben des Technologiemanagements aus jeweils drei verschiedenen Sichten [Yoo10]. Die untersuchten Visualisierungen sind Baum, Karte, Netzwerk, Matrix, Kurven und Wörterbuch. Die Aufgaben umfassen Akquise, Entwicklung, Planung, Einordnung und Bewertung, Wertanalyse, Verhandlung, Verträglichkeitsanalyse und Vorausplanung. Diese werden für die Sichten des Managements, der Entwicklung und der Abteilungsleitung bewertet. Es wird ebenfalls ein allgemeines Vorgehen zur Visualisierung beschrieben mit den Schritten Problembeschreibung, Zieldefinition, Datensammlung und -aufbereitung, Repräsentation, Interpretation und Evaluation. Dieses ähnelt der Visualisierungspipeline (siehe Kapitel 2.4.1.1).

Fazit: Die Einteilung betont Aufgaben und Sichten als Auswahlfaktoren für Visualisierungskonzepte und gibt einen Überblick für das Technologiemanagement. Durch die Beschränkung auf acht bestehende Visualisierungskonzepte sind jedoch Neu- oder Weiterentwicklung von Visualisierungskonzepten nicht unterstützt.

2.5 Vergleichende Bewertung der Vorgehen und Ableitung des Forschungsbedarf

In diesem Kapitel werden die oben vorgestellten Methoden zur Entwicklung von Visualisierungskonzepten bezüglich ihres möglichen Lösungsbeitrages zu der in Kapitel 1 vorgestellte Problemstellung bewertet. Ziel dieser Arbeit ist die methodische Unterstützung der Entwicklung von Visualisierungen als Arbeitswerkzeuge in der Produktentwicklung. Es sollen dabei das nötige Grundlagen- und Anwendungswissen zu Visualisierungen in der Produktentwicklung übersichtlich und anwendbar zur Verfügung gestellt werden.

Zur Bewertung werden folgende Kriterien abgeleitet.

- Betrachtete Einflussfaktoren – In der Literatur werden wesentliche Einflussfaktoren genannt, die in der Entwicklung von Visualisierungen als Arbeitswerkzeuge beachtet werden müssen (siehe Kapitel 2.3.3). Im Hinblick auf den Einsatz von Visualisierung in der Produktentwicklung sind dies die Arbeitsinhalte (Informations- und Datentypen, Menge, Abhängigkeiten), der Arbeitsablauf, der mit der Visualisierung durchgerührt werden soll, sowie die Nutzer mit Ihren Zielsetzungen und visuellen Konventionen.
- Gegebene Lösungsmenge – Wesentlich für eine methodische Unterstützung der Entwicklung von Visualisierungen ist die Verfügbarkeit einer vollständigen, generischen und anwendbaren Lösungsmenge an Visualisierungsprinzipien und Visualisierungstechniken (siehe Kapitel 2.3.1).
- Methodisches Vorgehen – Für die Anwendung einer methodischen Unterstützung ist vor allem deren Nachvollziehbarkeit und Vollständigkeit im Ablauf wesentlich [Ble09]. In der Bewertung der Vollständigkeit wird ebenfalls die Durchgängigkeit im Vorgehen betrachtet.
- Anwendbarkeit – Die oben vorgestellten Vorgehen zur Entwicklung von Visualisierungskonzepten stammen aus verschiedenen Fachgebieten wie die Informationsvisualisierung, Mediengestaltung oder der Methodenforschung für die Produktentwicklung. Aus diesem Grund wird die Eignung für die Arbeitsinhalte der Produktentwicklung sowie für die Entwicklung von Arbeitswerkzeugen in der Methodenforschung bewertet.

Tabelle 2-1 zeigt eine Bewertung der oben vorgestellten Methoden zur Entwicklung von Visualisierungskonzepten bezüglich ihres möglichen Lösungsbeitrages zu der in Kapitel 1 vorgestellte Problemstellung. Bewertet werden die jeweils beachteten Einflussfaktoren, die zur Verfügung gestellte Lösungsmenge, die Vorgehenssystematik und Anwendbarkeit für die Entwicklung von Visualisierungskonzepten als Werkzeuge in der Produktentwicklung. Letztere konnte nicht für alle betrachteten Methoden bewertet, da nur wenige Methoden die Entwicklung von Visualisierungskonzepten für den Einsatz in der Produktentwicklung direkt adressieren.

Tabelle 2-1: Bewertung der bestehenden Methoden zur Entwicklung von Visualisierungskonzepten im Hinblick auf die Problemstellung (siehe Kapitel 1)

○	nicht erfüllt / unterstützt
◑	teilweise erfüllt / unterstützt
●	erfüllt / unterstützt
	nicht bewertbar

		Betrachtete Einflussfaktoren			Gegebene Lösungsmenge			Methodisches Vorgehen		Anwendbarkeit	
		Arbeitsinhalte	Arbeitsablauf	Nutzer	Übersichtlichkeit	Vollständigkeit	Zugriffs- und Auswahlsystem	Nachvollziehbarkeit	Vollständigkeit	Inhalte der Produktentwicklung	Methodenforschung für die Produktentwicklung
Visualisierungspipeline nach Schuhmann	[Sch00]	◑	◑	◑				●	◑		
Data Visualization Methodology nach Kirk	[Kir12]	●	○	●	●	◑	◑	◑	●		
Visualisation Design nach Kulyk	[Kul07]	●	◑	●	◑	◑	◑	◑	◑		
slide:ology nach Duarte	[Dua08]	●	○	●	◑	◑	◑	◑	◑		
Protovis, D3.js, D4 nach Bostock et al.	[Bos09]				○	●	◑				
Five Design Sheets nach Roberts et al.	[Rob17]	◑	◑	●	●	◑	◑	●	◑		
Engineering Graphic Modelling nach Tjalve	[Tja79]	●	◑	◑	●	◑	●	●	◑	◑	◑
Visualisierung von Informationen nach Meyer	[Mey99]	●	◑	●	●	◑	●	●	◑		
Systematik zur Entwicklung von Visualisierungstechniken nach Waßmann	[Waß13]	●	◑	○	●	○	●	●	◑	◑	○
Periodic Table of Visualization Methods nach Lengler und Eppler	[Len07]	●	○	○	●	◑	◑	●	◑		
Strategic Visualisation Tools for Managing Technological Information nach Yoon	[Yoo10]	◑	◑	◑	◑	◑	●	●	◑		

In den untersuchten Vorgehen sind vor allem die Aufnahme und Integration des zu unterstützenden Arbeitsvorganges, vollständige, generische Lösungskataloge und vollständige Vorgehensbeschreibungen unzureichend für die Entwicklung von Visualisierungen als Arbeitswerkzeuge in der Produktentwicklung. Dem entsprechend werden in mehreren Publikationen der Informationsvisualisierung ein Mangel an durchgehenden und anwendbaren Vorgehen zur Entwicklung von Visualisierungen genannt [Ker07], [Stö14], [Tuf01].

Die Bewertung der recherchierten Lösungsansätze untermauert die in Kapitel 1 beschriebene Problemstellung, dass die notwendige Übersicht und Aufbereitung des Stands der Wissenschaft für die Entwicklung von Visualisierungen als Arbeitswerkzeuge in der Produktentwicklung fehlen. Das relevante Grundlagenwissen zur Unterstützung von Arbeitsschritten durch Visualisierungskonzepte ist nur über verschiedene Forschungsbereiche verteilt aufzufinden. Daraus folgen eine vergleichsweise hohe Diversität in den Begriffen (siehe Begriffsklärung in Kapitel 2.3.1) und ein hoher Einarbeitungsaufwand für den Anwender.

Nahezu keine Ansätze und Vorgehen berücksichtigen alle für die Anwendung in der Produktentwicklung relevanten Einflussfaktoren – diese bleiben aber auf einer sehr abstrakten Betrachtungsebene und geben keine Hinweise zur Aufnahme und Anwendung dieser Faktoren. Die Ansätze fassen Visualisierungen als Werkzeuge nicht ausreichend integriert in ein Arbeitsvorgehen auf. Das Engineering Graphic Modelling nach Tjalve stellt hier eine Ausnahme dar, beschränkt sich aber auf Skizzen- und Zeichentechniken.

Die angebotenen Lösungsmengen an Visualisierungsprinzipien und -techniken sind meist nicht generisch und nicht auf die Bedürfnisse und Anwendbarkeit der Produktentwicklung ausgerichtet. Die Lösungsmengen sind unvollständig oder auf unpassendem Abstraktionsniveau dargestellt.

Einige Vorgehen, wie zum Beispiel die Systematik zur Entwicklung von Visualisierungen nach Waßmann, bieten nachvollziehbare, methodische Arbeitsanweisungen. Die Anwendbarkeit für die allgemeine Entwicklung von Visualisierungskonzepten als Werkzeuge in der Produktentwicklung ist jedoch bei diesen Vorgehen nicht ausreichend gegeben. Konkret sind nur die Ansätze von Waßmann und Tjalve ausgerichtet auf die Entwicklung von Visualisierungen im Kontext der Produktentwicklung. Ersterer ist jedoch durch den Fokus auf Visualisierungen für die Analyse mechatronischer Systemen in Virtual-Reality- zu stark eingeschränkt für die Entwicklung von Visualisierungskonzepten als Werkzeuge in der Produktentwicklung. Der Ansatz nach Tjalve ist fokussiert auf technische Zeichnungen und Handskizzen als Stand der 70er Jahre.

Aufgrund der Ausrichtung auf andere oder eng beschränkter Zielanwendungen sowie teilweise auf spezielle Visualisierungsmedien, kann keines der Vorgehen übernommen werden. Auch die Synthese aus Teillösungen der Vorgehen ist nicht vielversprechend. Es können jedoch gut einzelne Teilaspekte übernommen werden (siehe Kapitel 4).

3 Studien zur Problemanalyse und Detaillierung der Anforderungen

Bestehende Studien zu Entwicklung und Anwendung von Visualisierungen als Arbeitswerkzeuge in der Produktentwicklung beschreiben nicht deren genaue Ursachen und Wirkmechanismen (siehe Kapitel 2.2). Um konkrete Anforderungen an eine Unterstützung für die Entwicklung von Visualisierungskonzepten als Werkzeuge der Produktentwicklung ableiten zu können, müssen über den Stand der Wissenschaft hinaus weitere Sachverhalte geklärt werden. Dazu wurden folgende Studien durchgeführt, deren Ergebnisse in diesem Kapitel zusammengefasst werden.

- Nutzung von Visualisierungen als Werkzeuge in der Produktentwicklung (Kapitel 3.1)
- Entwicklung von Visualisierungskonzepten in der Methodenforschung (Kapitel 3.2)

Die Studien werden in [Geb14] beziehungsweise [Geb15b] ausführlich vorgestellt.

In Kapitel 3.3 werden auf Basis der Problem- und Aufgabenstellung in Kapitel 1 sowie der Studienergebnisse konkrete Anforderungen an eine methodische Entwicklung von Visualisierungskonzepten abgeleitet.

3.1 Nutzung von Visualisierungen in der Produktentwicklung

Die Studie zur Anwendung von Visualisierungen in der Produktentwicklung klärt,

- welche Faktoren für eine erfolgreiche Anwendung von Visualisierungen in der Produktentwicklung relevant sind und
- welche Implikationen sich für die Entwicklung von Visualisierungskonzepten als Werkzeuge in der Produktentwicklung ableiten lassen [Geb14].

Auf dieser Basis können allgemeine Anforderungen an Visualisierungen als Arbeitswerkzeuge abgeleitet werden.

Die Studie wurde mithilfe von Interviews im Oktober und November 2013 durchgeführt. Die Teilnehmergruppe besteht aus 12 Entwicklungsingenieuren und Entwicklungsleitern aus sieben Unternehmen sowie zwei Unternehmensberatungen. Diese umspannen verschiedene Branchen, wie Maschinen- und Anlagenbau, Flugzeugbau oder Schiffbau. Eine anonymisierte Übersicht der befragten Unternehmen und der verwendete Fragebogen sind in Anhang A1 zu finden.

N. Gebhardt, *Methodische Entwicklung von Visualisierungen als Arbeitswerkzeuge in der Produktentwicklung*, Produktentwicklung und Konstruktionstechnik 18, https://doi.org/10.1007/978-3-662-61622-2_3

Zusammenfassung der Studienergebnisse

Von allen befragten Teilnehmern werden deutliche Vorteile im Einsatz von Visualisierungen in der Produktentwicklung gesehen. Diese sind

- die Vermittelbarkeit von abstrakten Inhalten,
- die Schaffung von Übersicht,
- die Problemanalyse und Abstraktion zur besseren Lösungsfindung und
- die Schaffung einer Kommunikationsbasis.

Visualisierungen werden vorzugsweise eingesetzt für die

- Darstellung, Kommunikation und Bewertung von Konzepten und Ideen übergreifend über Teams und Hierarchieebenen,
- Konzeptentwicklung und visuelle Analyse in Einzelarbeit oder in kleinen Gruppen, und
- Wissensvermittlung, Information, Schulung.

Bezüglich der Studienfragen bestehen folgende Besonderheiten und Probleme bei der Anwendung von Visualisierungen in der Produktentwicklung.

- Zwecks einfacher Erstellung der Visualisierungen werden meist nur wenige und vergleichsweise simple Visualisierungsprinzipien und -techniken genutzt, wie Tabellen, Matrizen oder Flussdiagramme. Die entsprechenden Visualisierungen wirken somit häufig zu abstrakt für die Anwender.
- Bestehende Mängel sind eine nicht ausreichend selbsterklärende, schnell verständliche Gestaltung und eine mangelnde Einbindung der Visualisierungen als Werkzeuge in eine durchgängige Arbeitsmethode.
- Gerade bei abteilungsübergreifenden Arbeitsaufgaben helfen Visualisierungen als Werkzeuge deutlich besser, wenn die Visualisierungsprinzipien den Anwendern bereits bekannt sind. Dies ist bei den befragten Unternehmen nicht ausreichend der Fall.
- Genutzte Visualisierungen weisen den Anwendern häufig einen zu geringen Bezug zu den abgebildeten Sachverhalten auf, wie zum Beispiel zu Produkten oder Produktionslayouts.
- Häufig werden sowohl ein breiter Überblick über den Arbeitsinhalt als auch konkrete Detailinformationen benötigt, was durch die bekannten Visualisierungen oft nicht gleichzeitig erfüllt wird.

Die aus den Ergebnissen resultierenden Anforderungen an eine Methode zur Entwicklung von Visualisierungskonzepten als Werkzeuge in der Produktentwicklung sind in Teilkapitel 3.3 zusammengefasst.

3.2 Entwicklung von Visualisierungen in der Methodenforschung

Für eine methodische Unterstützung der Entwicklung von Visualisierungen als Arbeitswerkzeuge müssen die konkreten Randbedingungen, die bestehenden Probleme und deren Ursachen bekannt sein. Die Studie hat die Entwicklung von Visualisierungskonzepten als Arbeitswerkzeuge als Gegenstand und klärt,

- wie im Rahmen der Methodenforschung bei der Entwicklung von Visualisierungen als Werkzeuge der Produktentwicklung vorgegangen wird,
- welche der relevanten Einflussfaktoren und Lösungsmöglichkeiten beachtet werden und
- welche Implikationen sich für eine methodische Unterstützung der Entwicklung von Visualisierungen als Werkzeuge in der Produktentwicklung ableiten lassen [Geb15b].

Für die Studie wurden 11 Wissenschaftler aus der Methodenforschung für die Produktentwicklung der Technischen Universitäten Hamburg, München und Dänemark befragt. Es wurden acht abgeschlossene und 11 laufende Entwicklungen von Visualisierungskonzepten untersucht. Die Befragungen wurden durch Untersuchung der jeweiligen Visualisierungskonzepte und der zugehörigen Veröffentlichungen vorbereitet. Eine anonymisierte Übersicht der Interviews und der verwendete Fragebogen sind in Anhang A2 zu finden.

Zusammenfassung der Studienergebnisse

Häufig zeigt sich eine intuitive Herangehensweise individuell je nach Entwickler. In vielen Fällen werden Visualisierungen zuerst als erklärende Modelldarstellungen zu einem Sachverhalt oder Problem entwickelt und im wissenschaftlichen Umfeld gemeinsam mit Experten genutzt. Erst später werden diese zu einem Arbeitswerkzeug für die Produktentwicklung weiterentwickelt. Für diese zwei Anwendungen sind Zielnutzer und Arbeitsaufgaben allerdings stark unterschiedlich. Die ersten, erklärenden Visualisierungen für Experten sind als spätere Arbeitswerkzeuge für Produktentwickler häufig nicht gut geeignet.

Die Gestaltung der Visualisierungskonzepte wird nur selten adäquat zum visuellen Verständnis der Zielnutzer ausgerichtet, sodass Fehlinterpretationen und Kommunikationsfehler berichtet werden.

Die für den Erfolg einer Visualisierung als Werkzeug der Produktentwicklung wichtigen Einflussfaktoren (vergleiche Kapitel 2.3.3) sind den Methodenentwicklern vielfach nicht bekannt. Wenn sie bekannt sind, bestehen Probleme darin, deren konkreten Ausprägungen für die Zielanwendung zu bestimmen.

Die vielfältigen Lösungsmöglichkeiten der Visualisierung sowie deren jeweilige Vor- und Nachteile für die Darstellung bestimmter Inhalte (vergleiche Kapitel 2.3.1) sind ebenfalls zu großen Teilen nicht bekannt. Es werden nur wenige alternative Visualisierungslösungen entwickelt.

Grundlagenwissen zur Gestaltung von Visualisierungskonzepten als Arbeitswerkzeuge ist nur wenig vorhanden. Für die Produktentwicklung und die Methodenforschung ist hilfreiches Material nur schwer zu finden und anzuwenden. Die Verfügbarkeit und Anwendbarkeit von Unterstützung bei der Entwicklung von Visualisierungen als Arbeitswerkzeugen in der Literatur werden durch die Methodenentwickler bemängelt. Dies korrespondiert mit der hohen Diversität der Beiträge in der Literatur (siehe Kapitel 2.5).

3.3 Resultierende Anforderungen an eine Unterstützung

Auf Basis der Studienergebnisse wird die in Kapitel 1 vorformulierte Zielsetzung der im Rahmen dieser Arbeit zu entwickelnde Methode erweitert und in Anforderungen überführt. Diese werden im Folgenden als allgemeine Anforderungen an das methodisches Vorgehen und konkrete Anforderungen für die Entwicklung von Visualisierungskonzepte vorgestellt.

- Zur Entwicklung von Visualisierungskonzept als Arbeitswerkzeuge in der Produktentwicklung bestehen verschiedene Anwendungssituationen, in denen die Methode gleichermaßen anwendbar sein soll. Diese sind
  - die Entwicklung von Visualisierungskonzepten als Arbeitswerkzeuge in der Produktentwicklung,
  - die Entwicklung von Informationsvisualisierungen für die Produktentwicklung und
  - die Verbesserung von bestehenden Visualisierungskonzepten als Arbeitswerkzeuge in Methoden der Produktentwicklung.
- Der Methodenablauf muss nachvollziehbar und anwendbar beschrieben sein.
- Der durchschnittliche Arbeitsaufwand in der Anwendung der Methode muss in einem verhältnismäßigen Bezug zu der erreichten Verbesserung durch die entwickelten Visualisierungskonzepte im zu unterstützenden Methodenablauf stehen.

Anforderungen an die methodische Entwicklung von Visualisierungskonzepten als unterstützende Werkzeuge in Arbeitsabläufen der Produktentwicklung

- In der Zielfestlegung soll der Bezug zu allgemeinen Zielgrößen der Produktentwicklung gegeben sein. Die Zielfestlegung soll methodisch unterstützt werden, sodass diese realistisch durch neue Visualisierungskonzepte als Werkezuge im zu unterstützenden Methodenablauf erreicht werden können. Vor allem die Notwendigkeit von anderen Verbesserungsmaßnahmen als ein Visualisierungskonzept soll erkannt werden können.
- Die Aufnahme des zu unterstützenden Methodenablaufes soll mit den wesentlichen Einflussfaktoren für die Gestaltung des Visualisierungskonzeptes einfach durchführbar sein. Diese sind
  - der zu unterstützenden Methodenablauf,
  - die Arbeitsinhalte (Daten und Informationen) des Methodenablaufes sowie

  - die Zielnutzer und ihren visuellen Konventionen.

- Bei der Entwicklung von Visualisierungskonzept sollen diese wesentlichen Einflussfaktoren effektiv anwendbar sein.
- Die generischen Lösungsmöglichkeiten aus der Daten- und Informationsvisualisierung sollen dabei übersichtlich zur Verfügung gestellt werden und einfach anhand der wesentlichen Einflussfaktoren zu Visualisierungskonzepten als Werkzeuge für den zu unterstützenden Methodenablauf kombiniert werden können.
- Die Bewertung und Auswahl alternativer Lösungsmöglichkeiten ist methodisch so zu unterstützen, dass Visualisierungskonzepte als Lösungen evaluiert und im Zweifelsfall nötiger Verbesserungsbedarf erkannt werden kann.
- Die Integration des Visualisierungskonzeptes oder der Visualisierungskonzepte in den zu unterstützenden Methodenablauf soll mithilfe der Methode so unterstütz werden, dass deren Nutzung als Arbeitswerkzeuge klar verständlich und anwendbar ist.

Randbedingungen

Um die Anwendbarkeit der zu entwickelnden Methode zu verbessern, wird im Rahmen dieser Arbeit nur eine einfache Interaktivität der Visualisierungen beachtet, wie Ein- oder Ausblenden von Layern oder einfaches Streichen und Ergänzen von Inhalten. Diese Einschränkung erlaubt die Ausrichtung der Methode auf einen sinnvollen Umfang und entspricht dem bei weitem größten Anteil an Visualisierungen in der Praxis der Produktentwicklung [Geb15b], [Dic06]. Die Anwendung der Methode für die Gestaltung von Visualisierungskonzepten mit erweiterter Interaktivität ist dabei nicht ausgeschlossen.

Als Darstellungsmedien werden keine konkreten Einschränkungen vorgenommen, jedoch werden in der zu entwickelnden Methode keine besonderen Hinweise zur Gestaltung von Visualisierungen nach dem Darstellungsmedium gegeben. Zum einen sind ein Großteil der Gestaltungsregeln übergreifend über die Medien gültig, zum anderen zeigt sich in der Produktentwicklung mit sehr großem Anteil eine Verwendung von Poster, Bildschirmen und Projektoren als Arbeitsmedium, deren spezifischen Gestaltungsregeln hier beachtet werden.

Entsprechend der vorgestellten Anforderungen auf Basis der Problembeschreibung und der durchgeführten Studien wird im folgenden Kapitel die Methode zur Entwicklung von Visualisierungskonzepten vorgestellt. Die Methode wird anschließend im Kapitel 5 anhand einer Fallstudie in ihrer Zielerreichung validiert.

4 Methode zur Entwicklung von Visualisierungskonzepten

Mit der neu entwickelten Methode zur Entwicklung von Visualisierungskonzepten als Werkzeuge in der Produktentwicklung wird eine methodische Lösung für die in Kapitel 3.3 aufgeführten Anforderungen gegeben. Die Methode basiert auf den Grundlagen der Methodenforschung für die Produktentwicklung und der Informationsvisualisierung, wie in Kapitel 2 vorgestellt, sowie den mithilfe weiterer Studien erarbeiteten Anforderungen.

Im Folgenden wird die durch die Methode adressierte Ausgangssituation beschrieben und die einzelnen Phasen und Schritte der Methode vorgestellt. Als Erläuterungsbeispiel wird dabei die Entwicklung einer Visualisierung für die Prüfung und Freigabe neu entwickelter Module für Aufzüge genutzt. Abschließend werden mögliche Ablaufalternativen der Methode für verschiedene Anwendungssituationen vorgestellt.

4.1 Adressierte Ausgangssituationen und Voraussetzungen zur Anwendung

Im Fokus steht die Entwicklung eines Visualisierungskonzeptes zur Anwendung in einer Produktentwicklungsmethode. Es wird vorausgesetzt, dass eine erste Beschreibung der betreffenden Produktentwicklungsmethode mit Ziel, Vorgehensweise, verwendete Daten und Informationen sowie beteiligten Rollen vorliegt.

Für die zu unterstützende Produktentwicklungsmethode sollten erste Hinweise die Sinnhaftigkeit der Entwicklung eines neuen Visualisierungskonzeptes als Werkzeug bereits untermauern. Diese werden eingangs im Vorgehen der Methode zusätzlich geprüft.

4.2 Ablaufübersicht

Die Methode ist in fünf Phasen aufgeteilt. Diese orientieren sich an gängigen Problemlösungsvorgehen, um die Anwendung zu erleichtern. Hierbei sind grundlegende Vorgehen zur Entwicklung von Arbeitsabläufen aus der Methodenforschung sowie aus der Informationsvisualisierung berücksichtigt. So ist das Vorgehen integrierbar in die Design Research Methodology nach Blessing et al. und die grundlegenden Schritte der Visualisierungspipeline nach Ware oder Schumann sind berücksichtigt (siehe Kapitel 2).

Bild 4-1 stellt die Phasen mit den jeweiligen Schritten und unterstützenden Werkzeugen dar, die im Folgenden kurz erläutert werden.

N. Gebhardt, *Methodische Entwicklung von Visualisierungen als Arbeitswerkzeuge in der Produktentwicklung*, Produktentwicklung und Konstruktionstechnik 18, https://doi.org/10.1007/978-3-662-61622-2_4

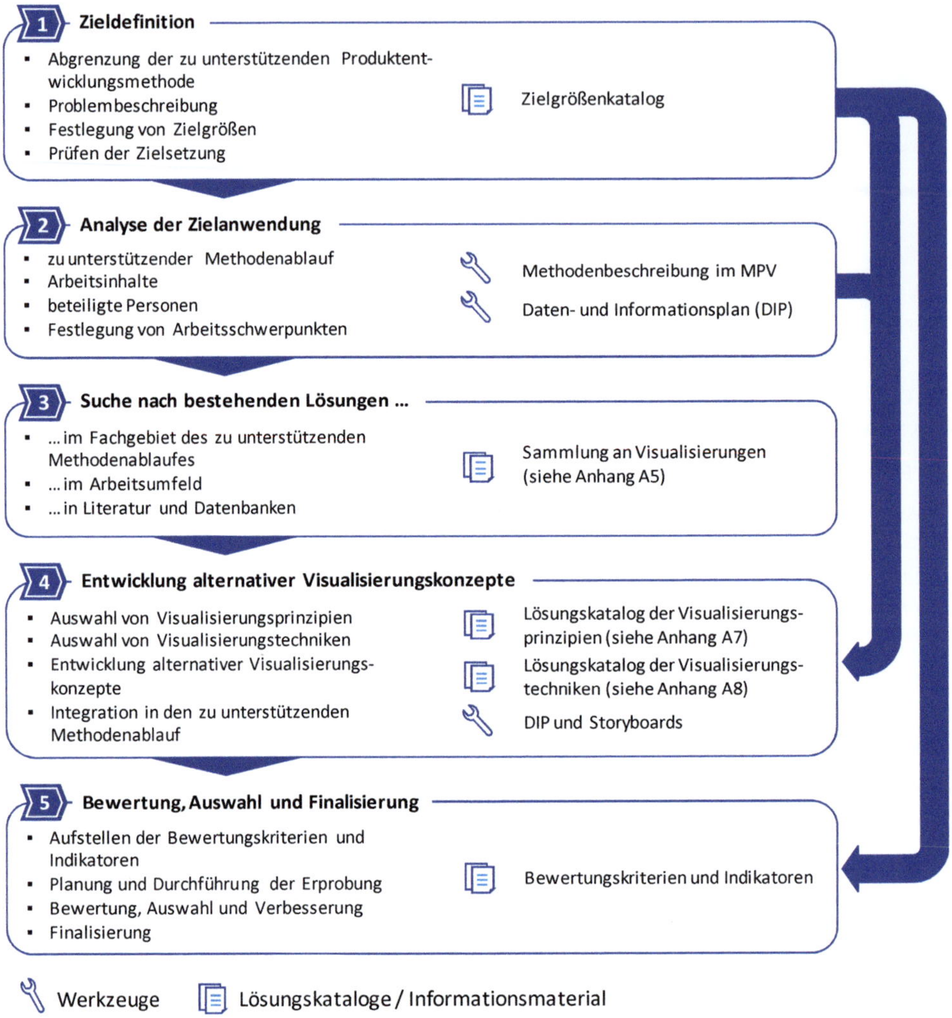

Bild 4-1: Übersicht der Methode zur Entwicklung von Visualisierungskonzepten als Werkzeuge in der Produktentwicklung

Die Entwicklung von Visualisierungskonzepten ist zum Großteil durch kreative Arbeit geprägt. Um dies zu fördern, sollen parallel zu allen Phasen des Vorgehens laufend Lösungsideen skizziert und festgehalten werden. Diese werden in Phase 4 des Vorgehens als mögliche Teillösungen genutzt.

Die **Phase 1 Zielsetzung** widmet sich der initialen Aufnahme und Klärung der Zielsetzung hinsichtlich der Unterstützung, die das Visualisierungskonzept als Werkzeug leisten soll. Dazu werden folgende Schritte durchlaufen.

1. Grobe Aufnahme des zu unterstützenden Methodenablaufes, in dem die Visualisierung eingesetzt werden soll

2. Beschreibung der bestehender Probleme im zu unterstützenden Methodenablauf
3. Festlegung der zu erreichenden Zielsituation

Die Zielformulierung erfolgt mithilfe gängiger und konkreter Zielgrößen der Produktentwicklung, um einen wesentlichen Mehrwert für den zu unterstützenden Methodenablauf sicherzustellen.

In **Phase 2 Analyse der Zielanwendung** werden die relevanten Einflussfaktoren auf den effektiven Einsatz einer Visualisierung als Arbeitswerkzeug aufgenommen und analysiert. Die Anwendungssituation wird aufgenommen in den Bereichen

1. zu unterstützender Methodenablauf,
2. verwendete Arbeitsinhalte (Daten und Informationen) im Methodenablauf und
3. beteiligte Rollen/Personen.

Zur Aufnahme und Analyse selbst werden neu entwickelte Visualisierungen als Werkzeuge genutzt, wie der Daten- und Informationsplan (DIP) oder die Methoden und Prozess Visualisierung nach Beckmann (MPV). Diese unterstützen die Phase und stellen während der Ausführung die Vollständigkeit sicher.

In **Phase 3 Recherche bestehender Lösungen** werden die Ergebnisse der Phasen 1 und 2 genutzt, um mögliche Teillösungen zu recherchieren. Neben der Suche in Literatur und online wird ein neu erarbeiteter Lösungskatalog mit Visualisierungen genutzt, die in der Produktentwicklung eingesetzt werden.

In **Phase 4 Entwicklung alternativer Visualisierungskonzepte** werden Visualisierungsprinzipien und -techniken zusammengestellt. Neben den Ergebnissen der Phase 3 werden neu entwickelte Lösungskataloge genutzt, die durch Zugriffssysteme die generischen Visualisierungsprinzipien und -techniken übersichtlich und einfach auswählbar zusammenfassen. Die Erstellung alternativer Visualisierungskonzepte erfolgt durch systematische Kombination dieser Lösungen. In der Phase 4 wird ein Daten und Informationsplan (DIP) als Arbeitshilfe genutzt. Die entstehenden Visualisierungskonzepte werden mithilfe von Storyboards in den zu unterstützenden Methodenablaufes integriert.

In **Phase 5 Test, Auswahl und Finalisierung** werden die entwickelten Visualisierungskonzepte getestet, gegebenenfalls verbessert und eine finale Lösung ausgewählt. Die Aufbereitung des finalen Visualisierungskonzeptes in Form von Anleitungen, Beispielen und Vorlagen bildet den Abschluss. Gegebenenfalls kann eine Automatisierung die Integration in die Produktentwicklung unterstützen.

Das Ergebnis sind ein oder mehrere Visualisierungskonzepte. Diese sind als Werkzeuge in die Beschreibung des zu unterstützenden Methodenablaufes integriert. Dazu gehören ebenso eine detaillierte Beschreibung des Arbeitsablaufes, Vorlagen für die Anwendung, Beispiele und Anleitungen.

Einbettung in die allgemeine Methodenentwicklung

Visualisierungskonzepte werden als Arbeitswerkzeuge der Produktentwicklung meist eingebettet in die Entwicklung oder Anpassung einer Produktentwicklungsmethode erarbeitet (siehe Kapitel 2.2.2). Die neue Methode muss daher integrierbar in die Entwicklung einer Produktentwicklungsmethode sein – wie in Bild 4-2 beispielsweise aufgezeigt anhand der Design Research Methodology (DRM, [Ble09], siehe Kapitel 2.2.2).

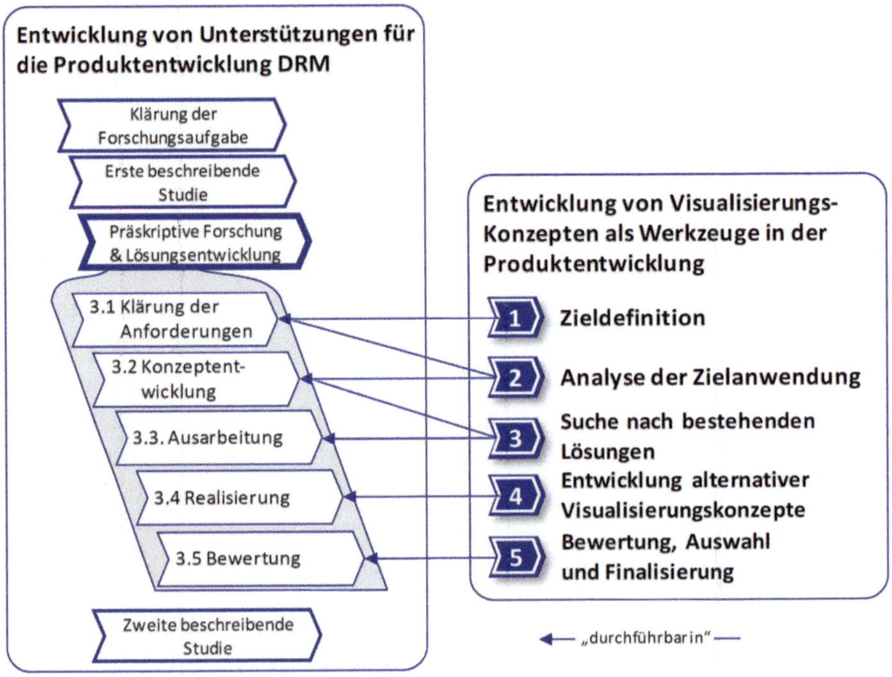

Bild 4-2: Einordnung der Methode zur Entwicklung von Visualisierungskonzepten (rechts) in die De-sign Research Methodology (links [Ble09], siehe Kapitel 2.2.2)

Die Phasen der hier vorgestellten Methode zur Entwicklung von Visualisierungskonzepten (Bild 4-2, rechts) können sequenziell in die fünf Arbeitsschritte der Phase *Präskriptive Forschung und Lösungsentwicklung* der DRM (Bild 4-2, links) eingegliedert werden.

Da Schritt 3.1 Klärung der Anforderungen der DRM detaillierter vorgeht und weiter voranschreitet als die Phase 1 Zieldefinition und gleichzeitig Schritt 3.2 Konzeptentwicklung der DRM bereits erste Teillösungen vorgreifen kann, sollten die Werkzeuge der Phasen 2 beziehungsweise 3 über die Schritte 3.1 der DRM beziehungsweise 3.2 übergreifend eingesetzt werden. Im Rahmen der DRM wird in Phase *Zweite Beschreibende Studie* der Nachweis geführt, ob die entwickelte Maßnahme (eine Methode, Visualisierung, Software, Literatur o.ä.) die festgelegten Ziele in der Unterstützung der Produktentwicklung erreicht. Die Erprobung des Visualisierungskonzeptes in Phase 5 kann daher auch der DS II zugeordnet werden. Dies ist vor allem der dann ratsam, wenn die Visualisierung in der Mehrheit der Arbeitsschritte angewendet wird.

Wie auch bei der DRM ist das Vorgehen der Methode zur Entwicklung von Visualisierungskonzepten nicht strikt sequentiell zu verstehen. Gegebenenfalls sind Iterationen einzuplanen sowie die gleichzeitige Bearbeitung verschiedener Phasen.

Weitere Hilfsmittel

Um die Anwendung der Methode zu vereinfachen, wurde ein ergänzendes Handbuch erstellt, welches alle nötigen Vordrucke umfasst (siehe Bild 4-3). Dieses kann neben der Erläuterung in diesem Kapitel verwendet werden, um die einzelnen Methodenschritte auszuführen. Enthalten sind alle Vordrucke zur Analyse der Zielanwendung, wie zum Beispiel die Methoden- und Prozessvisualisierung (DIP) und der Daten- und Informationsplan (DIP). Das Handbuch ist in Anhang A3 zu finden.

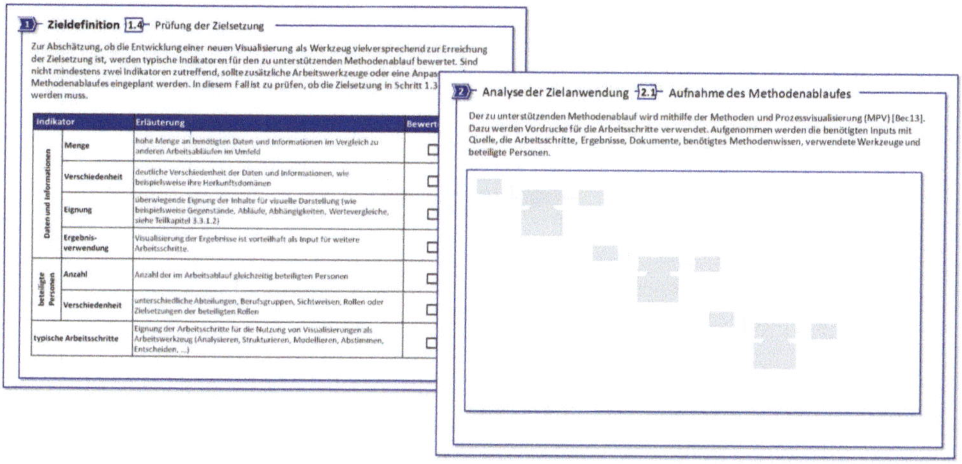

Bild 4-3: Beispielseiten aus dem ergänzenden Handbuch zur Durchführung der Methodenschritte (hier nur exemplarische Darstellung, vollständiges Handbuch siehe Anhang A3)

4.3 Vorstellung des verwendeten Demonstrationsbeispiels

Das im Folgenden verwendete Demonstrationsbeispiel besteht aus einem methodischen Ablauf zur Prüfung und Freigabe neu entwickelter Module für Aufzüge. Produktionsleiter und Modulentwickler überprüfen dabei neue Modulkonzepte auf mögliche Einsparungspotentiale durch abgestimmte Anpassungen von Konstruktion und Produktionsprozesse. Der Ablauf wurde inklusive eines Visualisierungskonzeptes als unterstützendes Arbeitswerkzeug im Rahmen des KMU-innovativ-Projektes ModSupport[1] gemeinsam mit einem mittelständischen Aufzugshersteller entwickelt [Geb16b].

[1] KMU-innovativ Projekt „ModSupport - Innovative methodische Unterstützung bei der Entwicklung eines modularen Produktprogramms von Aufzügen", 2013-2015, gefördert vom Bundesministerium für Bildung und Forschung, Projektträger Karlsruhe - PTKA - am Karlsruher Institut für Technologie (KIT)

4.4 Phase 1 – Zieldefinition

In Phase 1 werden die angestrebten Ziele festgelegt, die durch die Entwicklung eines Visualisierungskonzeptes als Werkzeug für eine Produktentwicklungsmethode erreicht werden sollen (siehe Bild 4-4). Dazu werden die bestehende Produktentwicklungsmethode und die Problemsituation beschrieben sowie die zu erreichenden Ziele festgelegt. Abschließend wird überprüft, ob diese durch ein (oder mehrere) neues Visualisierungskonzept als Arbeitswerkzeug auch sinnvoll erreicht werden können.

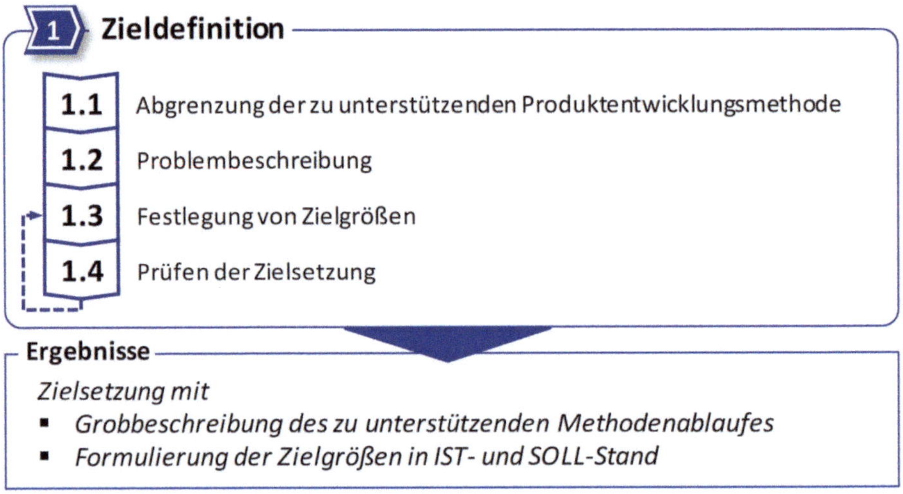

Bild 4-4: Schritte und Ergebnisse der Phase 1 - Zieldefinition

Schritt 1.1 – Abgrenzung der zu unterstützenden Produktentwicklungsmethode

Der zu unterstützende Methodenablauf wird grob beschrieben und abgegrenzt. Im hier verwendeten Demonstrationsbeispiel ist dies die Prüfung und Freigabe neu entwickelter Module für Aufzüge durch Produktionsleiter und Modulentwickler. Neue Modulkonzepte werden dabei auf mögliche Einsparungspotentiale durch abgestimmte Anpassungen von Konstruktion und Produktionsprozesse überprüft (siehe Bild 4-5).

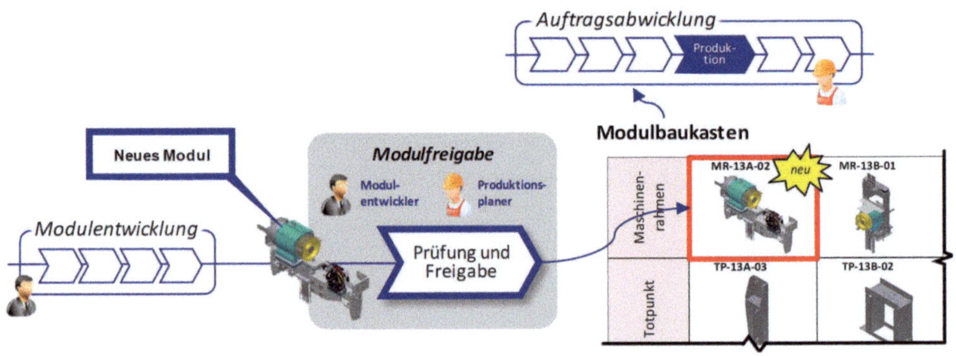

Bild 4-5: Beispiel der ersten, groben Beschreibung des zu unterstützenden Methodenablaufes (exemplarische Darstellung) [Geb16b]

Schritt 1.2 – Problembeschreibung

Die Problembeschreibung wird festgehalten und wenn möglich durch Aussagen von Anwendern der Methode ergänzt. Im Beispiel des Prozessschrittes Modulfreigabe wird vergleichsweise viel Zeit in den Meetings zur Vorstellung eines neuen Modulkonzeptes und der entsprechenden Produktionsprozesse aufgewendet. Zudem werden häufig Verbesserungspotentiale nicht erkannt. Im Anwendungsfall liegen folgende Aussagen des Produktionsleiters und eines Modulentwicklers vor.

„Unsere aktuellen Dokumente sind zu unübersichtlich für Gespräche und berücksichtigen die einzelnen Sichtweisen von Entwicklung und Produktion nicht ausreichend."

„Mehr bildliche als textuelle Darstellung ist nötig, aber auch eine möglichst einfache Erstellung der Visualisierung."

„Die Zusammenhänge zwischen Produkt-und Prozessvarianz sind nicht ausreichend erkennbar."

Schritt 1.3 – Festlegung von Zielgrößen

Zu verbessernde Zielgrößen werden in IST- und SOLL-Stand festgehalten. Wichtig ist ein Bezug der Ziele zu den Hauptzielgrößen der Produktentwicklung (siehe Kapitel 2.1.1). Beispielsweise kann eine verbesserte Kommunikation zwischen verschiedenen Beteiligten als Ziel genannt werden – dies muss allerdings nicht zwingend ausreichen, um einen wirklichen Mehrwert, wie bessere Ergebnisqualität oder weniger Bearbeitungsaufwand, zu generieren. Die Zielgrößen sollten daher in den in Tabelle 4-1 aufgeführten Größen formuliert werden oder sich zumindest an diesen orientieren.

Tabelle 4-1: Mögliche Zielgrößen der Produktentwicklung im Hinblick auf Visualisierungen als Arbeitswerkzeuge (siehe Kapitel 2.1.1)

Ziele	Teilziele	Erläuterung
Ergebnisqualität	Zielerreichung	Übereinstimmung der erreichbaren Ergebnisse mit den Anforderungen des Arbeitsschrittes
	Vollständigkeit	Vollständigkeit der erreichbaren Ergebnisse
	Verständlichkeit, Kommunizierbarkeit	... hinsichtlich einer einfachen Verwendbarkeit der Ergebnisse
Aufwand	Umfang	Ressourcenbedarf zur Durchführung
	Dauer	Mindestzeit zur Durchführung
	Verfügbarkeit der benötigten Informationen	Verfügbarkeit, Verständnis und Anwendbarkeit der benötigten Informationen
Anwendbarkeit, Flexibilität		Breite der unterstützbaren Anwendungsfälle, Vorbereitungs- und Einarbeitungsaufwand
Robustheit, Anpassbarkeit		Erreichbarkeit der Zielsetzung bei geänderten Rahmenbedingungen

Des Weiteren werden Randbedingungen für den Einsatz von Visualisierungen festgehalten. Diese können zum Beispiel bezüglich der einsetzbaren Darstellungsmedien oder Vorgaben hinsichtlich der visuellen Gestaltung bestehen.

Im Beispiel der Modulfreigabe ist es das Ziel, die Zeit zu reduzieren, in der mögliche Kostenreduktionen durch die gemeinsame Gestaltung der Module und deren Produktionsabläufe identifiziert werden. Gleichzeitig sollte die Auffindbarkeit möglicher Verbesserungspotentiale durch ein klareres Verständnis der Inhalte für Produktionsplaner und Modulentwickler verbessert werden (siehe Tabelle 4-2).

Tabelle 4-2: Zieldefinition für die Unterstützung durch ein Visualisierungskonzept am Beispiel der Modulfreigabe

Ziele	Teilziele	angestrebte Verbesserungen
Ergebnis-qualität	Zielerreichung	Verringerung der Produktionskosten neuer Module
	Verständlichkeit, Kommunizierbarkeit	Verbesserung des Verständnisses von Modulentwicklern und Fertigungsplanern bezüglich Modulkonzepten und Produktionsabläufen
Aufwand	Umfang & Dauer	Verringerung auf maximal zwei Personentage (inklusive Ableitung von Verbesserungsmaßnahmen)

Schritt 1.4 – Prüfung der Zielsetzung

Abschließend wird abgeschätzt, ob es sinnvoll ist, die Zielsetzung mithilfe eines oder mehrerer Visualisierungskonzepte als Arbeitswerkzeuge zu unterstützen. Andernfalls müssen andere Arten an Werkzeugen oder Anpassungen der zu unterstützenden Entwicklungsmethode eingeplant werden. So kann beispielsweise bei Aufgaben der Konzeptbewertung oder in der Bauteilauslegung eine Visualisierung alleine nicht ausreichend oder gar nicht erst hilfreich sein.

Die in Tabelle 4-3 gesammelten Indikatoren können zu dieser Überprüfung genutzt werden. Diese wurden anhand der Funktionalitäten von Visualisierungen als Arbeitswerkzeuge in der Produktentwicklung (siehe Kapitel 2.2.1) zusammengestellt. Sie werden später in Phase 2 des Vorgehens ebenfalls genutzt, um gegebenenfalls einzelne Arbeitsschritte des zu unterstützenden Methodenablaufes als Schwerpunkte für den Einsatz von neuen Visualisierungen auszuwählen (siehe Kapitel 4.5.4). Die Indikatoren werden als Checkliste für die vorliegende Problemstellung angewendet. Sind nicht mindestens zwei Indikatoren zutreffend, sollte ein Visualisierungskonzept als alleinige Verbesserungsmaßnahme für den zu unterstützenden Methodenablauf besser durch zusätzliche Arbeitswerkzeuge ergänzt werden. Diese können in Phase 4 mit eingeplant werden. In diesem Fall ist zu prüfen, ob die Zielsetzung in Schritt 1.3 angepasst werden muss.

Tabelle 4-3: Indikatorenliste für die Eignung von Visualisierungskonzepten als Hilfsmittel im zu unterstützenden Methodenablauf

Indikator		Erläuterung
Daten und Informationen	**Menge**	hohe Menge an benötigten Daten und Informationen im Vergleich zu anderen Arbeitsabläufen im Umfeld
	Verschiedenheit	deutliche Verschiedenheit der Daten und Informationen, wie beispielsweise ihre Herkunftsdomänen
	Eignung	überwiegende Eignung der Inhalte für visuelle Darstellung (wie beispielsweise Gegenstände, Abläufe, Abhängigkeiten, Wertevergleiche, siehe Teilkapitel 2.3.1.2)
	Ergebnisverwendung	Visualisierung der Ergebnisse ist vorteilhaft als Input für weitere Arbeitsschritte.
beteiligte Personen	**Anzahl**	Anzahl der im Arbeitsablauf gleichzeitig beteiligten Personen
	Verschiedenheit	unterschiedliche Abteilungen, Berufsgruppen, Sichtweisen, Rollen oder Zielsetzungen der beteiligten Rollen
typische Arbeitsschritte		Eignung der Arbeitsschritte für die Nutzung von Visualisierungen als Arbeitswerkzeug (Analysieren, Strukturieren, Modellieren, Abstimmen, Entscheiden, ...)

Im Beispiel Modulfreigabe trifft ein Großteil der Indikatoren zu. Die nötigen Daten und Informationen können bei größeren Modulen vergleichsweise umfangreich werden. Die Aufgabe ist interdisziplinär, es müssen komplizierte Abhängigkeiten zwischen der Modulgestaltung und Produktionsanläufen erkannt werden können. Die Modulgestaltung als technischer Gegenstand und die Produktionskonzepte mit ihrem Ablaufcharakter sind gut visualisierbar.

Ergebnis der Phase 1 ist eine konkrete Zielsetzung welche Verbesserung durch das/die neu zu entwickelnde(n) Visualisierungskonzept(e) für den zu unterstützenden Methodenablauf erreicht werden sollen. Diese ist in Form von eindeutigen Vorteilen für die Produktentwicklung formuliert und in Ihrer Erreichbarkeit grob abgesichert.

4.5 Phase 2 – Analyse der Zielanwendung

In Phase 2 wird der zu unterstützenden Methodenablauf genauer aufgenommen. Es werden wichtige Einflussfaktoren für die Gestaltung geeigneter Visualisierungskonzepte als Arbeitswerkzeug abgleitet. Dies geschieht in den drei Bereichen Arbeitsschritte, Inhalte (Daten und Informationen) und beteiligte Personen (siehe Bild 4-6).

Falls nicht ausreichend detailliert verfügbar, wird der zu unterstützende Methodenablauf in diesen drei Bereichen weiter ausgearbeitet. Bei einem umfangreichen Methodenablauf mit vielen Arbeitsschritten werden gegebenenfalls Schwerpunkte definiert, in denen Visualisierungskonzepte besonders hilfreich eingesetzt werden können.

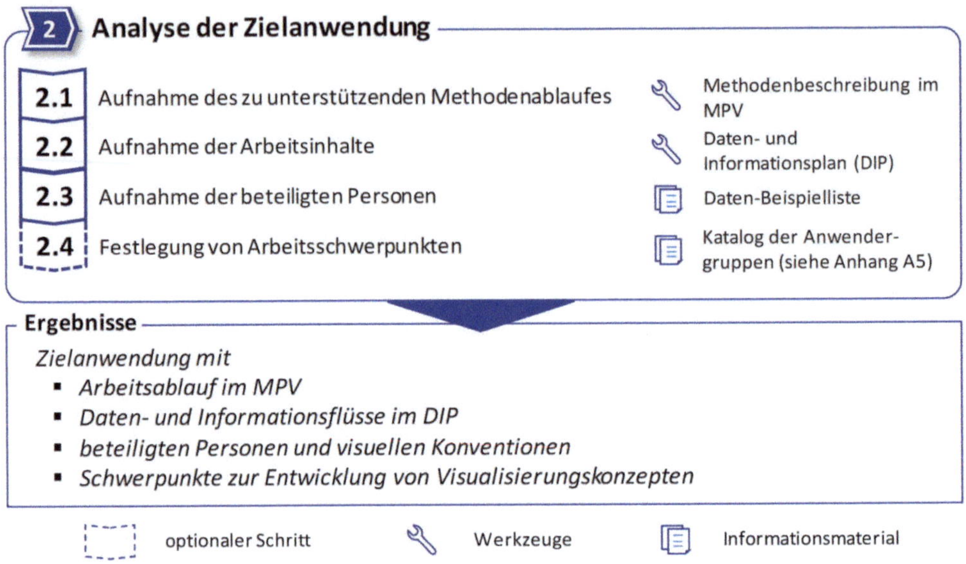

Bild 4-6: Schritte, Hilfsmittel und Ergebnisse der Phase 2 - Analyse der Zielanwendung

4.5.1 Schritt 2.1 – Aufnahme des zu unterstützenden Methodenablaufes

Der zu unterstützenden Methodenablauf wird mithilfe der Methoden und Prozessvisualisierung (MPV) nach BECKMANN aufgenommen (siehe Kapitel 2.1.3, [Bec13]). Diese ermöglicht eine ausreichend detaillierte Beschreibung der Arbeitsschritte mit den relevanten Einflussfaktoren für die Entwicklung von Visualisierungskonzepten. Weitere Einflussfaktoren werden in den Schritten 2.2 und 2.3 aufgenommen.

Der Arbeitsablauf für den neuen Prozessschritt Modulfreigabe zur Prüfung und Freigabe neu entwickelter Modulkonzepte ist in Bild 4-7 dargestellt.

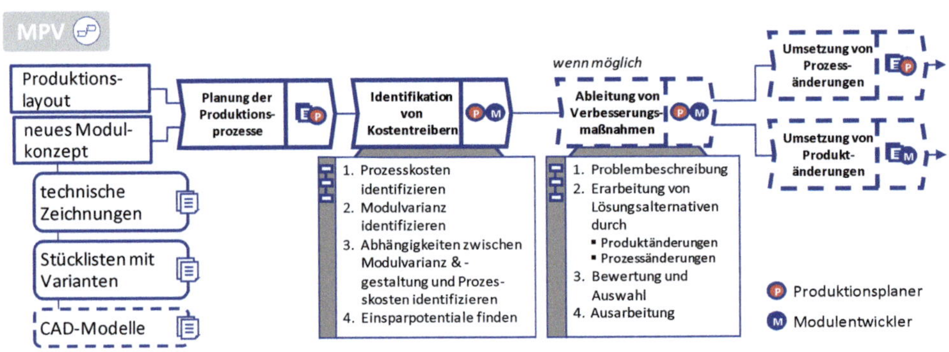

Bild 4-7: Aufnahme des zu unterstützenden Methodenablaufes für die neue Modulfreigabe in der Methoden- und Prozessvisualisierung (MPV) [Bec13], [Geb16a]

Zur Vorbereitung wird der Produktionsprozess für das neue Modulkonzept geplant. Modulentwickler und Fertigungsplaner identifizieren Kostentreiber im Fertigungsprozess und prüfen diese auf Verbesserungsmöglichkeiten durch Änderung des Modulkonzeptes und des geplanten Produktionsprozesses. Diese werden anschließend konzipiert, bewertet, ausgewählt und ausgearbeitet. Im Anschluss werden die Maßnahmen im jeweiligen Bereich umgesetzt.

Ergebnis des Schrittes 2.1 ist eine Beschreibung des zu unterstützenden Methodenablaufes in ausreichend detaillierter Form, um später ein Visualisierungskonzept als unterstützendes Arbeitswerkzeug entwickeln und in den Ablauf integrieren zu können. Die MPV bildet für die weitere Entwicklung von Visualisierungskonzepten in Phase 4 ein wesentliches Arbeitswerkzeug.

4.5.2 Schritt 2.2 – Aufnahme der Arbeitsinhalte

Die zu visualisierenden Daten- und Informationen werden in diesem Schritt ergänzend in der MPV aufgenommen. Um später geeignete Visualisierungstechniken zu ihrer grafischen Kodierung auswählen zu können, müssen diese Arbeitsinhalte in geeigneter Weise beschrieben werden. Als Hilfsmittel wird eine Sammlung von 65 in der Produktentwicklung häufig verwendeten Daten- und Informationselementen verwendet (Anhang A4). Diese sind so formuliert und detailliert, dass später in Phase 4 einfach geeignete Prinzipien und Techniken zu ihrer Visualisierung ausgewählt werden können.

Die Inhalte werden gelistet und ihre Verwendung in den einzelnen Arbeitsschritten des zu unterstützenden Methodenablaufes mithilfe eines Daten- und Informationsplan (DIP) in der bereits erstellten MPV festgehalten (siehe Bild 4-8). Im DIP wird die Bearbeitung der Daten und Informationen in den Methodenschritten nach Verwendung, Erzeugung und Änderung differenziert, um dies in Phase 4 in der Gestaltung der Visualisierungskonzepte berücksichtigen zu können.

Es werden zunächst alle im zu unterstützenden Methodenablauf verwendeten Inhalte festgehalten. Erst später in der Festlegung der Arbeitsschwerpunkte in Schritt 2.4 sowie in der Entwicklung von Visualisierungskonzepten in Phase 4 wird entschieden, welche davon visualisiert werden sollen.

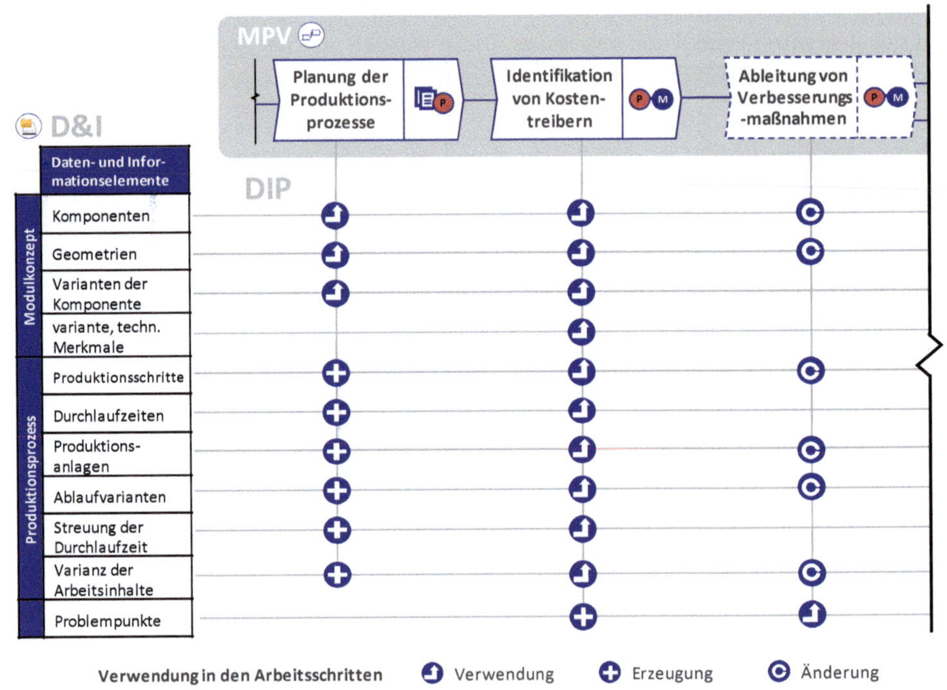

Bild 4-8: Ausschnitt der Aufnahme der Daten- und Informationsflüsse (D&I) im Daten- und Informationsplan (DIP) für die zu unterstützende Modulfreigabe

Im Beispiel der Modulfreigabe erstellt der Produktionsplaner im Arbeitsschritt Planung der Produktionsprozesse auf Basis der neuen Modulkonstruktion die Produktionsplanung. Im Arbeitsschritt Identifikation von Kostentreibern werden alle Informationselemente benötigt und als Ergebnis etwaige Problempunkte festgehalten. In der Ableitung von Verbesserungsmaßnahmen können wiederum nur Änderungen an der Modulkonstruktion und dem Fertigungsablauf vorgenommen werden.

Der DIP ist das zentrale Arbeitswerkzeug, mit dem der zu unterstützende Methodenablauf dargestellt wird. Unterschiedliche Teillösungen und Visualisierungskonzepte werden in Phase 4 mithilfe des DIP in den zu unterstützenden Methodenablauf integriert.

4.5.3 Schritt 2.3 – Aufnahme der beteiligten Personen

Das Verständnis visueller Darstellungen ist individuell geprägt (siehe Kapitel 2.3.2.3). Auf die unterschiedlichen Interpretationen einzelner Personen kann meist nicht eingegangen werden. Die gewohnten Arbeitsweisen und Rollen der Zielanwender im zu unterstützenden Methodenablauf können jedoch gut berücksichtigt werden.

In diesem Schritt werden die späteren Zielanwender beschrieben und Rückschlüsse auf ihre visuellen Konventionen gezogen. In der späteren Gestaltung der Visualisierungskonzepte können so Interpretationsfehler in der Anwendung vorab vermieden werden. Die im zu unterstützenden Methodenablauf beteiligten Rollen sind bereits in der MPV benannt. Für diese werden

- ihre Zielsetzung im zu unterstützenden Methodenablauf,
- die Funktion im Unternehmen und die berufliche Ausbildung sowie
- die im Arbeitsalltag typischerweise verwendeten Visualisierungen aufgenommen.

Von besonderem Interesse sind die im Arbeitsalltag typischerweise verwendeten Visualisierungen, die ähnliche Inhalte darstellen, wie im Schritt 2.2 aufgenommenen Daten und Informationen des zu unterstützenden Methodenablaufes. Diese geben Rückschlüsse auf die von den beteiligten Personen gewohnte Darstellung der relevanten Daten und Informationen. In Phase 3 werden diese als mögliche Lösungen mit aufgenommen.

Die Aufnahme der im Arbeitsalltag typischerweise verwendeten Visualisierungen wird durch einen neu erstellten Lösungskatalog erleichtert. Dieser umfasst verschiedene Unternehmensfunktionen mit den typischerweise genutzten Visualisierungskonzepten (siehe Anhang A5). Zur Aufnahme der visuellen Konventionen beteiligter Personen können weiterhin Befragungen und im Arbeitsalltag verwendeten, visuellen Werkzeuge herangezogen werden, sowie Fachbücher aus dem jeweiligen Arbeitsbereich.

Die im Beispiel der Modulfreigabe beteiligten Personen sind der Modulentwickler und der Produktionsleiter (siehe Bild 4-9). Durch ihre Zusammenarbeit sind diese einige gemeinsam verwendete Visualisierungen gewohnt, wie zum Beispiel technische Zeichnungen. Abteilungsspezifische Visualisierungen sind vor allem Stücklisten, CAD- oder FEM-Darstellungen beziehungsweise Produktionslayouts und -pläne oder Durchlaufdiagramme. Die spezifische Verwendung von Visualisierungsprinzipien und -techniken, wie zum Beispiel Symbole ist hierbei zu beachten.

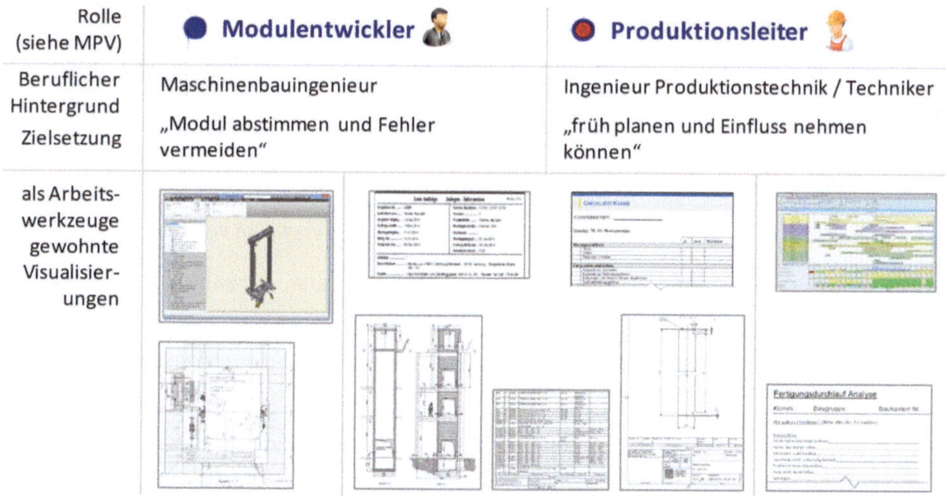

Bild 4-9: Aufnahme der beteiligten Personen mit ihren gewohnten Arbeitsvisualisierungen (exemplarische Darstellungen) [Geb16a]

Ergebnis des Schrittes 2.3 sind beispielhafte Visualisierungen, wie sie von den beteiligten Rollen als Arbeitswerkzeuge gewohnt sind. Diese ermöglichen es in der Gestaltung der

Visualisierungskonzepte in Phase 4 Missverständnisse bei der späteren Nutzung zu vermeiden und das Verständnis zu erleichtern. In Phase 4 können einzelne Visualisierungsprinzipien und -techniken aus den gesammelten Visualisierungen als mögliche Lösungen verwendet werden.

4.5.4 Schritt 2.4 – Festlegung von Arbeitsschwerpunkten

Wenn der zu unterstützende Methodenablauf aus vielen Arbeitsschritten besteht, ist es hilfreich, zunächst Arbeitsschritte als Schwerpunkte zu identifizieren, die mithilfe von Visualisierungskonzepten am besten unterstützt werden können. Dazu werden ähnlich wie in Schritt 1.4 Indikatoren genutzt (siehe Tabelle 4-4), die aus den Funktionen von Visualisierungen als Arbeitswerkzeugen abgeleitet sind.

Tabelle 4-4: Indikatoren zur Identifikation von Arbeitsschwerpunkten

Indikator		Erläuterung / Beispiele
Zielsetzung	**Beitrag zum Endergebnis**	Bedeutung des Arbeitsschrittes für das angestrebte Ergebnis des zu unterstützenden Methodenablaufes
	Beitrag zur Zielsetzung	Potential im Arbeitsschritt zur Verbesserung der in Phase 1 festgelegten Ziele
Daten und Informationen	**Menge**	hohe Menge der im Arbeitsschritt benötigten Daten und Informationen
	Verschiedenheit	deutliche Verschiedenheit der Daten und Informationen, wie beispielsweise ihre Herkunftsdomänen
	Eignung	überwiegende Eignung der Inhalte für visuelle Darstellung (wie beispielsweise Gegenstände, Abläufe, Abhängigkeiten, Wertevergleiche, siehe Teilkapitel 2.3.1.2)
	Ergebnisverwendung	Visualisierung der Ergebnisse ist vorteilhaft als Input für weitere Arbeitsschritte.
beteiligte Personen	**Anzahl**	Anzahl der im Arbeitsablauf gleichzeitig beteiligten Personen
	Verschiedenheit	unterschiedliche Abteilungen, Berufsgruppen, Sichtweisen, Rollen oder Zielsetzungen der beteiligten Rollen
Arbeitsschritte	**besondere Ressourcen**	besonderer Ressourcenbedarf, wie zum Beispiel besondere Software oder Medien
	typische Arbeitsschritte	gut geeignete Arbeitsschritte für die Durchführung mithilfe von Visualisierungen als Arbeitswerkzeug (Analysieren, Strukturieren, Modellieren, Abstimmen, Entscheiden, ...)

Die Arbeitsschritte des zu unterstützenden Methodenablaufes werden jeweils nach diesen Punkten im Sinne einer Checkliste bewertet (siehe Bild 4-10). Lassen sich Arbeitsschritte mit deutlich mehr zutreffenden Indikatoren bewerten, können diese für die weitere Entwicklung von Visualisierungskonzepten als Schwerpunkte fokussiert werden. Im Beispiel der Modulfreigabe treffen besonders viele Indikatoren auf die Arbeitsschritte „Identifikation von Kostentreibern" und „Ableitung von Verbesserungsmaßnahmen" zu. Diese werden gemeinsam vom Modulentwickler und Produktionsplaner bearbeitet und beinhalten die meisten und unterschiedlichsten Daten und Informationen.

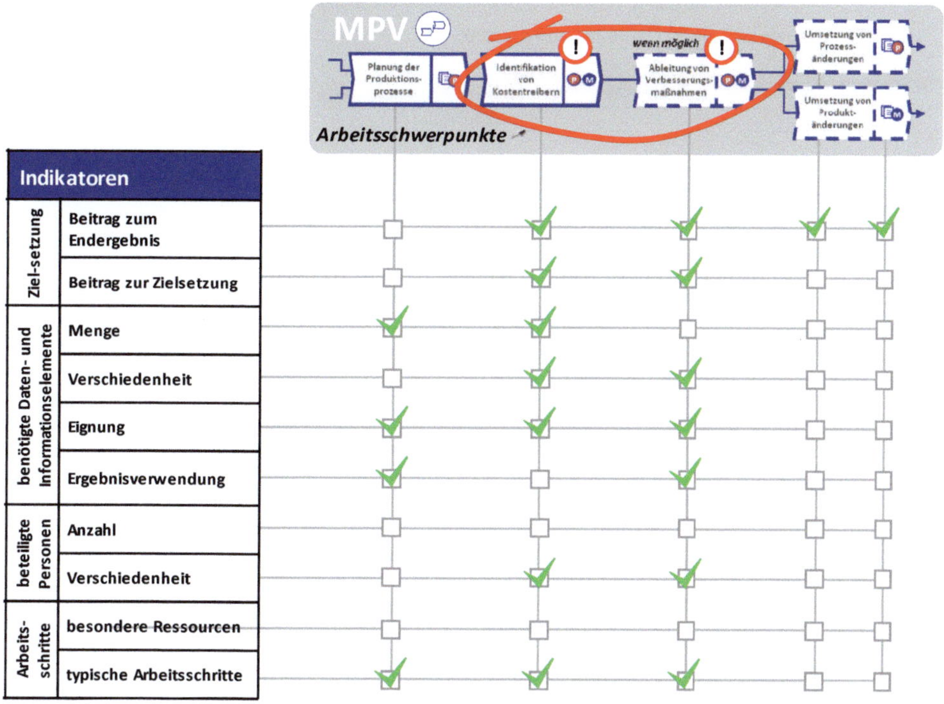

Bild 4-10: Festlegung der Arbeitsschwerpunkte mithilfe der Indikatoren im Beispiel Modulfreigabe

Die festgelegten Arbeitsschwerpunkte bilden für die nachfolgenden Phasen des Vorgehens den Fokus. Dabei wird darauf geachtet, ob andere Arbeitsschritte ebenfalls durch die Visualisierungskonzepte profitieren können.

4.6 Phase 3 – Suche nach bestehenden Lösungen

Häufig bestehen bereits Visualisierungskonzepte, die sinnvolle Teillösungen bieten können. In der Phase 3 werden diese gesammelt, um für die Generierung von Visualisierungskonzepten in der Phase 4 die Menge möglicher Lösungen zu vergrößern (siehe Bild 4-11). Besonderer Schwerpunkt liegt dabei auf solchen Visualisierungskonzepten, die typischerweise den beteiligten Personengruppen im zu unterstützenden Methodenablauf bereits bekannt sind – vor allem, wenn die Visualisierungen die Arbeitsinhalte des zu unterstützenden Methodenablauf abbilden können (siehe Schritt 2.2). Die Verwendung der hier enthaltenen Visualisierungsprinzipien und -techniken entspricht den visuellen Konventionen der Zielnutzer und wird daher schneller verstanden.

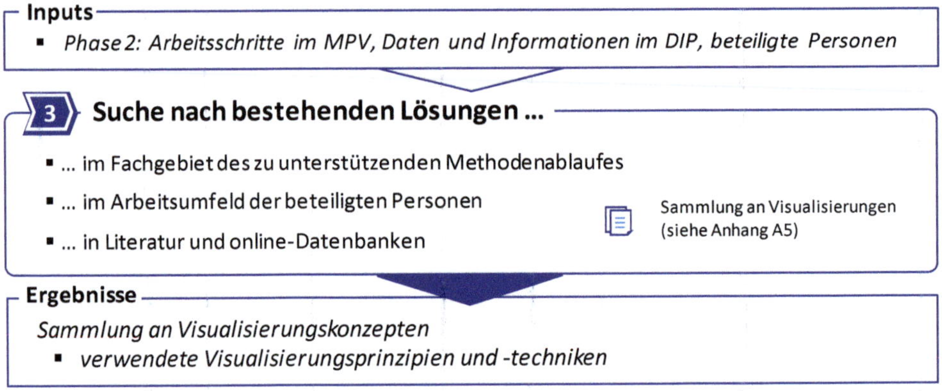

Bild 4-11: Input, Schritte und Ergebnisse der Phase 3 - Suche nach bestehenden Lösungen

Mögliche Lösungen sind fallspezifisch im Anwendungsgebiet des zu unterstützenden Methodenablaufes zu suchen. Bestehende Lösungen sind besonders vielversprechend, wenn sie

- in den kritischen Arbeitsschritten aus Phase 2, Schritt 4 angewendet werden können
- die Daten und Informationen aus Phase 2, Schritt 2 der kritischen Arbeitsschritte darstellen können oder
- typischerweise von den Zielanwendern genutzt werden (Phase 2 Schritt 3).

Visualisierungen können auch dann interessant sein, wenn sie nur wenige der Punkte erfüllen, wie zum Beispiel nur eines der in Schritt 2.2 aufgenommenen Arbeitsinhalte. Einzelne Teillösungen können hier immer noch vielversprechende Lösungen bieten.

Der bereits in Schritt 2.3 genutzte Lösungskatalog der Berufsgruppen mit typischerweise verwendeten Visualisierungen kann ebenfalls genutzt werden (siehe Anhang A5). Darüber hinaus wurden 41 Visualisierungsprinzipien recherchiert, die in der Produktentwicklung als Arbeitswerkzeuge angewendet werden und hier ebenso als Quelle genutzt werden können (siehe Anhang A6). Diese Sammlung kann sinnigerweise um weitere Visualisierungskonzepte ergänzt werden, um diese für spätere Anwendungen zu verbessern.

Im Beispiel der Modulfreigabe werden vielversprechende Teillösungen zur Modularisierung, Entwicklung variantenreicher Produkte, Produktions- und Prozessplanung gefunden (siehe Bild 4-12).

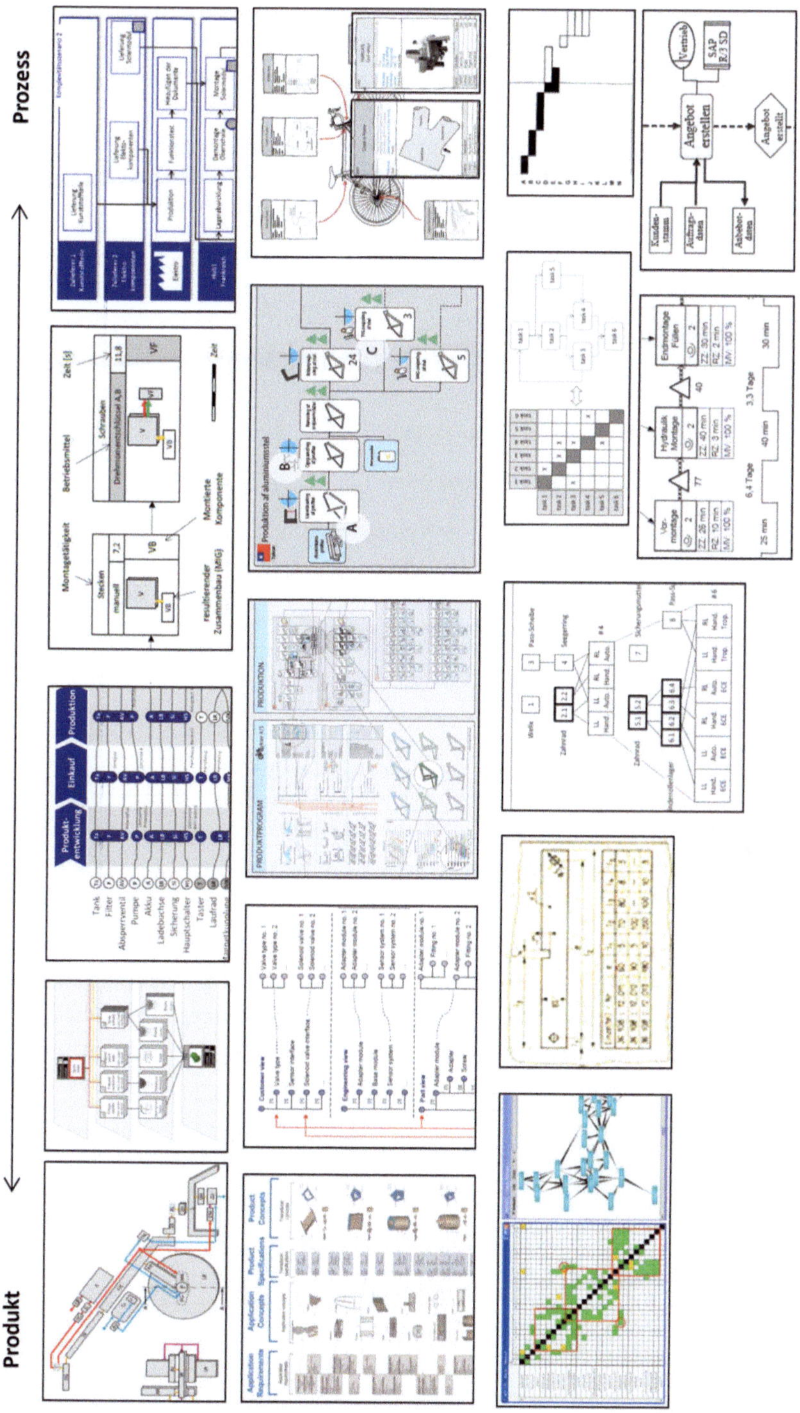

Bild 4-12: Ausschnitt recherchierter Visualisierungskonzepte (exemplarische Darstellungen) im Beispiel der Modulfreigabe [Kra18], [Mor12], [Rav14], [Sch14], [Kvi10], [Ste81], [Pfe14], [Gad12], [Sch05]

Für die Entwicklung der Visualisierungskonzepte in Phase 4 wird geprüft, ob einzelne der gefundenen Visualisierungen bereits für die Arbeitsschritte des zu unterstützenden Methodenablaufes gut geeignet sind. Darüber hinaus können Visualisierungsprinzipien und -techniken in den gefundenen Lösungen, die die gleichen Daten und Informationen wie in Schritt 2.2 darstellen, in Phase 4 gute Lösungsmöglichkeiten bieten.

4.7 Phase 4 – Entwicklung alternativer Visualisierungskonzepte

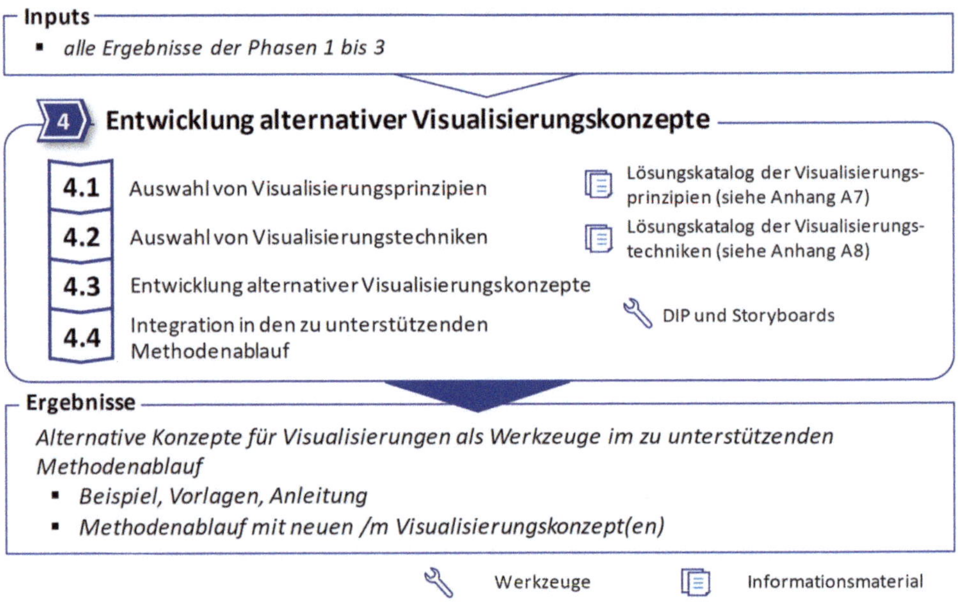

Bild 4-13: Input, Schritte und Hilfsmittel der Phase 4 - Entwicklung alternativer Visualisierungskonzepte

Visualisierungskonzepte lassen sich in eine Kombination von Visualisierungsprinzipien und Visualisierungstechniken zerlegen (siehe Bild 4-14, Begriffsdefinition siehe Kapitel 2.3.1.4 bis 2.3.1.6). Die Entwicklung von Visualisierungskonzepten in Phase 4 orientiert sich an dieser Aufteilung, durch Auswahl von Visualisierungsprinzipien und -techniken und Synthese zu alternativen Visualisierungskonzepten.

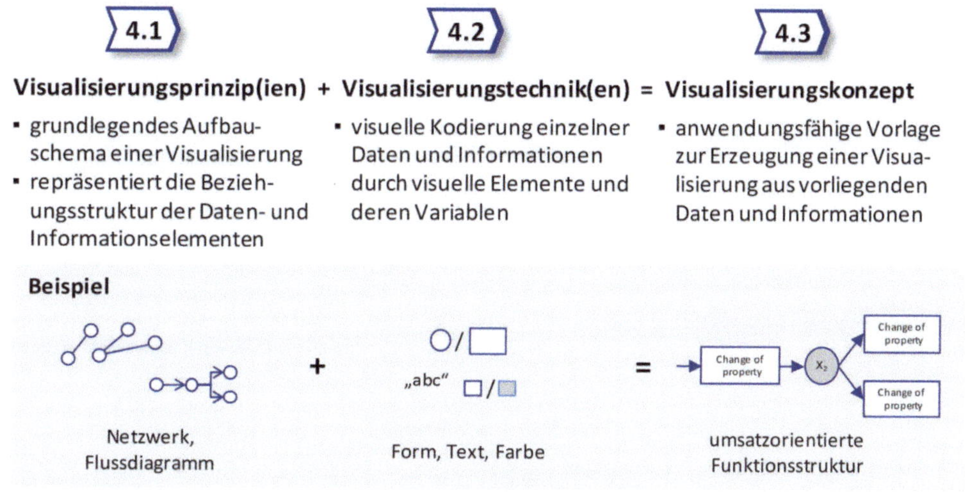

Bild 4-14: Definition und Beispiele für Visualisierungskonzepte, Visualisierungsprinzipien und Visualisierungstechniken (siehe Kapitel 2.3)

In Schritt 4.1 werden geeignete Visualisierungsprinzipien ausgewählt. Visualisierungsprinzipien unterscheiden sich vor allem in ihrer Eignung für unterschiedliche Beziehungsstrukturen zwischen den zu visualisierenden Daten und Informationen. Die Auswahl erfolgt daher nach diesen Beziehungen.

In Schritt 4.2 werden Visualisierungstechniken passend für die Darstellung der einzelnen Daten und Informationen ausgewählt.

Die ausgewählten Visualisierungsprinzipien und -techniken werden als Lösungsmenge in Form eines morphologischen Kastens gesammelt und im Schritt 4.3 zur Entwicklung alternativer Visualisierungskonzepte genutzt. Diese werden anhand des DIP und der MPV in Schritt 4.4 in die einzelnen Arbeitsschritte des zu unterstützenden Methodenablaufes integriert.

4.7.1 Schritt 4.1 – Auswahl von Visualisierungsprinzipien

Geeignete Visualisierungsprinzipien lassen sich durch die Beziehungsstruktur der zu visualisierenden Inhalte auswählen (siehe Kapitel 2.3.1.4). Diese Beziehungsstrukturen werden in Schritt 4.1 identifiziert. Es werden dazu Daten und Informationen ausgewählt, die im zu unterstützenden Methodenablauf besonders relevant sind und die spätere Visualisierung dominieren sollen (siehe Bild 4-15). Für diese werden geeignete Visualisierungsprinzipien ausgewählt. Dabei werden die Rechercheergebnisse aus Phase 3 und ein im Rahmen dieser Arbeit neu erstellter Lösungskatalog an Visualisierungsprinzipien genutzt. Ergebnis ist eine Lösungsmenge geeigneter Visualisierungsprinzipien, die in Schritt 4.3 für die Entwicklung alternativer Visualisierungskonzepte genutzt wird.

Inputs

- aus Phase 1: Beispieldatensatz der Anwendung
- aus Phase 2: Daten- und Informationsplan mit Beziehungsstruktur im DIP
- aus Phase 3: recherchierte Lösungen

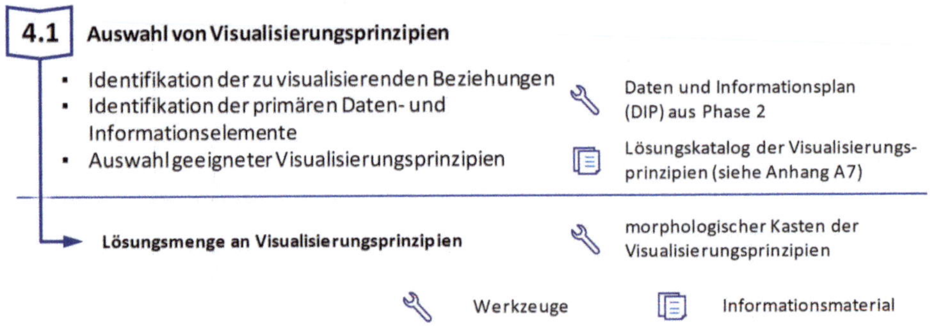

Bild 4-15: Input, Teilschritte und Ergebnis des Schrittes 4.1 – Auswahl von Visualisierungsprinzipien

4.7.1.1 Identifikation der zu visualisierenden Beziehungen

Die Daten und Informationen im DIP werden um eine Beziehungsmatrix erweitert (siehe Bild 4-16), in der die in der Visualisierung darzustellenden Abhängigkeiten der Daten und Informationen eingetragen werden. Im Beispiel der Modulfreigabe sind hier die Komponenten eines neuen Moduls mit ihrer Geometrie, Varianz und Montagestruktur darzustellen. Besonders die einzelnen Varianten der Komponenten mit ihren varianten Merkmalten und deren Auswirkungen auf die Produktionsschritte sind hier relevant.

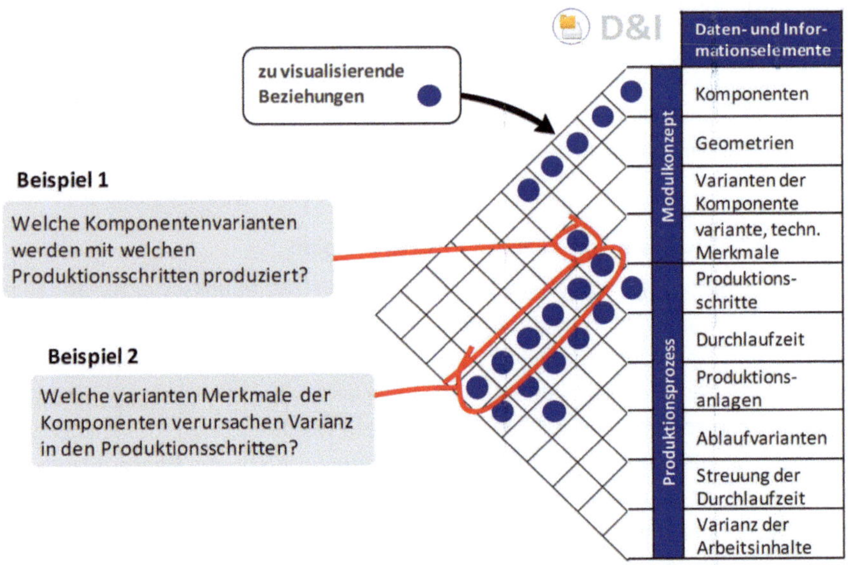

Bild 4-16: Identifikation der zu visualisierenden Abhängigkeiten zwischen den Daten und Informationen in einer Beziehungsmatrix

Bei der Identifikation der zu visualisierenden Beziehungen sind weiterhin folgende Punkte zu beachten.

- Fokus auf die für die Arbeitsschritte relevanten Beziehungen: Meist sind nur wenige der zwischen den Daten und Informationen bestehenden Beziehungen relevant für die zu unterstützenden Arbeitsschritte. Nur diese relevanten Beziehungen sollen eingetragen werden, um die Visualisierung nicht zu überfrachten. In der Modulfreigabe könnten zum Beispiel die Durchlaufzeiten ebenfalls pro Produktionsanlage visualisiert werden, was jedoch keinen Mehrwert bei der Aufgabe bringen würde.
- Homogene Abhängigkeiten: Auch Beziehungen der Instanzen eines einzelnen Daten- oder Informationselementes untereinander können relevant sein. Diese werden in der Randspalte der Beziehungsmatrix eingetragen. Im gezeigten Beispiel ist dies der Fall bei den Komponenten (Zusammenbau) oder den Produktionsschritten (Reihenfolge).

4.7.1.2 Identifikation der primären Inhaltselemente

Für ein Visualisierungskonzept können selten mehr als ungefähr fünf Visualisierungsprinzipien gleichzeitig miteinander kombiniert werden, ohne dass die Visualisierung zu unübersichtlich wird. Daher müssen die Daten und Informationen ausgewählt werden, die die spätere Visualisierung in ihrer Struktur dominieren sollen. Dies geschieht durch eine Priorisierung der Daten und Informationen nach ihrer Relevanz in den zu unterstützenden Arbeitsschritten.

Als Auswahlhilfe werden die Zielsetzung und der DIP herangezogen, um die wesentlichen Inhalte des zu unterstützenden Methodenablaufes zu identifizieren. Eine Bewertung durch paarweises Vergleichen kann im Zweifelsfall die Auswahl unterstützen. Nach Auswahl sollten die verbleibenden Daten und Informationen sich gut den als primär ausgewählten Inhalten zuordnen lassen, was sich in der Beziehungsmatrix erkennen lässt (siehe Bild 4-17, links).

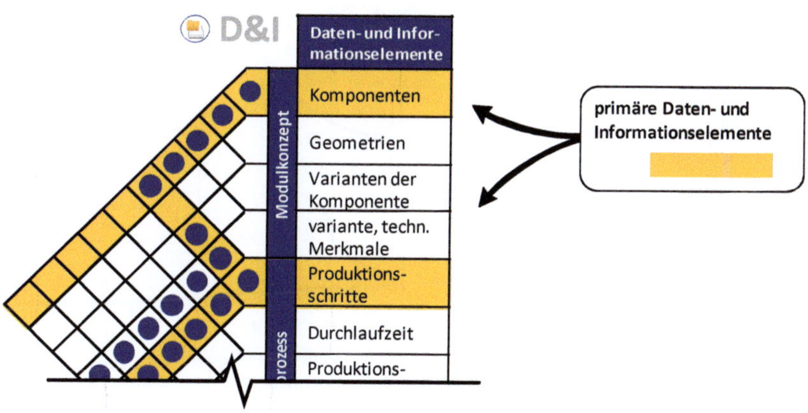

Bild 4-17: Auswahl der für die kritischen Arbeitsschritte primären Daten und Informationen

Im Beispiel der Modulfreigabe sind die primären Informationselemente die Komponenten eines neu entwickelten Moduls und die für diese geplanten Produktionsschritte (siehe Bild 4-17). Diese entsprechen den bevorzugten Sichtweisen der beteiligten Personen auf die Inhalte und können gut zur übersichtlichen Zuteilung der weiteren Inhaltselemente dienen. Zudem lassen sich die weiteren Daten und Informationen gut diesen zuordnen.

Vorzugsweise sollten nicht mehr als fünf beziehungsweise ein Drittel aller Inhaltselemente ausgewählt werden. Sollen dennoch mehr Visualisierungsprinzipien genutzt werden, so können diese später in Schritt 4.3 auf unterschiedliche Teile der Visualisierung oder sogar auf mehrere Visualisierungsflächen verteilt werden.

Wenn in verschiedenen Arbeitsschritten stark unterschiedliche Daten und Informationen benötigt werden, wird die Priorisierung für entsprechend viele Teile des zu unterstützenden Methodenablaufes separat vorgenommen. Dazu kann wieder der DIP zusammen mit der MPV zur Dokumentation der Auswahl genutzt werden.

Für die ausgewählten, primären Inhaltselemente können nun geeignete Visualisierungsprinzipien gesammelt werden.

4.7.1.3 Prüfung der bestehenden Lösungen aus Schritt 3 der Phase 2 und aus Phase 3

Die in Phase 2.3 aufgenommenen, gewohnten Visualisierungskonzepte der beteiligten Personen sowie die in Phase 3 recherchierten Visualisierungskonzepte beinhalten meist bereits gut geeignete Visualisierungsprinzipien (siehe Beispiel in Bild 4-18). Diese können als Lösungsmöglichkeiten skizziert und übernommen werden. Dabei müssen in den Visualisierungskonzepten nicht immer exakt die Inhalte abgebildet sein, wie sie im zu unterstützenden Methodenablauf eingeplant sind. Die gefundenen Visualisierungskonzepte können vielmehr als Inspiration für mögliche Lösungen genutzt werden.

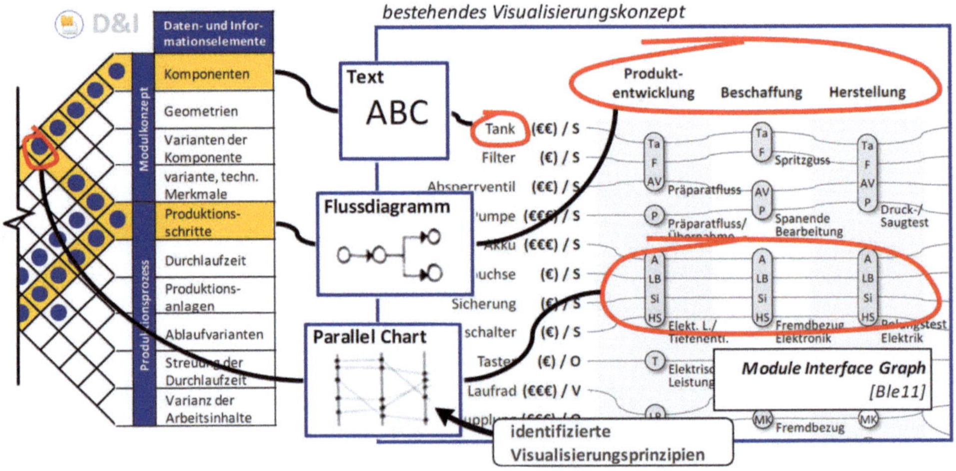

Bild 4-18: Identifikation der genutzten Visualisierungsprinzipien in einer bestehenden Visualisierung am Beispiel des Module Process Chart MPC [Ble11]

Gefundene Visualisierungsprinzipien werden als mögliche Lösungen in Form eines morphologischen Kastens für die primären Inhaltselemente gesammelt. Dieser wird im folgenden Teilschritt noch um weitere Prinzipien ergänzt und daher unten gezeigt.

4.7.1.4 Lösungskatalog generischer Visualisierungsprinzipien

Als unterstützendes Werkzeug wurde im Rahmen dieser Arbeit ein Lösungskatalog für Visualisierungsprinzipien neu erarbeitet. Der Lösungskatalog stellt Visualisierungsprinzipien generisch zur Verfügung (siehe Ausschnitt in Bild 4-19 und vollständiger Lösungskatalog in Anhang A7). Er wurde auf Grundlage der Literatur der Informationsvisualisierung erarbeitet (siehe Kapitel 2.3.1). Durch einen Vergleich mit den verwendeten Visualisierungsprinzipien und -techniken aus 41 in der Produktentwicklung verwendeten Visualisierungskonzepten (siehe Anhang A6) wurden die Vollständigkeit und Anwendbarkeit überprüft.

Der grundlegende Aufbau orientiert sich an eindimensionalen Konstruktionskatalogen mit Gliederungsteil, Hauptteil, Zugriffsteil und Anhang [Rot01].

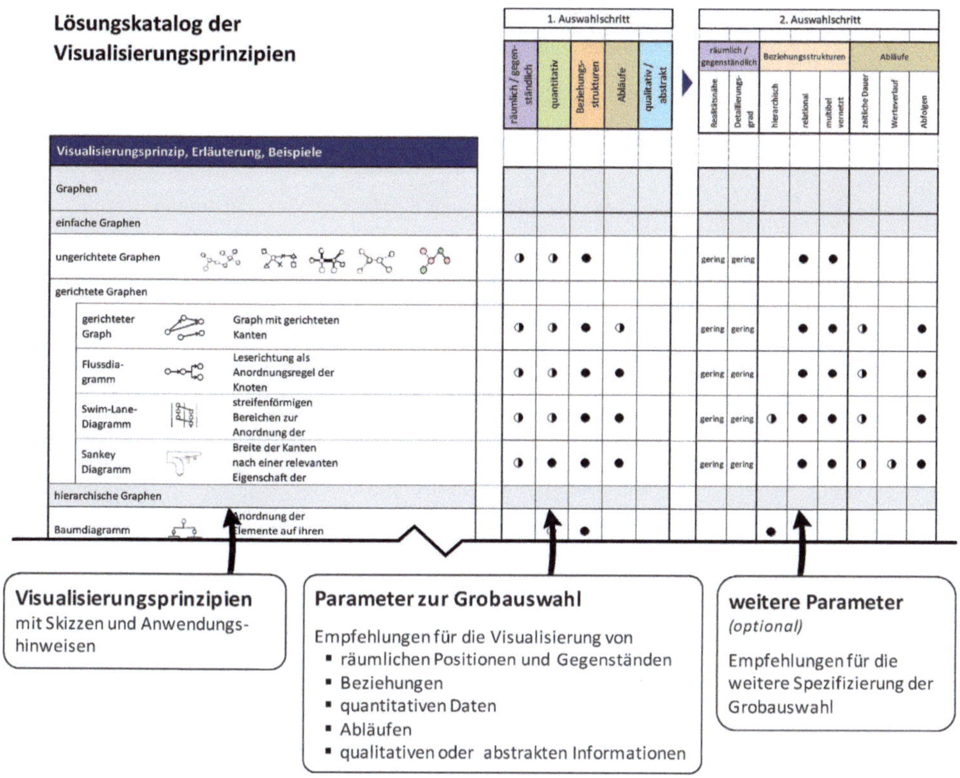

Bild 4-19: Exemplaricher Ausschnitt aus dem Lösungskataloges für Visualisierungsprinzipien (qualitative Darstellung, vollständiger Lösungskatalog siehe Anhang A7)

Durch den Zugriffsteil können die Visualisierungsprinzipien nach ihrer Eignung für verschiedene Inhalte priorisiert werden (siehe Tabelle 4-5). Der Zugriffsteil orientiert sich an den darstellbaren Inhalten und Beziehungsstrukturen aus der Informationsvisualisierung sowie der in der Produktentwicklung verwendeten Daten und Informationen.

Tabelle 4-5: Verwendete Auswahlparameter der Inhaltselemente im Zugriffssystem des Lösungskatalogs für Visualisierungsprinzipien (siehe Anhang A7)

Kategorien		Erläuterung / Beispiele
Räumlichkeit / Gegenständlichkeit ...		räumliche Anordnung, Form oder Beschaffenheit eines Gegenstandes
... wenn, dann optional →	Realitätsnähe	Wie realistisch soll(en) der/die Gegenstände dargestellt werden?
	Detaillierungsgrad	Wie viele Details sollen/müssen durch die Darstellung erkennbar werden?
quantitativ		quantitative Daten, Verteilungen, deren Relationen / Bestandteile
Beziehungsstrukturen ...		Zusammenhänge und Abhängigkeiten von Objekten (auch Personen, Arbeitsschritte o.ä.)
... wenn, dann optional →	Hierarchie & Bestandteile	Zuordnungen, Zusammensetzungen, Verzweigungen, Entscheidungspfade
	relational	direkte Beziehungsstrukturen zwischen Elementen
	multipel vernetzt	vielfältige Beziehungsstrukturen zu verschiedenen Domänen
Abläufe ...		Reihenfolge von Aktionen und gegebenenfalls Zuständen
... wenn, dann optional →	zeitliche Dauer	Abläufe mit Angaben zu Dauern und Zeitpunkten
	Werteverläufe	Verlauf quantitativer Größen über die Zeit
	Abfolgen	Sequenzen von Aktionen, Zuständen o.Ä.
qualitativ / abstrakt		Vermittlung von Konzepten oder Ideen

Die Eignungen der Visualisierungsprinzipien sind dabei als Empfehlung zu verstehen. Häufig kommen mehrere gleichzeitig in Frage. Darüber hinaus kann ein Visualisierungsprinzip durch Kombination mit anderen Visualisierungsprinzipien und -techniken erweitert werden und somit auch dessen Eignung für weitere Daten- und Informationstypen oder Beziehungsstrukturen.

Der Lösungskatalog der Visualisierungsprinzipien ist vollständig im Anhang A7 zu finden.

Im Beispiel Modulfreigabe wurden im vorhergehenden Schritt die Inhaltselemente „Komponenten“ und „Produktionsschritte“ priorisiert. Für die „Komponenten“ (siehe Punkt 1 in Bild 4-20) trifft die Kategorie „räumlich / gegenständlich“ zu (Punkt 2 in Bild 4-20). Da auch die Produktstruktur wesentlich ist, wird für die Komponenten ebenfalls die Kategorie „Beziehungsstrukturen“ mit der Ausprägung „hierarchisch“ als weiterer Auswahlparameter gewählt.

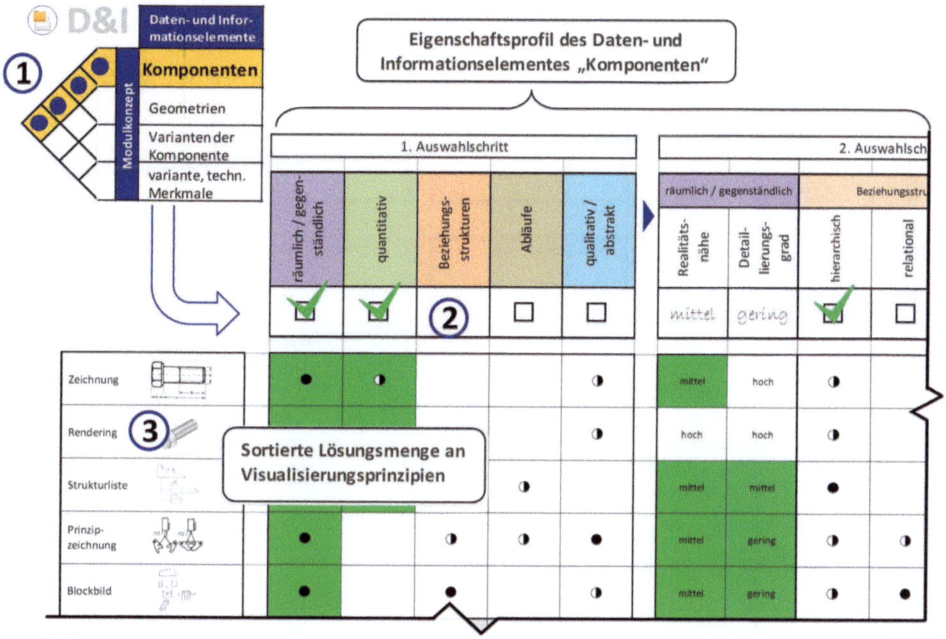

(1) Auswahl eines der primären Inhaltselemente
(2) Auswahl im Zugriffsystem nach den Eigenschaften des Inhaltselementes
(3) Priorisierung und Auswahl geeigneter Visualisierungsprinzipien

Bild 4-20: Anwendung des Lösungskataloges für das Inhaltselement Komponenten (exemplarische Darstellung, siehe Anhang A7)

Durch Sortieren mithilfe der Kategorien des Zugriffsteil wird der Lösungskatalog für einzelne Inhaltselemente in eine Vorschlagsliste gewandelt (Punkt 3 in Bild 4-20).

4.7.1.5 Sammlung möglicher Visualisierungsprinzipien als morphologischer Kasten

In Frage kommende Visualisierungsprinzipien werden nach dem Prinzip eines morphologischen Kastens gesammelt (siehe Bild 4-21). Die in Phase 3 identifizierten Visualisierungsprinzipien werden gegebenenfalls ergänzt. Lösungen, die unter den Zielnutzern bereits bekannt sind, werden im morphologischen Kasten markiert, um sie später bevorzugt auswählen zu können.

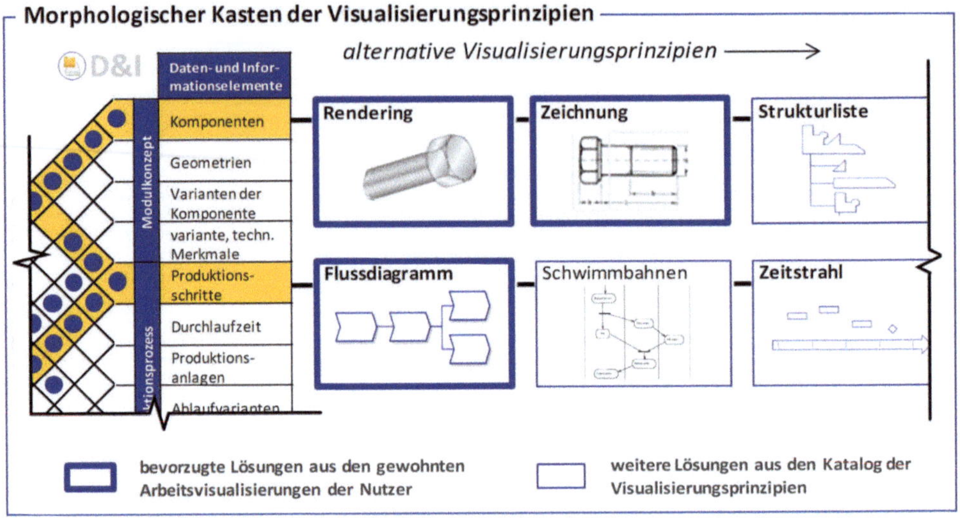

Bild 4-21: Morphologischer Kasten der Visualisierungsprinzipien für die primären Daten und Informationen (exemplarische Darstellung)

Für das Inhaltselement „Produktionsschritte" werden entsprechend Visualisierungsprinzipien für „Abläufe" mit den Ausprägungen „zeitliche Dauer" und „Abfolgen" priorisiert, für die der Katalog vor allem die Visualisierungsprinzipien „Zeitstrahl" und „Flussdiagramm" empfiehlt.

Der morphologische Kasten der Visualisierungsprinzipien wird in Schritt 4.3 als Grundlage zur Entwicklung von Visualisierungskonzepten genutzt.

4.7.2 Schritt 4.2 – Auswahl von Visualisierungstechniken

Visualisierungstechniken sind konkrete, visuelle Kodierungen von Daten und Informationen in Form von visuellen Elementen und deren Variablen (siehe Kapitel 2.3.1.5). Ihre Auswahl orientiert sich an den Eigenschaften der Daten und Informationen sowie den visuellen Konventionen der Nutzer, die in Schritt 2.3 erarbeitet wurden.

Inputs

- aus Phase 1: Beispieldatensatz der Anwendung
- aus Phase 2: Daten- und Informationsplan mit Beziehungsstruktur im DIP
- aus Phase 3: recherchierte Lösungen

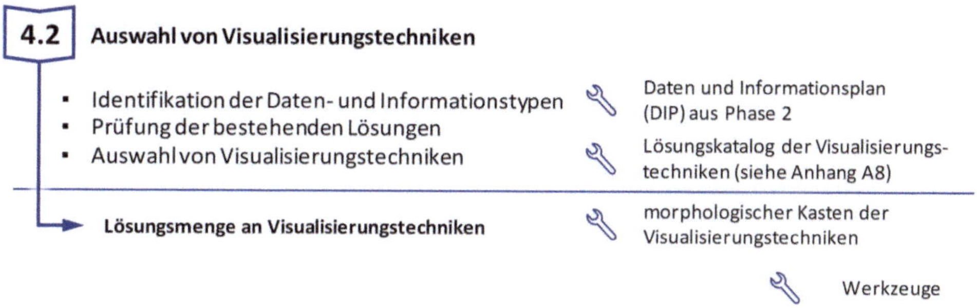

Bild 4-22: Input, Teilschritte und Ergebnis des Schrittes 4.2 – Auswahl von Visualisierungstechniken

Für jedes Inhaltselement werden abhängig vom jeweiligen Typ geeignete Visualisierungstechniken ausgewählt und analog zu den Visualisierungsprinzipien in Form eines morphologischen Kastens gesammelt. Für die Suche werden die in Phase 2 gefundenen, bestehenden Visualisierungen sowie ein neu erarbeiteter Lösungskatalog für Visualisierungstechniken genutzt. Die Lösungsmenge wird in Schritt 4.3 für die Entwicklung alternativer Visualisierungskonzepte genutzt.

4.7.2.1 Prüfung der bestehenden Lösungen aus Phasen 2.3 und 3

Zunächst werden wieder die in Phase 2 aufgenommenen, gewohnten Visualisierungen der beteiligten Personen und die gefundenen Visualisierungskonzepte aus der Recherche in Phase 3 nach geeigneten Visualisierungstechniken untersucht (siehe Bild 4-23).

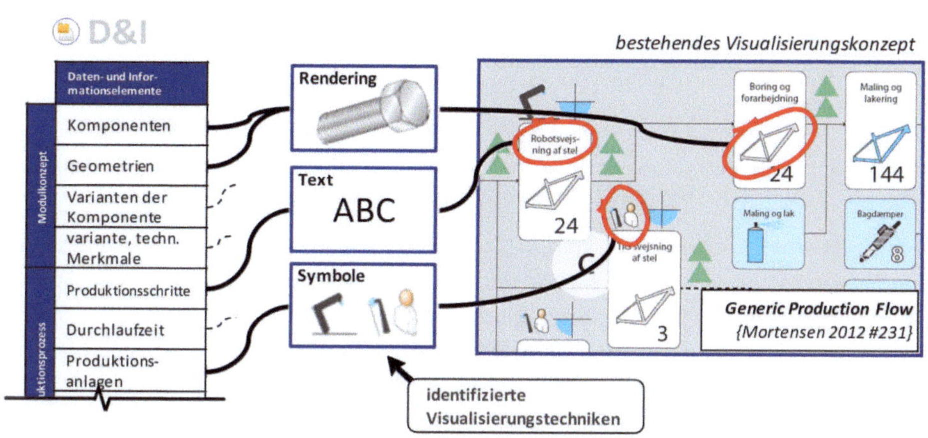

Bild 4-23: Identifikation der genutzten Visualisierungsprinzipien in einer bestehenden Visualisierung am Beispiel des Generic Production Flow [Mor12]

Analog zu den Visualisierungsprinzipien werden auch die identifizierten Visualisierungstechniken in einem morphologischen Kasten gesammelt. Dieser wird im folgenden Teilschritt weiter befüllt aus dem Lösungskatalog für Visualisierungstechniken.

4.7.2.2 Lösungskatalog generischer Visualisierungstechniken

Bei der weiteren Auswahl geeigneter Visualisierungstechniken für die Daten und Informationen unterstützt der Lösungskatalog für generische Visualisierungstechniken. In diesem sind 20 verschiedene Techniken aus der Literatur der Informationsvisualisierung zusammengestellt und nach ihrer Eignung für bestimmte Eigenschaften der Inhaltselemente gelistet (siehe Ausschnitt in Bild 4-24, vollständiger Lösungskatalog siehe Anhang A8).

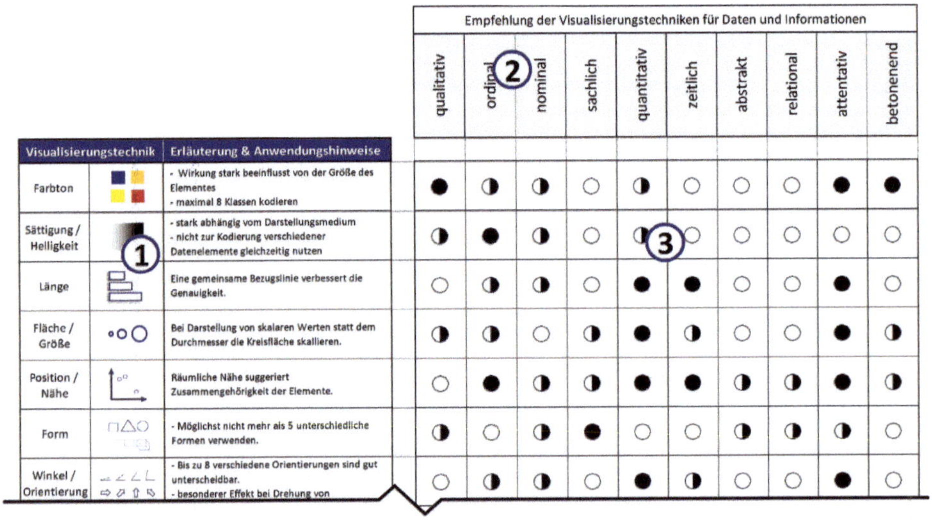

(1) Visualisierungstechniken mit Skizzen und Anwendungshinweisen

(2) Zugriffssystem nach verschiedenen Arten der Inhaltselemente

(3) Empfehlungen der Visualisierungstechniken

Bild 4-24: Ausschnitt und Aufbau des Lösungskataloges für Visualisierungstechniken (exemplarische Darstellung, vollständiger Lösungskatalog siehe Anhang A8)

Die Visualisierungstechniken können im Lösungskatalog nach ihrer Eignung für verschiedene Eigenschaften von Inhaltselementen priorisiert werden. Der Katalog gibt Empfehlungen und Hilfestellungen zur Verwendung der einzelnen Visualisierungstechniken, wie zum Beispiel Symbolsätze und Farbpaletten. In Frage kommende Techniken werden zu den vielversprechenden Teillösungen aus der Recherche in Phase 3 in den morphologischen Kasten der Visualisierungstechniken übernommen

Bild 4-25 zeigt einen Ausschnitt der Sammlung alternativer Visualisierungstechniken als morphologischen Kasten für das Beispiel Modulfreigabe. Darin werden, wie auch bei der Sammlung geeigneter Visualisierungsprinzipien, die Lösungen markiert, die in den gewohnten Visualisierungen der Zielnutzer identifiziert wurden, um diese gegebenenfalls später bevorzugt auswählen zu können.

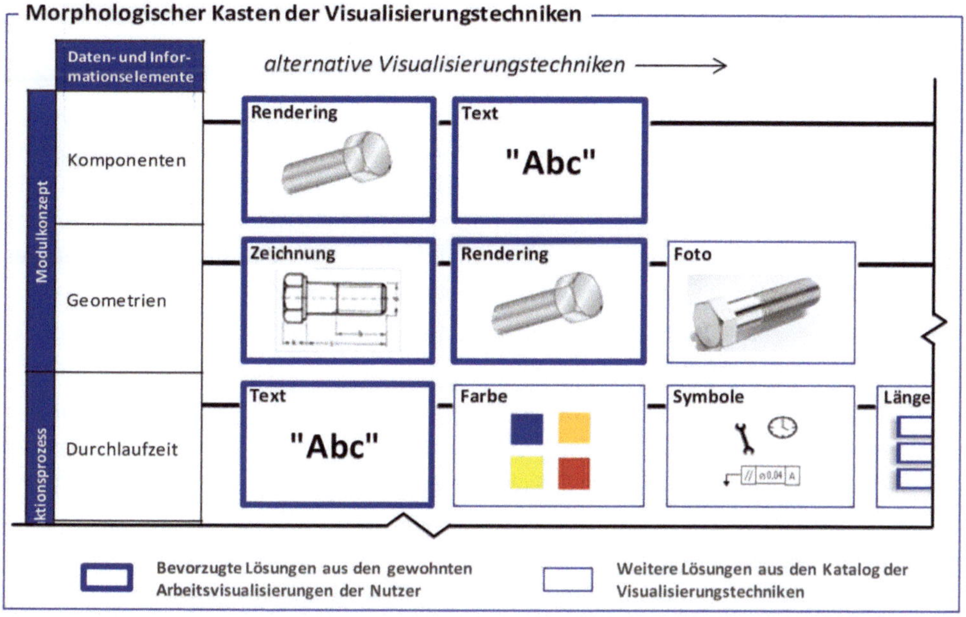

Bild 4-25: Morphologischer Kasten der alternativen Visualisierungstechniken

Gegenständliche Objekte sollten durch Abbildungen, wie Skizzen, Renderings oder Zeichnungen, visualisiert werden, da gerade in den Ingenieurberufen eine bildliche Darstellung gewohnt ist [Agr03]. Detaillierungs- und Konkretisierungsgrad sind dabei der jeweiligen Arbeitsaufgabe und den zur Verfügung stehenden Informationen anzupassen. Abbildungen stellen dabei sowohl Visualisierungsprinzipien als auch -techniken dar und werden daher gegebenenfalls für beide Lösungsmengen genutzt.

Nach der Auswahl müssen einige Visualisierungstechniken weiter spezifiziert werden. Beispielsweise müssen bei der Technik Farbe zur Darstellung der Durchlaufzeiten eine konkrete Farbpalette und deren Zuordnung zu Datenwerten festgelegt werden. Auch Symbole müssen weiter spezifiziert werden.

Es ist unbedingt zu beachten, dass Daten und Informationen häufig nicht in ihrer verfügbaren Genauigkeit dargestellt werden müssen und sollten [Kir12]. Dies verdeutlicht das Beispiel von U-Bahn-Netzplänen, die zugunsten der Übersichtlichkeit auf eine korrekte Darstellung der Lagen von Strecken und Stationen verzichten [Spe07]. Auch der Module Interface Graph (MIG) als gezielt vereinfachende Visualisierung einer gesamten Produktfamilie nutzt diesen Effekt, um die Aufmerksamkeit der Betrachter auf das Wesentliche zu fokussieren [Ble11], [Geb15a]. Im Beispiel der Modulfreigabe wären die Durchlaufzeiten der Produktionsschritte mit den Techniken Text oder Länge eines visuellen Elementes minutengenau darstellbar. Eine grobe Klassifizierung oder eine Warnung ab einem

Schwellenwert reichen allerdings im zu unterstützenden Methodenablauf bereits aus. Einfachere Visualisierungstechniken, wie eine Warnfarbe oder ein Symbol, sind daher zu bevorzugen.

4.7.2.3 Besonderheiten bei der Auswahl von Farben und Symbolen

Farben und Symbole rufen intensive Assoziationen beim Betrachter hervor und sind innerhalb von Arbeitsorganisationen meistens stark vorgeprägt [Dua08]. Bei ihrer Auswahl sollten Widersprüche zum Arbeitsalltag der Nutzer vermieden werden. Die Gestaltung von Farbpaletten und Symbolsätzen ist entscheidend für die Effektivität eines Visualisierungskonzeptes als Arbeitswerkzeug. Besonders bei der Entwicklung von Visualisierungskonzepten für die Verwendung in nur einem Unternehmen sollte darauf geachtet werden, die dort etablierte Farb- und Symbolverwendung zu nutzen.

Bei der Nutzung von Farben sind weiterhin folgende Aspekte zu beachten [Küp04], [Bek14], [War04], [Sch00]:

- Farben sollten zunächst nur für die direkte Darstellung von Daten und Informationen genutzt werden. Erst wenn erste, alternative Visualisierungskonzepte entwickelt sind, sollten Farben zusätzlich zum Zweck einer angenehmeren und attraktiveren Gestaltung der gesamten Visualisierung eingesetzt werden.
- Bei kurzer Betrachtung sind für den Menschen nur fünf Farben gut zu unterscheiden. Setzt sich der Betrachter genauer mit einer Farbpalette auseinander, können bis zu 12 Farben noch gut für die qualitative Darstellung genutzt werden, bei quantitativen Größen bis zu 30.
- In der Intensität der Wahrnehmung besteht in der Tönung die aufsteigende Reihenfolge Blau, Rot, Grün, Violett, Orange, Gelb. Intensive Töne können zur Aufmerksamkeitslenkung und Hervorheben von Gruppierungen sowie Muster genutzt werden.
- Bei ordinalen Daten sollten die Farben eine intuitive Ordnung aufweisen und keine quantitative Vergleichbarkeit andeuten.
- Primäre Daten- und Informationen aus Schritt 4.1 sollten vornehmlich mit starker Farbsättigung codiert werden – weitere Inhalte, Achsen, Beschriftungen oder Navigationshilfen dagegen mit Farben geringerer Sättigung.
- Die Wahrnehmung einer Farbe ist stark beeinflusst von der Größe des visuellen Elementes. Visuelle Elemente mit deutlich unterschiedlicher Größe sollten daher nicht zusätzlich mit ihrer Farbe weitere Daten oder Informationen kodieren. Hier kann zum Beispiel auf Symbole ausgewichen werden.
- Circa 10% der Bevölkerung weist eine Rot-Grün-Schwäche auf. Zur Vermeidung können andere Farben sowie die Farbsättigung genutzt werden. Zur Überprüfung

der Auswirkungen gewählter Farbskalen bei Farbsehschwächen können Simulationswerkzeuge genutzt werden[1].

Bei der Auswahl geeigneter Farbpaletten unterstützen Vorlagen[2] sowie auch sogenannte Farbräder (siehe Bild 4-26).

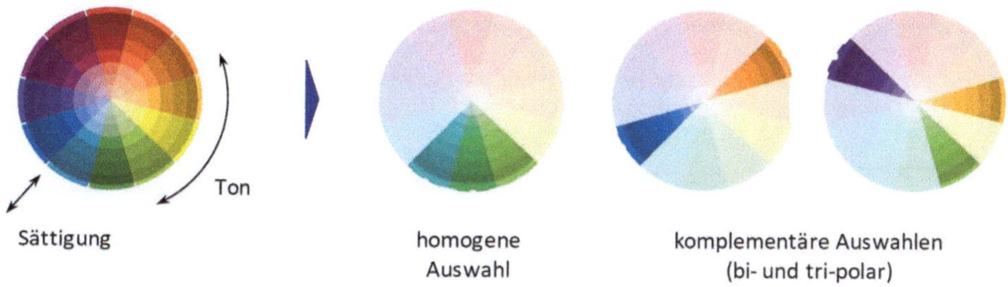

Bild 4-26: Newton'sches Farbrad als Auswahlhilfe für Farbpaletten [Dua08]

Unterschiedliche Sättigungen eines Farbtones sollten für die Darstellung quantitativer Daten und unterschiedliche Tönung für qualitative Daten verwendet werden, sowie komplementäre Farben für divergente Wertebereiche. Dabei sollten Farbskalen ausreichend verschieden in ihrer Tönung gewählt werden, wenn sie in der Visualisierung nahe beieinander positioniert sein könnten (siehe Bild 4-26, rechts).

Bei internationalen Nutzergruppen sind Besonderheiten hinsichtlich der Bedeutung bestimmter Farben aus der Sicht der verschiedenen Kulturkreise zu beachten[3].

4.7.3 Schritt 4.3 – Entwicklung alternativer Visualisierungskonzepte

Die Entwicklung alternativer Visualisierungskonzepte stellt den zentralen Schritt des Vorgehens dar. Auf Basis der Ergebnisse der vorhergehenden Phasen werden mehrere alternative Visualisierungskonzepte parallel und iterativ erarbeitet, getestet und verbessert (siehe Bild 4-27). Gegebenenfalls nötige Iterationen sind folgend nicht explizit beschrieben, sondern nur die Teilschritte sequenziell vorgestellt.

Ergebnis sind ein oder mehrere alternative Visualisierungskonzepte in Form von Beispielen, Vorlagen und Anwendungshinweisen. Diese sind durch eine überarbeitete Beschreibung des zu unterstützenden Methodenablaufes als Arbeitswerkzeuge in diesen integriert. Dabei hilft die Technik des Storyboardings die konkrete Anwendung der Visualisierungskonzepte genau zu beschreiben.

(Abruf September 2018):

[1] zum Beispiel http://vischeck.com

[2] siehe zum Beispiel http://colorbrewer2.org

[3] Für Farbbedeutungen in anderen Kulturkreisen siehe zum Beispiel http://www.shutterstock.com/blog/color-symbolism-and-meanings-around-the-world

Inputs

- aus Phase 1: Zielsetzung, Beispieldatensatz der Anwendung
- aus Phase 2: zu unterstützender Methodenablauf im MPV, Daten- und Informationsplan mit Beziehungsstruktur im DIP
- aus Phase 4: morphologische Kästen für Visualisierungsprinzipien und -techniken

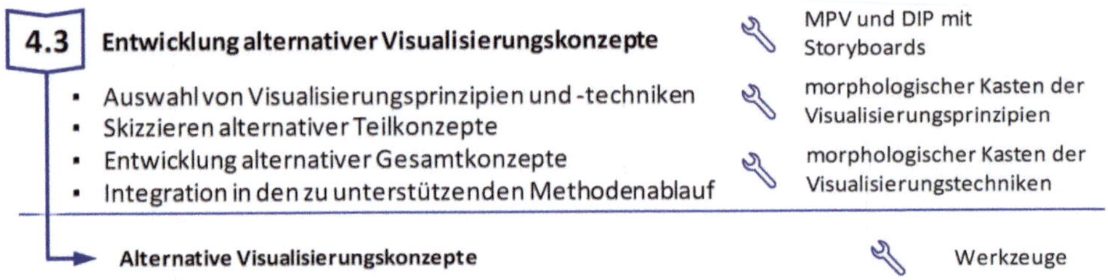

Bild 4-27: Input, Teilschritte und Ergebnis des Schrittes 4.3 – Entwicklung alternativer Visualisierungskonzepte

Zentrales Arbeitswerkzeug der Phase 4 ist der DIP zusammen mit der MPV. Für die geplanten Verwendungen der Inhalte werden Visualisierungskonzepte als Werkzeuge entlang des zu unterstützenden Methodenablaufes in der MPV entwickelt. Dabei kann mithilfe der Zielaufnahme aus Phase 1 und der aufgenommenen Einflussfaktoren aus Phase 2 die Effektivität des Visualisierungskonzeptes als Arbeitswerkzeug für den zu unterstützenden Methodenablauf sichergestellt werden.

4.7.3.1 Auswahl von Visualisierungsprinzipien und Ergänzung mit Visualisierungstechniken

Begonnen wird im DIP bei den in Schritt 2.4 festgelegten Arbeitsschwerpunkten und den dort genutzten, primären Daten und Informationen aus Schritt 4.1. Im Beispiel der Modulfreigabe ist dies die „Identifikation der produktvarianzinduzierten Prozessvarianz" (siehe Punkt 1 in Bild 4-28) mit den dort genutzten, primären Inhaltselemente Komponenten und Produktionsschritte. Diese sollen mit ihren weiteren Eigenschaften, wie Geometrie, Durchlaufzeiten und Varianz dargestellt werden können (Punkt 2 in Bild 4-28).

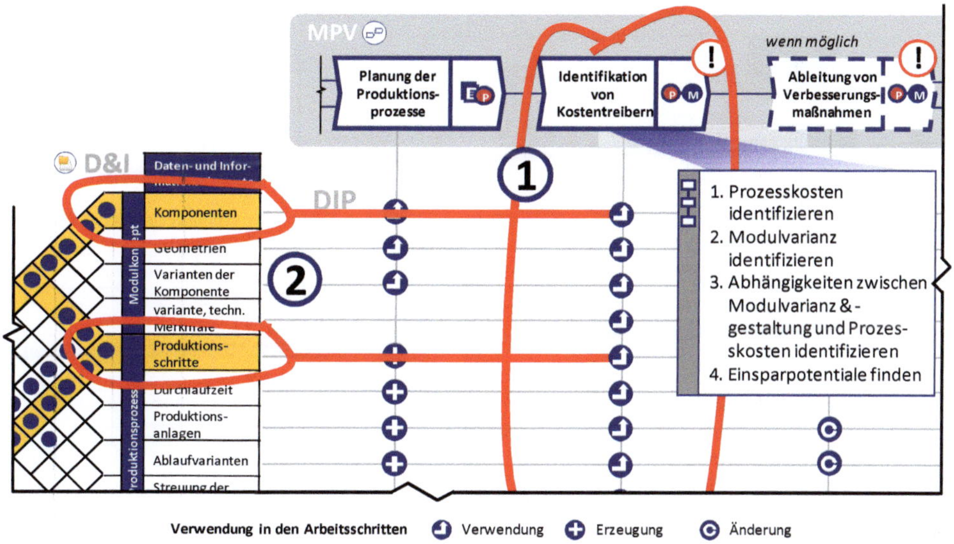

Bild 4-28: Auswahl der Arbeitsschwerpunkte aus Schritt 2.4 und dessen primäre Inhaltselemente aus Schritt 4.1 Komponenten und Produktionsschritte

Aus dem morphologischen Kasten der Visualisierungsprinzipien werden alternative Prinzipien ausgewählt – für die Komponenten zum Beispiel Zeichnung und Renderings (Punkt 3 in Bild 4-29), die sich deutlich in ihrem Detailgrad unterscheiden. Für die Produktionsschritte werden zunächst Flussbild und Schwimmbahnen-Diagramm ausgewählt, die den Zielnutzern bereits für die Darstellung von Produktionsabläufen bekannt sind.

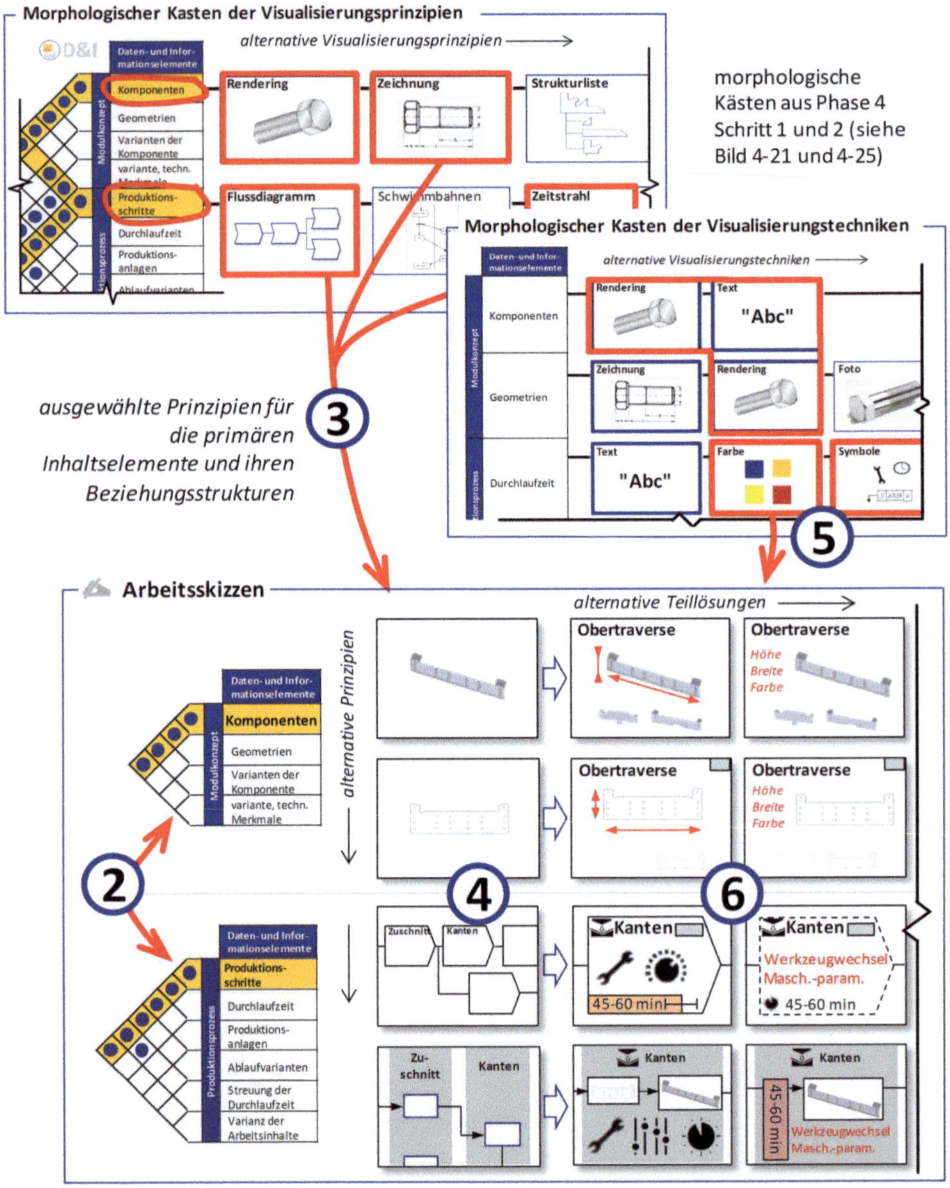

Bild 4-29: Skizzieren der Visualisierungsprinzipien für die primären Inhaltselemente Komponenten und Produktionsschritte (4) sowie Erweiterung mit ihren assoziierten Inhalten (6), weitere Erläuterung im Text (exemplarische Darstellung)

Mithilfe von Beispieldaten für den zu unterstützenden Methodenablauf werden diese Visualisierungsprinzipien beispielhaft skizziert (Punkt 4 in Bild 4-29). Es empfiehlt sich, zunächst höchstens zwei Visualisierungsprinzipien beziehungsweise höchstens zwei der primären Daten und Informationen miteinander in einer Skizze zu kombinieren. Falls benötigt, können später die Visualisierungsprinzipien von mehreren Skizzen zusammengefasst werden.

Beim Skizzieren der primären Inhaltselemente mit verschiedenen Visualisierungsprinzipien werden meist bereits Visualisierungstechniken benötigt – sowohl zur Darstellung der primären Inhaltselemente selbst, als auch für die durch die Beziehungsstrukturen assoziierten Inhaltselemente. Diese können entsprechend aus dem morphologischen Kasten der Visualisierungstechniken entnommen werden (Punkt 5 in Bild 4-29). Die Skizzen werden um diese Visualisierungstechniken erweitert, sodass sukzessive mehrere Alternativen ausgearbeitet werden können (Punkt 6 in Bild 4-29). Im Beispiel der Modulfreigabe werden für die primären Inhaltselemente Komponenten und Produktionsschritte sowie deren durch die Beziehungsmatrix zugeteilten Inhaltselementen geeignete Lösungen ausgewählt – zum Beispiel Balkenlängen oder Warnsymbole für die Durchlaufzeiten.

Bei der Auswahl und Kombination von Visualisierungsprinzipien und -techniken sind folgende Punkte zu beachten.

- Wie in Schritt 4.2 beschrieben, müssen die Inhaltselemente häufig nicht in der verfügbaren Genauigkeit abgebildet werden. Vielmehr ist die für den zu unterstützenden Methodenablauf nötige Genauigkeit relevant, sodass einfachere Visualisierungstechniken ausgewählt werden können.
- Häufig ist es sinnvoll, mehrere Visualisierungstechniken gleichzeitig zur Kodierung eines Inhaltselementes einzusetzen. Dabei erfüllt eine Visualisierungstechnik eine identifizierende Funktion und eine andere die Wiedergabe der Informationsinhalte selbst. So sind die Komponenten in Bild 4-29 durch die Abbildung ihrer Form eindeutig erkennbar - durch Darstellung der Bezeichnungen als Text wird zusätzlich die konkrete Identifikation und das Einholen weiterer Informationen ermöglicht. Eine gute Übersicht und gleichzeitig Detaileinsicht kann allgemein durch ein eingängiges, benennendes Symbol oder Bild und eine zusätzliche Beschreibung durch Text unterstützt werden.
- In der Produktentwicklung wird zu einem großen Teil an physischen Gegenständen, wie Bauteilen und Produkten, gearbeitet. Eine bildliche Darstellung ist hier gut geeignet. Bauteile und Produkte sollten daher bevorzugt durch Abbildungen dargestellt werden [Agr03]. Detaillierungs- und Konkretisierungsgrad sind dabei der jeweiligen Arbeitsaufgabe und den zur Verfügung stehenden Informationen anzupassen. Hierzu werden im Lösungskatalog der Visualisierungstechniken entsprechende Informationen gegeben.
- Bei der Auswahl der Visualisierungsprinzipien und -techniken muss darauf geachtet werden, dass diese den visuellen Konventionen der Zielnutzer bezüglich der Inhaltselemente nicht widersprechen.

4.7.3.2 Ausarbeitung entlang des Methodenablaufes und Erarbeitung von Alternativen

Sind für alle primären Inhaltselemente Teilkonzeptskizzen erstellt, so können diese im DIP für die einzelnen Arbeitsschritte eingeplant werden (siehe Punkt 6 in Bild 4-30). Dabei können durch Zusammenstellung verschiedener Teillösungsalternativen ebenfalls mehrere, alternative Gesamtkonzepte zusammengestellt werden.

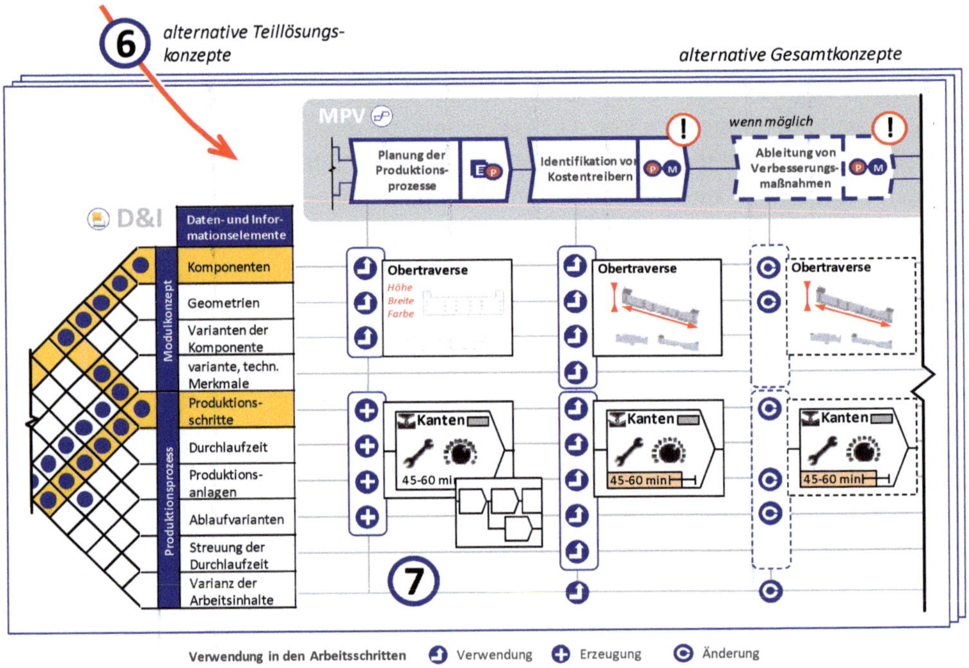

Bild 4-30: Einplanung der erarbeiteten Teillösungsalternativen im DIP (exemplarische Darstellung)

Entlang des Methodenablaufes in der MPV wird weiter je nach geplanter Unterstützung durch Visualisierungskonzepte im DIP fortgeschritten und aus den Teilkonzeptskizzen weitere Visualisierungskonzepte erstellt (Punkt 7 in Bild 4-30). Dabei sind folgende Aspekte zu beachten.

- Werden in den Arbeitsschritten Daten und Informationen bearbeitet, zu denen bereits Teilkonzepte erstellt wurden, werden diese zunächst wiederverwendet.
- Die Teillösungskonzepte werden im DIP entlang der Arbeitsschritte und -inhalte angeordnet, sodass fehlende Visualisierungskonzepte für die Unterstützung der Arbeitsschritte leicht zu erkennen sind.
- Nicht immer müssen für alle Daten und Informationen und in allen Arbeitsschritten Visualisierungskonzepte vorgesehen werden. Inhalte, die sinnvoll als Text oder Tabellen darstellbar sind, können direkt auf den Visualisierungsflächen oder bei größerem Umfang in weiteren Dokumenten vorgesehen werden. Dies wird im DIP mit eingeplant.

- Gleiches gilt für Randinformationen, die nicht von zentraler Bedeutung für den zu unterstützenden Methodenablauf sind. So wird im Beispiel der Modulfreigabe die Varianz der Arbeitsinhalte nicht für die Visualisierung sondern für andere Dokumente vorgesehen.

4.7.3.3 Integration in den zu unterstützenden Methodenablauf

Die Teilkonzepte sind als Lösungsskizzen pro Arbeitsschritt im DIP dokumentiert. Als nächsten Schritt müssen diese auf Visualisierungsflächen aufgeteilt und deren konkrete Anwendung im Methodenablauf eingeplant werden. Dazu wird im DIP jeder Arbeitsschritt um eine Beschreibung der einzelnen Aktivitäten erweitert (siehe Bild 4-31).

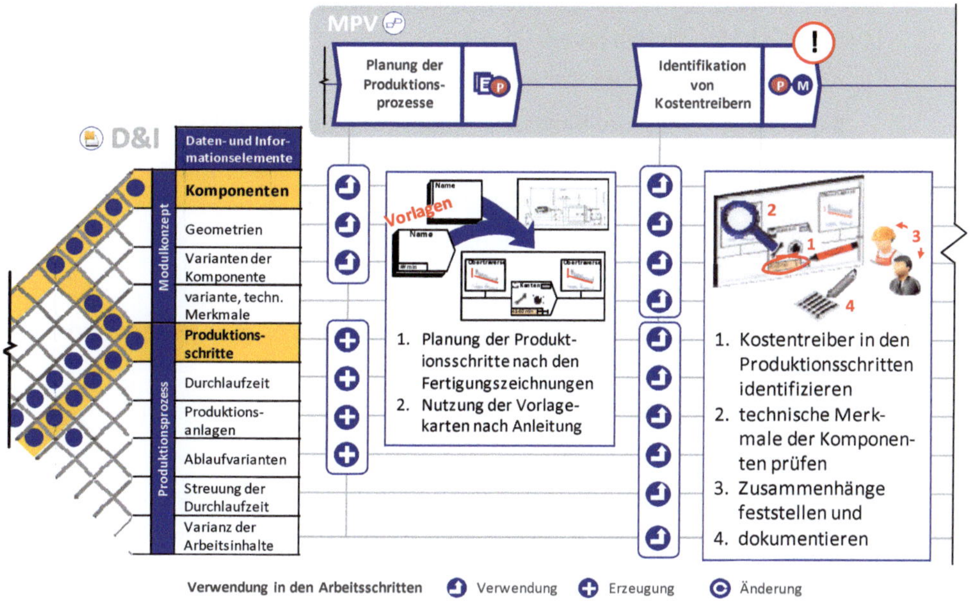

Bild 4-31: Verwendung der Storyboards pro Arbeitsschritt im DIP zur konkreten Nutzungsplanung der Visualisieruqngskonzepte (qualitative Darstellung)

Dabei wird auf die Technik des Storyboardings zurückgegriffen, mit der geplant werden kann, wie die Visualisierungen konkret genutzt werden sollen (siehe Bild 4-31) [Wik11], [Wal13].

So werden in der Modulfreigabe im Arbeitsschritt „Planung der Produktionsprozesse“ Vorlagen genutzt, um die Produktionsschritte eines neuen Moduls als Flussdiagramm zu planen und visualisieren (siehe Bild 4-31, Mitte). Im Arbeitsschritt „Identifikation von Kostentreibern“ können die Produktionsschritte auf mögliche Kostenreduktionen hin geprüft werden (siehe Bild 4-31, rechts). Renderings der Komponenten in ihrem jeweiligen Bearbeitungsstand sowie textliche und bildliche Darstellung der varianten technischen Merkmale ermöglichen das Erkennen von Kostentreibern in den Produktionsschritten und mögliche Ursachen.

Der Arbeitsablauf in der MPV wird so sukzessive mit Visualisierungskonzepten als Werkzeuge für die einzelnen Arbeitsschritte erweitert. Dabei werden die Teillösungen auf einzelne Visualisierungsflächen verteilt. Folgende Punkte sind hier zu beachten.

- Zu visualisierende Beziehungen können zwischen Inhaltselementen auf verschiedenen Teilskizzen bestehen. In diesem Fall sollten diese auf einer Visualisierungsfläche angeordnet und miteinander verknüpft werden, wie in der Modulfreigabe bei den technischen Merkmale der Komponenten und den Eigenschaften der Produktionsschritte (siehe Bild 4-30 und Bild 4-31, links).
- Für die Anordnung der Visualisierungsprinzipien in einer Visualisierung können folgende Gestaltungsregeln verwendet werden. Diese sind im Folgenden aufgeführt und im Anhang A8 weiter erläutert [Dua08], [Ker07], [Seg10], [Sch11], [Shn96], [Zuk06], [Sch15], [Ble09], [Som07]:
  - Anordnung nach einem Raster
  - Sicherstellen eines intuitiven Lese-Pfades (zum Beispiel links nach rechts, oben nach unten)
  - Gruppierung für Übersichtlichkeit und Verständnis
  - Orientierung nach den Sichten beteiligter Personen
  - Zweckorientierte Bereinigung
  - klare Festlegung der Informationsdichte und ihrer Verteilung über die Visualisierungsfläche
  - Gewährleistung von Übersicht und Detail
  - Einsatz visueller Metaphern
- Neben den Visualisierungen sollten auch alle anderen Werkzeuge und deren Verwendung in den Storyboards eingetragen werden. So kann sichergestellt werden, dass die notwendigen Informationen und Ergebnisse in den Arbeitsschritten bearbeitet beziehungsweise erstellt werden können. Falls nötig, werden weitere Visualisierungen, Teilkonzepte oder andere Werkzeuge ergänzt.
- Wenn erstellte Visualisierungen in einem Arbeitsschritt geändert oder weitere Informationen in ihnen eingetragen werden sollen, sind dafür Hilfen in die Visualisierungskonzepte wichtig, wie freie Notizflächen, freie Flächen für Eintragungen, Klebe-Zettel oder Druckvorlagen für Klebekarten. So werden in der Modulfreigabe für den Arbeitsschritt „Ableitung von Verbesserungsmaßnahmen“ im Flussdiagramm Freiräume gelassen zum Einfügen geänderter Prozessschritte (siehe Bild 4-31, rechts). Beschriftungen dieser Flächen und Hinweise zum jeweiligen Arbeitsschritt geben dem Nutzer konkrete Arbeitsanweisungen.
- Für die gleichen Inhalte sollten nach Möglichkeit die gleichen Visualisierungskonzepte in den Arbeitsschritten genutzt werden innerhalb einer Gesamtlösungsalternative. Nur wenn sich deutliche Vorteile in der Unterstützung des Methodenablaufes ergeben, sollte diese über die Arbeitsschritte gewechselt werden.

Zum Abschluss der Entwicklung von Visualisierungskonzepten sollten für die Gesamtlösungsalternativen noch einmal folgende Punkte überprüft und gegebenenfalls nachgebessert werden, um die Expressivität der Visualisierungskonzepte sicher zu stellen.

- adäquate Wahl von Visualisierungsprinzipien und Visualisierungstechniken für die verschiedenen Arten und Beziehungsstruktur der Inhaltselemente (Phase 4, Schritt 1 und 2)
- Vermeidung von Möglichkeiten der Fehlinterpretationen
- Freiheit von Widersprüchen zu den visuellen Konventionen der Zielnutzergruppe (Visualisierungsprinzipien, Farben, Symbole etc.) aus Schritt 2.3

4.7.3.4 Aufbau von Navigations- und Verständnishilfen, Legenden und Anmerkungen

Um das Verständnis und die Nutzung des Visualisierungskonzeptes zu beschleunigen, müssen weitere Hilfen in die Visualisierungskonzepte integriert werden (siehe Bild 4-32).

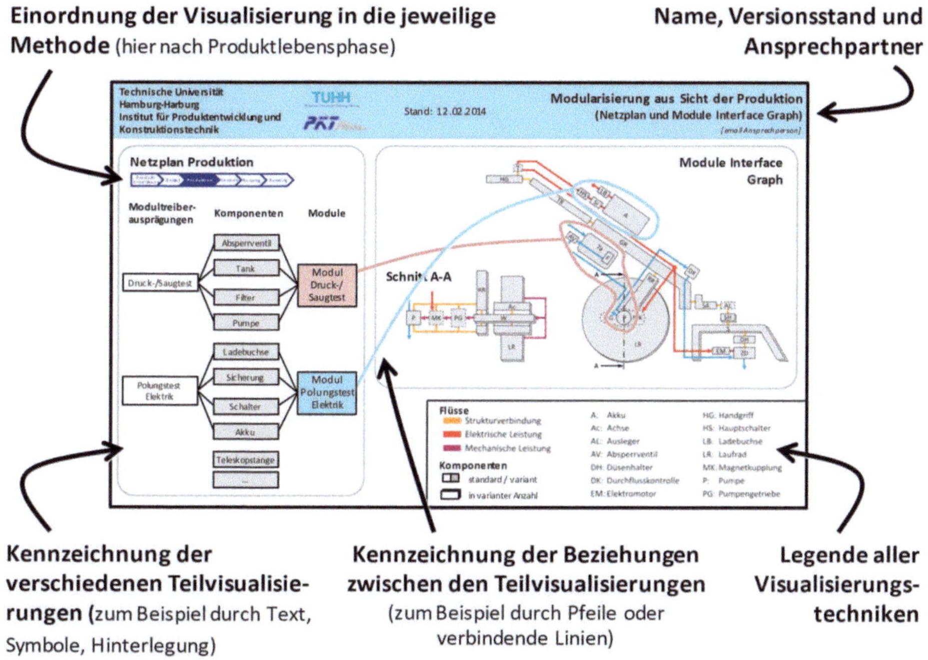

Bild 4-32: Beispielhafte Darstellung für Navigations- und Verständnishilfen

Weiterhin hilfreich sind Anweisungen und gegebenenfalls Beispiele zur Nutzung der Visualisierung als Arbeitswerkzeug sowie Vermerke auf weiterführende Dokumente.

4.7.3.5 Alternatives Lösungskonzept 1 im Beispiel der Modulfreigabe

Für die Modulfreigabe ergeben sich aus den ausgewählten Visualisierungsprinzipien für die Produktionsschritte sowie durch die jeweilige Sicht der beteiligten Entwickler und Produktionsplaner zwei alternative Visualisierungskonzepte.

Das Visualisierungskonzept 1 ist dabei prozessorientiert ausgerichtet, indem es die Produktionsschritte als primäres Inhaltselement durch das Visualisierungsprinzip *Flussdiagramm* darstellt (Ausschnitt siehe Bild 4-33, vollständige Darstellung in Anhang A10).

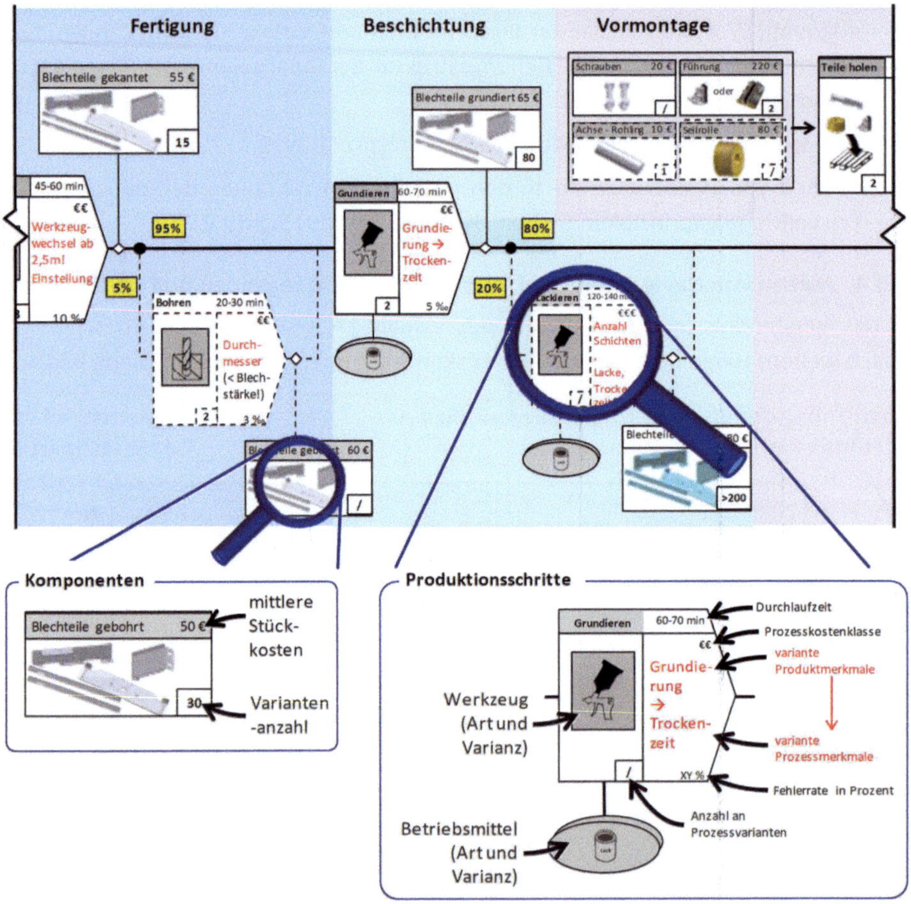

Bild 4-33: Visualisierungskonzept 1 – Prozessorientierte Visualisierung (exemplarische Darstellung, Legende siehe Bild 4-34, vollständige Darstellung siehe Anhang A10)

Die Komponenten sind im Konzept 1 als durch das Visualisierungsprinzip *Rendering* als Ausgangsmaterialien, Arbeitsstände und -ergebnisse im jeweiligen Bearbeitungs- und Montagestand dargestellt. Zum einen sind diese im Produktdatenmanagement vorhanden, zum anderen vermitteln sie schnell und eindeutig sowohl um welche Komponente es sich handelt, als auch um welchen Bearbeitungsstand. Ihre varianten, technischen Merkmale sind mittels *Text* als Visualisierungstechnik angemerkt mit der Visualisierungstechnik *Farbe* in rot als Warnhinweis. Diese Warnfarbe wird im Visualisierungskonzept der Varianz der Komponenten sowie der Arbeitsschritte vorbehalten.

Für die Darstellung der Produktionsschritte werden als Visualisierungstechnik Symbole verwendet, die an bestehende Darstellungen im Unternehmen sowie gängige Prozessdarstellungen angelehnt sind (siehe Bild 4-34). Die Varianz sowohl der Komponenten als auch der Produktionsschritte ist durch rote Schrift und rote Linien zu erkennen. Die Farbe Rot als Visualisierungstechnik soll hier die Aufmerksamkeit auf die Aufgabe im kritischen Arbeitsschritt, Kostensenkungspotentiale durch Varianzreduktion zu identifizieren.

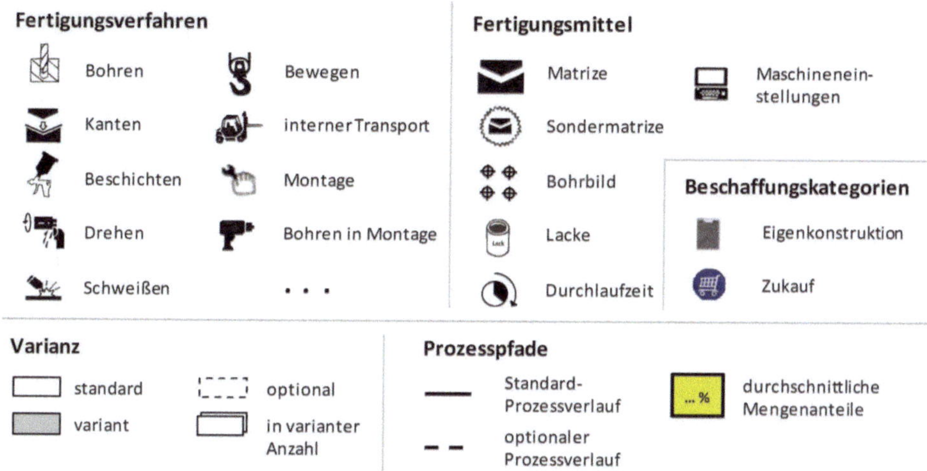

Bild 4-34: Legende der Visualisierungstechniken

4.7.3.6 Alternatives Lösungskonzept 2 im Beispiel der Modulfreigabe

Das Visualisierungskonzept 2 sieht ein anderes Visualisierungsprinzip für den grundlegenden Aufbau vor. Hierbei werden nicht die Produktionsabläufe, sondern die Produktstruktur des Moduls mit dessen Komponenten fokussiert (Ausschnitt siehe Bild 4-35, vollständige Darstellung siehe Anhang A10).

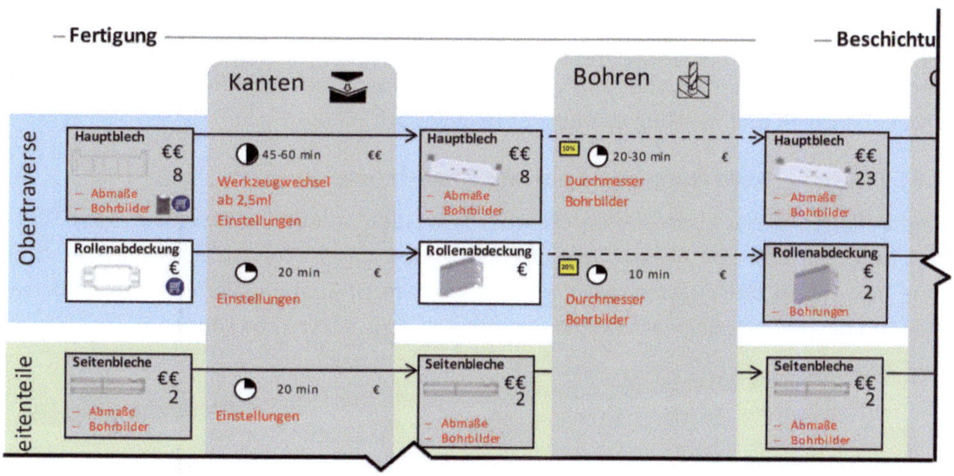

Bild 4-35: Visualisierungskonzept 2 – Komponentenorientierte Visualisierung (exemplarische Darstellung, Legende siehe Bild 4-34, vollständige Darstellung siehe Anhang A10)

Horizontale *Swimlanes* – je eine pro Komponente – bilden die hierarchische Produktstruktur ab. Diese wurden gewählt um gegenüber Konzept 1 die Produktstruktur des Moduls in den Vordergrund zu stellen, gleichzeitig jedoch in den einzelnen Swimlanes weiterhin die Reihenfolgen der Produktionsschritte darstellen zu können.

Durch farbige Hinterlegung lassen sich die Swimlanes auf der gesamten Visualisierung schneller überblicken. Die Produktionsschritte sind als senkrechte Stationen übergreifend über die Swimlanes der Komponenten dargestellt. In der jeweiligen Zeile der Komponente wird der Produktionsschritt genauer beschrieben. Dadurch steht eine Art Matrix-Darstellung aus Komponenten und Produktionsschritten. Die Visualisierungstechniken für die Darstellung der Komponenten und Produktionsschritte mit ihrer Varianz und Struktur beziehungsweise Arbeitsinhalte werden wie im Visualisierungskonzept 1 gestaltet (siehe Bild 4-34).

Diese Konzeptalternative bildet gegenüber dem Visualisierungskonzept 1 die hierarchische Produktstruktur deutlicher ab. Die Inhalte der Produktionsschritte können detaillierter dargestellt werden. Unter Umständen kann so besser zwischen den Sichten der Entwicklung und der Produktionsplanung vermitteln werden – andererseits ist ein deutlich höherer Platzbedarf für die Visualisierung nachteilig.

Die einzelnen visuellen Elemente der Konzeptalternativen werden als Vorlagen angelegt, wie auch die Symbolsätze. Zusammen mit der Verwendung von Renderings der Komponenten, die im CAD-System bereits vorhanden sind, und dem automatischen Einladen der Produktionsschritte aus dem Planungssystem in eine Microsoft-Visio-Vorlage ergibt sich ein vertretbarer Erstellungsaufwand. Die ausgewählten Visualisierungsprinzipien und -techniken widersprechen nicht den gewohnten Visualisierungskonzepten der Zielnutzer, sodass ein schnelles Verständnis möglich ist.

Beide Konzeptalternativen sind hinsichtlich ihrer Anwendbarkeit im Methodenablauf vielversprechend. Die jeweils gewählten Visualisierungsprinzipien sind jedoch sehr unterschiedlich, sodass die alternativen Konzepte wahrscheinlich in ihren einzelnen Vor- und Nachteilen in der Anwendung stark unterscheiden. Dies wird in der anschließenden Phase 5 erprobt und die Güte der Konzepte bewertet.

4.8 Phase 5 – Bewertung, Auswahl und Finalisierung

Sind als Ergebnis der Phase 4 mehrere Alternativen entstanden, werden diese in der Phase 5 bewertet und eine Auswahl getroffen. Auch bei nur einem Visualisierungskonzept ist eine Bewertung der Zielerreichung gegenüber dem Ist-Zustand sinnvoll, um unter Umständen bestehende Schwachstellen erkennen und verbessern zu können.

Inputs

- *Zielsetzung (aus Phase 1)*
- *alternative Visualisierungskonzepte in Skizzen und Storyboards im MPV (aus Phase 4)*
- *gegebenenfalls morphologische Kästen der Visualisierungsprinzipien und -techniken zur Verbesserung (aus Phase 4)*

5 Bewertung, Auswahl und Finalisierung

- **5.1** Aufstellen der Bewertungskriterien und Indikatoren
- **5.2** Planung und Durchführung der Erprobung
- **5.3** Bewertung, Auswahl und Ableitung von Verbesserungsmaßnahmen
- **5.4** Finalisierung

Ergebnisse

- *Methodenablauf mit neuem/n Visualisierungskonzept(en)*
- *Visualisierungskonzept(e) mit Vorlagen, Beispielen und Anwendungshilfen*
- *Methodenablauf mit Integration des/der neue(n) Visualisierungskonzept(e)*

Bild 4-36: Arbeitsschritte und Hilfsmittel der Phase 5 - Bewertung, Auswahl und Finalisierung

Die Bewertungskriterien für Visualisierungskonzepte als Arbeitswerkzeug setzen sich aus allgemein anwendbaren sowie anwendungsspezifischen Kriterien zusammen.

Allgemeine Gütekriterien bewerten die Expressivität, also die Unverfälschtheit und Vollständigkeit der visualisierten Inhalte, sowie die Eignung der genutzten Visualisierungsprinzipien und -techniken [Sch00], [Mac86]. Das Vorgehen der Phase 4 basiert auf diesen Kriterien, sodass sie bei stringentem Vorgehen weitestgehend erfüllt sind. Sie stehen hier daher nicht mehr im Fokus – eventuell verbliebene Schwächen der Visualisierungskonzepte in diesen Kriterien können durch das Bewertungsvorgehen jedoch identifiziert werden.

Anwendungsspezifische Bewertungskriterien betreffen die Effektivität des Visualisierungskonzeptes als Arbeitswerkzeug in den in Phase 1 und 2 aufgenommenen Zielen und Randbedingungen. Diese Kriterien können nur durch experimentelle Erprobung mit repräsentativen Nutzern ausreichend bewertet werden [Shn06], [Kul07], [Ped10].

Die Bewertung der Zielerreichung erfolgt durch die in Schritt 2.1 aufgenommenen Zielgrößen. In einer Erprobung werden die kritischen Arbeitsschritte des zu unterstützenden Methodenablaufes mithilfe der entwickelten Visualisierungskonzepte durchgeführt. Für die Anwendbarkeit der Visualisierungskonzepte und die Verbesserung in den Zielgrößen werden Indikatoren definiert und diese während der Erprobung und durch Analyse der Ergebnisse aufgenommen.

Eine vergleichsweise neue Aufnahmetechnik für Abläufe visueller Wahrnehmung ist das Eye-Tracking [Loh14], [Hol11]. Der besondere Vorteil liegt in der Aufnahme konkreter Abfolgen und Verweildauer des Blickes der Anwender, wodurch aussagekräftige Rückschlüsse auf die wirklich stattgefundene Nutzung einer Visualisierung als Werkzeug möglich sind [Mai14b]. Diese Abläufe können von den Probanden selbst meistens nicht erinnert werden [Duc07]. Die Durchführbarkeit hängt stark von der Verfügbarkeit der Geräte sowie einer möglichen Beeinflussung der Probanden ab. Das Eye-Tracking stellt hier eine sehr gute Datenaufnahmetechnik dar, wird aber als optionale Technik vorgestellt.

Nach Bewertung, Auswahl und gegebenenfalls Verbesserung wird das Visualisierungskonzept durch Vorlagen, Anwendungsdokumentation und gegebenenfalls eine Automatisierung als Werkzeug für den zu unterstützenden Methodenablauf finalisiert.

4.8.1 Schritt 5.1 – Aufstellen der Bewertungskriterien und Indikatoren

In Tabelle 4-6 sind die Kriterien zur Bewertung von Visualisierungskonzepten als Werkzeuge in der Produktentwicklung (siehe Kapitel 2.3.4) mit mess- oder beobachtbaren Indikatoren und Aufnahmetechniken nach [Yin14] aufgeführt. Sie werden in den folgenden Absätzen erläutert. Zusätzlich sind im unteren Teil der Tabelle weitere Daten aufgeführt, die für den Nachweis der Aussagefähigkeit der Erprobung nötig sind (nach [Yin14], [Att10], [Ble09]). In der Erprobung können verbliebene Schwachstellen der Visualisierungskonzepte festgestellt werden, wie zum Beispiel fehlende Daten und Informationen in einzelnen Arbeitsschritten.

Tabelle 4-6: Bewertungskriterien, Indikatoren und Aufnahmetechniken für die Erprobung (nähere Erläuterung im folgenden Text)

Kriterium	Indikatoren	Datenaufnahmetechniken: Deduktion	Beobachtung	Dokumente aus der Erprobung	nachträgliches Interview	Nutzerdaten
Verbesserung des Methodenablaufes	Verbessertes Erreichen der angestrebten Ergebnisse inklusiver ihrer Qualität	◑	◑	●	●	
	Verbesserung der speziellen Unterstützungsziele	◑	◑	●	●	
(Zusätzlicher) Arbeitsaufwand	Anwendungsaufwand der Visualisierung(en) inklusive Vor- und Nachbereitungsaufwand	●	●		◑	
	gegebenenfalls weitere Nutzungsmöglichkeit der erstellen Visualisierungen in anderen Arbeitsschritten	●			◑	
Verständlichkeit	nötige Zeit zum Verstehen der Visualisierung		●		◑	
	korrekte Wiedergabe der Inhalte, Fehlen von Missverständnissen		●	◑	●	
Erlernbarkeit	Wiederholbarkeit nach Pause - Kenntnis der Inhalte und Fähigkeit zur Anwendung - Anwendung auf vergleichbare Aufgabe				●	
Robustheit	Sensitivität der anderen Kriterien auf wahrscheinliche Änderungen der Randbedingungen	●	◑		◑	
Weiterer Datenbedarf für die Sicherstellung der Aussagefähigkeit						
Eignung der Probanden	Ausbildung, Position / Verantwortung, relevante Berufserfahrung, visuelle Konventionen bezüglich der relevanten Inhalte				◑	●
Erprobungsablauf	Einhaltung des Methodenablaufes inklusive der geplanten Anwendung der Visualisierungskonzepte		●	◑	◑	
	Freiheit von Beeinflussungen der Teilnehmer während der Erprobung, Unsicherheiten/Probleme im Arbeitsablauf		●	◑	◑	

● geeignet ◑ gegebenenfalls ergänzend geeignet ☐ nicht geeignet

Die Indikatoren werden für die Bewertung der entwickelten Visualisierungskonzepte fallspezifisch anhand der in Phase 1 definierten Zielsetzung und des zu unterstützenden Methodenablaufes festgelegt. Falls nötig, kann eine Gewichtung der fünf Kriterien, orientiert an der Zielsetzung, festgelegt werden.

Die Aufnahmetechniken für die Erprobung müssen gegebenenfalls adaptiert werden. Für die Indikatoren werden mehrere Techniken zur Aufnahme gleichzeitig genutzt, um die Aussagekraft durch Triangulation zu verbessern (siehe Tabelle 4-6).

4.8.1.1 Erläuterung der Bewertungskriterien, Indikatoren und Datenaufnahmetechniken

Die „Verbesserung des zu unterstützenden Methodenablaufes“ wird bewertet durch Menge und Qualität der Arbeitsergebnisse und durch die in den Phasen 1 und 2 aufgenommene Zielsetzung.

Im Falle der neuen Modulfreigabe wurden in Phase 1 als Verbesserungsziele die „Verringerung der Produktionskosten“, „Verbesserung des Verständnisses von Modulentwicklern und Fertigungsplanern bezüglich Modulkonzepten und Produktionsabläufen“ sowie die „Verringerung des Arbeitsumfanges auf zwei Personentage“ festgelegt. Diese werden als Indikatoren für das Kriterium „Verbesserung des zu unterstützenden Methodenablaufes“ genutzt.

Zusätzlicher „Arbeitsaufwand“ entsteht zum Beispiel durch die Erstellung der neuen Visualisierung(en) in der Anwendung. Eventuell können auch andere Aufwände entfallen.

Die „Verständlichkeit“ ist als Einarbeitungsdauer, Korrektheit und Vollständigkeit des Verstehens der Nutzer beschreibbar. Eine korrekte Wiedergabe der Inhalte und das Fehlen von Missverständnissen während der Bearbeitung sind hier geeignete Indikatoren.

Eine gute „Erlernbarkeit“ kann durch eine gute Erinnerbarkeit nach einer Pause von zum Beispiel einem Tag bewertet werden sowie durch Einschätzungen von Zielnutzern.

Die „Robustheit“ ist dadurch beschreibbar, wie gut bei geänderten Randbedingungen, wie zum Beispiel fehlende Ausgangsinformationen, das Visualisierungskonzept noch hilfreich angewendet werden kann.

Des Weiteren müssen die „Eignung der Probanden“ und die „Einhaltung des Methodenablaufes“ nachgewiesen werden, um die Aussagefähigkeit der Erprobung nicht zu beeinträchtigen.

Durch „Deduktion“ anhand der erstellten Visualisierungskonzepte als Ergebnis der Phase 4 im Kontext des zu unterstützenden Methodenablaufes lässt sich zusätzlicher oder wegfallender Arbeitsablauf ableiten.

Die „Beobachtung“ der konkreten Nutzung der Visualisierung durch die Probanden zeigt gut auf, ob das Visualisierungskonzept, wie vorgesehen, verstanden und genutzt wird, sowie ob es die angestrebte Unterstützung bietet.

Die „Dokumente der Erprobung“ – vor allem die geänderten und neu erstellten Visualisierungen – enthalten die erreichten Ergebnisse der Erprobung.

In „nachträglichen Interviews“ mit den Probanden werden deren Eindrücke und Einschätzungen aus der Erprobung bezüglich aller Indikatoren abgefragt.

Die „Nutzerdaten“, wie relevante Berufserfahrung und visuelle Konventionen, werden aufgenommen, um die Eignung der Probanden zu untermauern.

4.8.1.2 Ergänzung der Erprobung durch Eye Tracking

Eye Tracking bietet die Möglichkeit, die konkreten Abfolgen und Verweildauern der Blicke der Erprobungsteilnehmer sowie den Ton aufzunehmen. Die in den Storyboards geplante Nutzung der Visualisierungskonzepte kann somit in der Erprobung vollständig aufgenommen werden (siehe Beispiel in Bild 4-37).

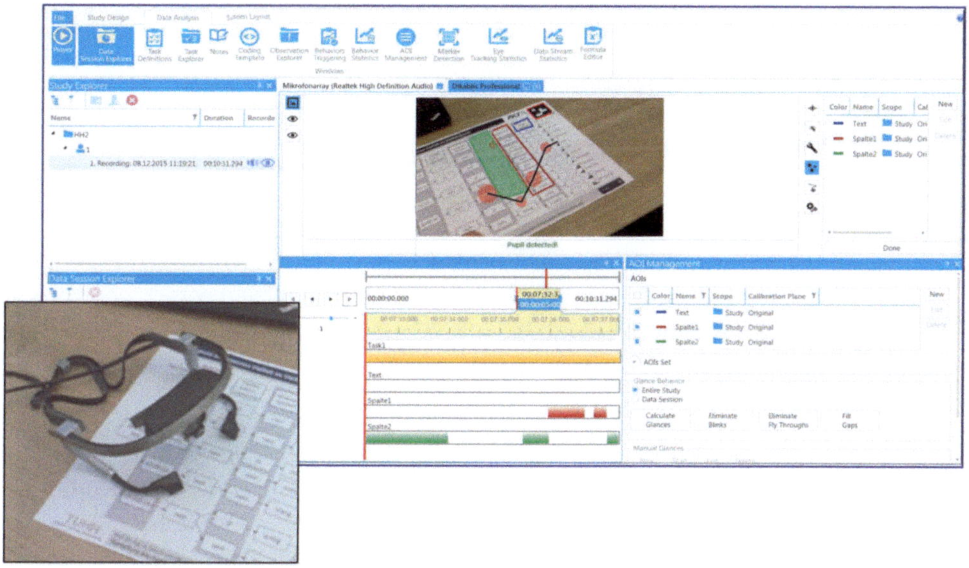

Bild 4-37: Mobile Eye-Tracking-Brille (links) und die Auswertungssoftware (rechts) am Beispiel des Dikablis Professional Systems und Software (unten, exemplarische Darstellung)[1]

Durch die automatische Erkennung von Blicken auf sogenannte Areas of Interest (AOI) kann die geplante Nutzung der Visualisierungskonzepte überprüft werden. Solche Abläufe können nachträglich durch die Probanden häufig nicht ausreichend erinnert werden. Die nachträgliche Analyse der Blickabläufe kann aussagekräftige Hinweise für Verbesserungsbedarfe geben, wenn zum Beispiel bestimmte Teile einer Visualisierung nicht genutzt werden.

Die Durchführbarkeit hängt jedoch stark von der Verfügbarkeit eines Tracker Systems ab, welche nicht häufig mit vertretbarem Aufwand gegeben ist. Im Weiteren wird die Technik daher nicht berücksichtigt. Wenn ein System verfügbar ist, ist sie jedoch für die Datenaufnahme sehr gewinnbringend nutzbar.

4.8.2 Schritt 5.2 – Planung und Durchführung der Erprobung

Die experimentelle Erprobung ermöglicht eine gute Kontrollierbarkeit und Generalisierbarkeit. Um die Erprobung und den verwendeten Erprobungsfall so aussagekräftig wie sinnvoll möglich zu gestalten, sollten folgende Aspekte beachtet werden [Tor05], [Ble09], [Yin14], [Kul07]:

- Die Erprobung sollte so nah wie möglich am realen Kontext des zu unterstützenden Methodenablaufes gestaltet werden. Der Erprobungsfall sollte durch passende Hintergrundinformationen zum Unternehmen, Produkt etc. plausibel ergänzt werden.

[1] www.ergoneers.com

- Die Teilnehmer müssen repräsentativ für die adressierten Anwender bezüglich Berufserfahrungen, Vorwissen und Kompetenzprofil sein. Sie sollten aus verschiedenen Organisationen stammen, um unterschiedliche Sichtweisen abzudecken.
- Für eine bessere Validität wird ein Pilot-Test durchgeführt, in dem mit einer kleinen Gruppe der Erprobungsfall und die Aufnahme der Indikatoren vorab getestet werden.
- Den Nutzern kann ein anderes Bewertungsziel, beispielsweise die Erprobung des gesamten Methodenablaufes oder eines anderen Werkzeuges, suggeriert werden (single-blind-Prinzip). Die so vermiedene Beeinflussung verbessert deutlich die Aussagefähigkeit.
- Die Planung, Durchführung und Auswertung der Erprobung sollte auf Dritte übertragen werden, um Beeinflussung zu vermeiden.

Die Erprobung für die alternativen Lösungskonzepte der Modulfreigabe wird einem Entwickler und dem Fertigungsleiter aus dem betreffenden Unternehmen durchgeführt. Ein Experte für Produktentwicklungsmethoden vervollständigt die Erprobungsgruppe, um die allgemeine Anwendbarkeit besser bewerten zu können. Als Fall wird ein neu entwickeltes Modul genutzt und die entsprechenden Arbeitsmaterialien vorbereitet.

Zur Vermeidung von Lücken bei der Beobachtung werden mindestens zwei Beobachter eingesetzt und mit vorbereiteten Aufnahmebögen für die Indikatoren ausgestattet. In diesen können die Indikatoren und Besonderheiten entlang des zu unterstützenden Methodenablaufes aufgenommen werden (siehe Bild 4-38). Die Indikatoren sind auf diese Aufnahmebögen sowie den Interviewbögen verteilt.

Lautes Verbalisieren der Teilnehmer während der Erprobung, wie in der empirischen Methodenforschung teilweise angewendet, wird nicht verwendet, da das Blickverhalten und somit die Nutzung von Visualisierungen beeinflusst werden können [Duc07].

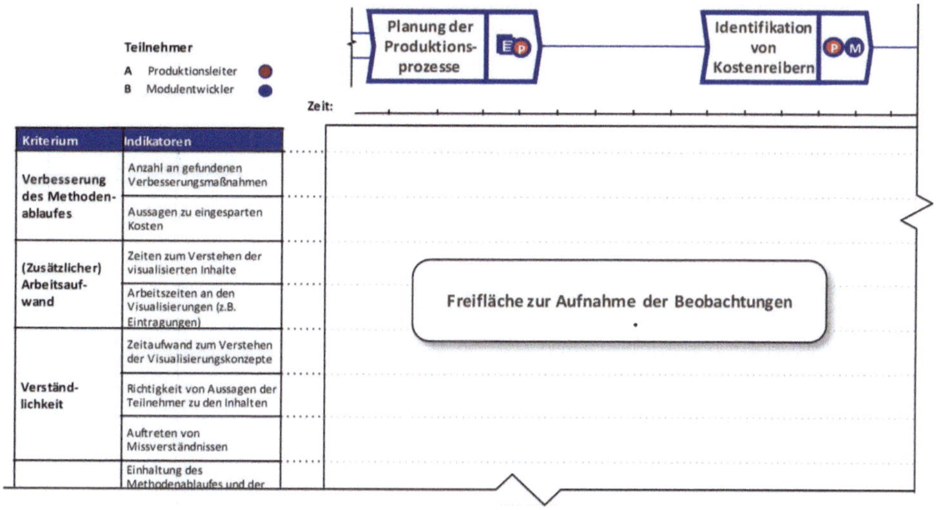

Bild 4-38: Aufnahmebogen für die Beobachtung der Erprobung

Die Teilnehmer erhalten eine Einführung zur Ausgangssituation, Arbeitsaufgabe und den zu verfolgenden Methodenablauf sowie der dabei zu nutzenden Visualisierungskonzepte. Gegebenenfalls wird personenindividuell die spezifische Rolle und Zielsetzung vorgestellt.

Während der Erprobung nehmen die Beobachter die Indikatoren sowie allgemeine Vorkommnisse und Aussagen der Probanden auf. Ein Erprobungsleiter achtet auf Unstimmigkeiten und greift bei Planabweichung korrigierend ein. Eingriffe sind zu dokumentieren und später deren Einfluss auf die Erprobung zu prüfen. Für die nachträgliche Befragung der Nutzer sind gängige Techniken zur Durchführung von aussagefähigen Interviews zu beachten (siehe zum Beispiel [Att10], [Sei06], [Rub05]).

4.8.3 Schritt 5.3 – Bewertung, Auswahl und Ableitung von Verbesserungsmaßnahmen

Ergebnisse der Erprobung sind die Beobachtungs- und Interviewbögen sowie die erstellten Unterlagen und Visualisierungen der Teilnehmer (siehe Bild 4-39).

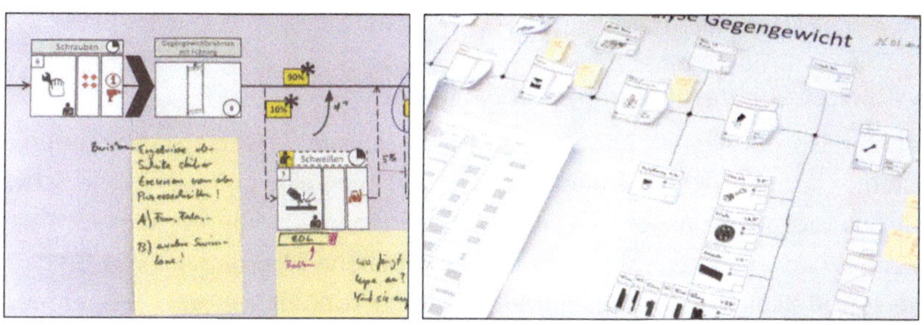

Bild 4-39: Ausschnitte der erstellten Visualisierungen als Teilergebnis der Erprobung Visualisierung (exemplarische Darstellungen)

Letztere werden hinsichtlich der festgelegten Indikatoren untersucht. Zusammen mit den Beobachtungen und Interviews werden daraufhin die Kriterien für die Konzeptalternativen in Relation zum Ist-Zustand bewertet (siehe Tabelle 4-7).

Tabelle 4-7: Bewertungstabelle der alternativen Visualisierungskonzepte für die Modulfreigabe

		Lösungskonzept 1		Lösungskonzept 2	
Kriterium und Indikatoren	Gwichtung [0-1]	Bewertung [0-5]*	gew. Bewertung	Bewertung [0-5]*	gew. Bewertung
Verbesserung des Methodenablaufes - Anzahl Verbesserungsmaßnahmen - eingesparte Kosten	1	5	5,0	4	4,0
(Zusätzlicher) Arbeitsaufwand - Anwendungsaufwand (Bearbeitungszeit) - Vor- und Nachbereitungsaufwand	0,6	3	1,8	2	1,2
Verständlichkeit - Zeitaufwand zum Verstehen der Inhalte - korrekte Wiedergabe der Inhalte - kein Auftreten von Missverständnissen	1	5	5,0	4	4,0
Erlernbarkeit	0,6	4	2,4	4	2,4
Robustheit	0,6	3	1,8	4	2,4
		normiertes Ergebnis [0-5]	4,2	normiertes Ergebnis [0-5]	3,7

* bewertet bezüglich IST-Stand ≙ 3
Wert 0 ist Ausschlussbewertung

Im Beispiel der Modulfreigabe kann das Lösungskonzept 1 die Identifikation von Einsparungspotentialen in der Gestaltung der Komponenten und der Produktionsplanung besser unterstützen und wird von den Nutzern besser verstanden. Es ist in der Erstellung der Visualisierungen weniger aufwändig. Allerdings wird das Lösungskonzept 2 als robuster bewertet, da es die Varianz der Komponenten und der Produktionsschritte detaillierter darstellen kann.

Abschließend wird geprüft, ob im Erprobungsablauf Fehler im Vorgehen oder Eingriffe bestanden, die die Aussagefähigkeit der Erprobung einschränken würden. Deutlichen Abweichungen im Erprobungsablauf oder einer unzureichenden Eignung der Probanden können durch eine konservative Bewertung der Konzeptalternativen begegnet werden. Im Zweifelsfall muss die Erprobung beziehungsweise relevante Teile daraus mit neuen Probanden wiederholt werden.

4.8.3.1 Ableiten von Verbesserungsmaßnahmen

Aussagen der Erprobungsteilnehmer, Abweichungen zum erwarteten Vorgehen und Verständnisfehler können herangezogen werden, um Hinweise auf eventuelle Schwachstellen der Visualisierungskonzepte zu finden. Gegebenenfalls können diese im nachträglichen Interview abgefragt werden. Einzelne, verbliebene Alternativen von Gestaltungsdetails, wie zum Beispiel die ausgewählten Symbole, können von den Teilnehmern direkt bewertet werden.

Die konkrete Verteilung der einzelnen Inhalte auf verschiedene Visualisierungsflächen und der detaillierte Methodenablauf können in der Erprobung überprüft und gegebenenfalls angepasst werden.

4.8.4 Schritt 5.4 – Finalisierung

Nach Auswahl und gegebenenfalls Verbesserung wird das Gesamtkonzept abschließend mit Vorlagen, Anwendungsanleitung und Beispielen dokumentiert (siehe Bild 4-40). Die Anwendungsanleitung sollte in die jeweilige Beschreibung des Methodenablaufes integriert werden. Die Vorlagen erleichtern die einfache und schnelle Anwendung.

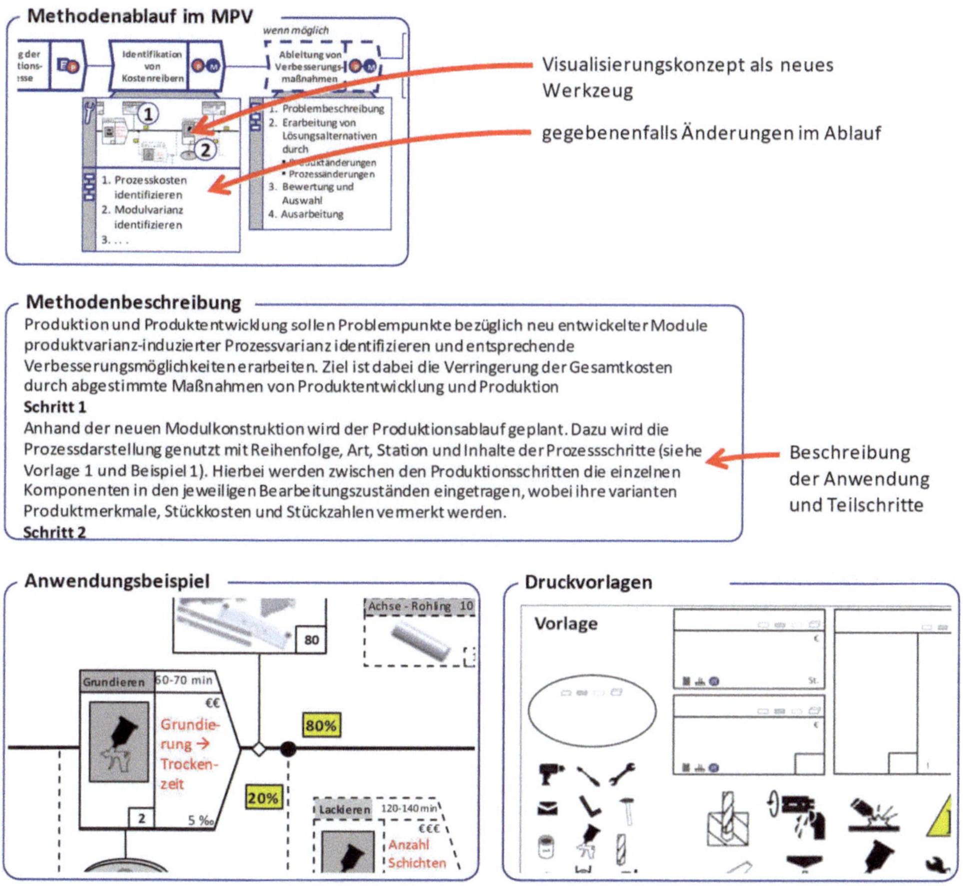

Bild 4-40: Erstelltes Gesamtkonzept mit Methodenablauf, Vorlagen, Beispiel und Anleitung für die Modulfreigabe (exemplarische Darstellungen)

Das abschließende Ergebnis des Vorgehens ist eine Beschreibung des zu unterstützenden Methodenablaufes in Form einer MPV ergänzt um ein oder mehrere Visualisierungskonzepte als Arbeitswerkzeuge. Deren Gestaltung ist an den wesentlichen Arbeitsschritte, den Arbeitsinhalten sowie den späteren Anwendern systematisch ausgerichtet und basiert auf umfangreiche recherchierten Lösungsmöglichkeiten. Zu den Visualisierungskonzepten bestehen detaillierte Anleitungen, Anwendungsbeispiele und Vorlagen.

Im Beispiel der Modulfreigabe ist ein Visualisierungskonzept entstanden, welches unterstützend eingesetzt wird und weiterhin intensiv durch das beteiligte Unternehmen genutzt wird.

In Kapitel 5 wird evaluiert, ob mithilfe der hier vorgestellten Methode zur Entwicklung von Visualisierungskonzepten als Arbeitswerkzeuge in der Produktentwicklung die Zielsetzung auch in anderen Anwendungen erreicht werden kann.

4.9 Ablaufalternativen nach Anwendungssituation

Neben der in diesem Kapitel bisher beschriebenen Entwicklung eines Visualisierungskonzeptes bestehen andere Anwendungssituationen für die hier vorgestellte Methode. Diese lassen jeweils einige der Schritte aus und sind in Bild 4-41 aufgeführt.

Bild 4-41: Vorgehensalternativen bei besonderen Anwendungssituationen (vergleiche Bild 4-1)

Eine Informationsvisualisierung soll den Betrachter über bestimmte Sachverhalte Informieren und ist in keinen Methodenablauf eingebettet [Däß02]. Daher entfallen bei der Entwicklung einer Informationsvisualisierung alle Schritte, die im direkten Zusammenhang mit einem Methodenablauf stehen (siehe Bild 4-41, oben).

Ist das Ziel eine Überarbeitung eines bestehendes Visualisierungskonzeptes als Werkzeug in einer Produktentwicklungsmethode, können die Zielsetzung, die Anwendungsanalyse sowie die Integration des überarbeiteten Visualisierungskonzeptes in den Methodenablauf mit verringertem Aufwand ausgeführt werden (siehe Bild 4-41, unten).

5 Fallstudien zur Erprobung der Methode

Im Rahmen der Validierung wird überprüft, ob die neu entwickelte Methode den in Kapitel 3 definierten Anforderungen gerecht wird und die dort festgelegte Unterstützung bei der Entwicklung von Visualisierungskonzepten für die Produktentwicklung leisten kann. Zur Validierung werden zwei Einzelfallstudien genutzt, um einen guten Kompromiss aus Durchführungsaufwand gegenüber Aussagefähigkeit und Generalisierbarkeit zu erreichen. Wesentlich bei Einzelfallstudien ist, dass die Studienfälle besonders gut der geplanten Aufgabe, Zielsetzung und Randbedingungen der Methode entspricht [Ble09], [Yin14]. Die in Kapitel 1 vorgestellte Zielsetzung und die in Kapitel 3 aufgeführten Anforderungen werden dazu in Prüfungshypothesen überführt, die anhand der Studienfälle überprüft werden. Die Ergebnisse werden so weit wie möglich generalisiert. Die Validierung wird in diesem Kapitel gegliedert in Planung, Durchführung und Auswertung vorgestellt.

Als Fallstudien werden zum einen eine Visualisierungsentwicklung im Rahmen des Forschungsprojektes *WiMo - Entwicklung eines Wirkmodells der Eigenschaften modularer Produktstrukturen zur Bewertung methodischer Ansätze*[1] herangezogen [Hac17]. Darauf aufbauend wird als zweiter Studienfall eine Visualisierungsentwicklung zur Auswahl alternativer Modularisierungskonzepte in der Produktentwicklung in Zusammenarbeit mit einem Hersteller von Powertools verwendet [Win18]. Somit werden zwei Einzelfälle zur Validierung herangezogen, die inhaltlich aufeinander aufbauen und sich hinsichtlich der Nutzer und des zu unterstützenden Methodenablaufes unterscheiden.

5.1 Planung der Studien

Zur Planung der Validierungsstudien werden aus den Anforderungen an die entwickelte Methode geeignete Prüfungshypothesen für die Evaluation gebildet. Anschließend werden die entsprechenden Indikatoren und deren Aufnahme geplant, mit denen die Prüfung der Hypothesen durchgeführt werden kann.

5.1.1 Prüfungshypothesen

Die Zielsetzung der Methode zur Entwicklung von Visualisierungskonzepten wurde in Kapitel 1 vorgestellt und wird hier mit den in Kapitel 3 aufgeführten Anforderungen in folgende Prüfungshypothesen (PH) überführt. Die Klärung der PH 1 klärt die erfolgreiche

---

[1] Deutsche Forschungsgemeinschaft (DFG) - Projektnummer 276691857, gefördert im Rahmen der Sachbeihilfe

N. Gebhardt, *Methodische Entwicklung von Visualisierungen als Arbeitswerkzeuge in der Produktentwicklung*, Produktentwicklung und Konstruktionstechnik 18, https://doi.org/10.1007/978-3-662-61622-2_5

Unterstützung bei der Entwicklung von Visualisierungskonzepten durch die Methode und stellt somit die wesentliche Aufgabe der Validierung dar. PH 2 bis 4 adressieren die Konstruktvalidität sowie PH 5 und 6 die Anwendbarkeit der Methode.

PH 1 Mithilfe der Methode können Visualisierungskonzepte als hilfreiche Arbeitswerkzeuge für einen gegebenen Methodenablauf in der Produktentwicklung entwickelt werden.

PH 2 Die wesentlichen Einflussfaktoren können ausreichend genau aufgenommen werden.

PH 3 Die aufgenommenen Einflussfaktoren können hilfreich in der Entwicklung eines Visualisierungskonzeptes angewendet werden.

PH 4 Die generischen Lösungsmöglichkeiten der Visualisierung sind für die Entwicklung eines Visualisierungskonzeptes verfügbar.

PH 5 Die Methode ist in den verschiedenen Ausgangssituationen der Entwicklung von methodischen Unterstützungen der Produktentwicklung anwendbar.

PH 6 Die Vorgehensweise ist leicht nachvollziehbar und unterstützt den Anwender in der selbstständigen Durchführung.

5.1.2 Validierungsmethode

Zur Validierung stehen verschiedene Forschungsmethoden zur Verfügung (siehe zum Beispiel [Ble09]), wobei zwischen einer experimentellen Erprobung, Einzelfallstudien und mehrfachen Fallstudien unterschieden werden kann. Einzelfall- und mehrfache Fallstudien unterscheiden sich vor allem durch den nötigen Aufwand sowie eine bessere Aussagekraft bei Einzelfallstudien und einer besseren Generalisierbarkeit bei mehrfachen Fallstudien. Experimente zeichnen sich dem gegenüber durch eine besonders gute Plan- und Kontrollierbarkeit aus, allerdings auch durch eine geringere Anwendungsnähe.

Für die Validierung wird eine Studie von zwei Einzelfällen herangezogen, bei denen die theoretischen Grundlagen und zu visualisierenden Inhalte identisch sind, die Anwendungen und Zielnutzer sich jedoch unterscheiden. Auf diese Weise werden bei beherrschbarem Durchführungsaufwand die Aussagekraft und Generalisierbarkeit verbessert.

5.1.3 Vorstellung der Erprobungsfälle

Erprobungsfall A erfolgt in Kooperation mit dem durch die Deutsche Forschungsgemeinschaft geförderten Forschungsprojekt „WiMo - Entwicklung eines Wirkmodells der Eigenschaften modularer Produktstrukturen zur Bewertung methodischer Ansätze“[1]. Im Forschungsprojekt werden diese abteilungsübergreifenden und komplizierten Auswirkungen systematisch modelliert (siehe Bild 5-1, oben), um ein besseres Verständnis der Effekte modularer Produktstrukturen auf die wirtschaftlichen Zielgrößen im Unternehmen zu ermöglichen. Durch eine neu zu entwickelnde, visuelle Übersicht des Wirkmodells sollen

---

[1] Deutsche Forschungsgemeinschaft (DFG) - Projektnummer 276691857, gefördert im Rahmen der Sachbeihilfe, „WiMo - Entwicklung eines Wirkmodells der Eigenschaften modularer Produktstrukturen zur Bewertung methodischer Ansätze“, 2015 - 2017

hier die generellen Auswirkungen dargestellt, an anderen Personen vermittelt und visuell analysiert werden können. Die Entwicklung, Präsentation, Schulung und fortführende Weiterentwicklung des Wirkmodells sollen durch die Visualisierung unterstützt werden.

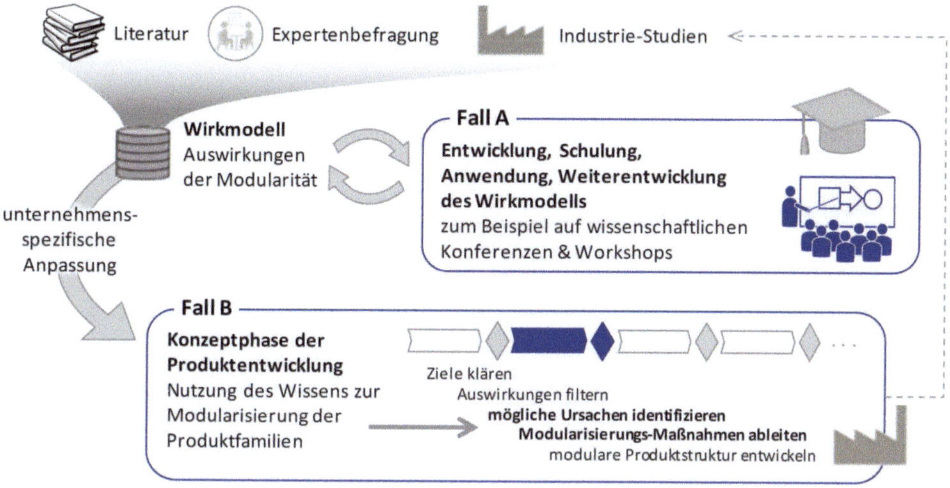

Bild 5-1: Betrachtete Arbeitsabläufe in den Studienfällen A und B

Fall B erfolgt im Rahmen einer Kooperation des Institutes für Produktentwicklung und Konstruktionstechnik der TU Hamburg mit der Hersteller von Powertools. Gegenstand sind die Auswirkungen der Modularisierung von Produktfamilien auf die Unternehmensziele. Im Erprobungsfall B nutzt die Abteilung Antriebsentwicklung eines Herstellers von Powertools dieses Wissen bei der Entwicklung und Auswahl alternativer Modulstrukturen (siehe Bild 5-1, unten). Dies soll mithilfe einer neuen, verbesserten Visualisierung unterstützt werden.

Die Zugänglichkeit der beiden Fälle ist durch das Forschungsprojekt WiMo beziehungsweise die Kooperationen mit dem Unternehmen sichergestellt – Zielanwender, Anwendungssituation und Anwendungsziele der zu validierenden Methode sind gut repräsentiert. Die Datenaufnahme erfolgt durch Befragungen, Beobachtungen mehrerer Workshops und Analyse der in der Anwendung entstandenen Dokumente.

5.2 Beschreibung der Studienfälle

Die Durchführung erfolgt anhand der in Kapitel 4 vorgestellten Phasen und Schritte. Dabei bauen die Entwicklungen der Visualisierungskonzepte für die beiden Studienfälle inhaltlich aufeinander auf. Im Folgenden werden daher die beiden Anwendungsfälle gemeinsam vorgestellt und die Unterschiede der beiden Studienfälle in den jeweiligen Phasen einzeln beschrieben.

5.2.1 Phase 1 – Zieldefinition

Schritt 1 – Abgrenzung der zu unterstützenden Produktentwicklungsmethode

Die zu unterstützenden Methodenabläufe der beiden Fälle umfasst im Studienfall A die Entwicklung, Präsentation, Schulung und fortlaufende Weiterentwicklung des vorhandenen Wirkmodells modularer Produktstrukturieren sowie im Studienfall B die Anwendung dieses Wirkmodells in der Konzeptphase von Produktentwicklungsprozessen.

Im Fall A sind die Anwendungssituationen vornehmlich Forschungsworkshops und wissenschaftliche Konferenzen. Dabei bereits genutzte Visualisierungskonzepte sind bisher für die Darstellung und Bearbeitung des Modells nicht zufriedenstellend gewesen, da die Inhalte nicht ausreichend schnell und verständlich vermittelt werden konnten (siehe Bild 5-2).

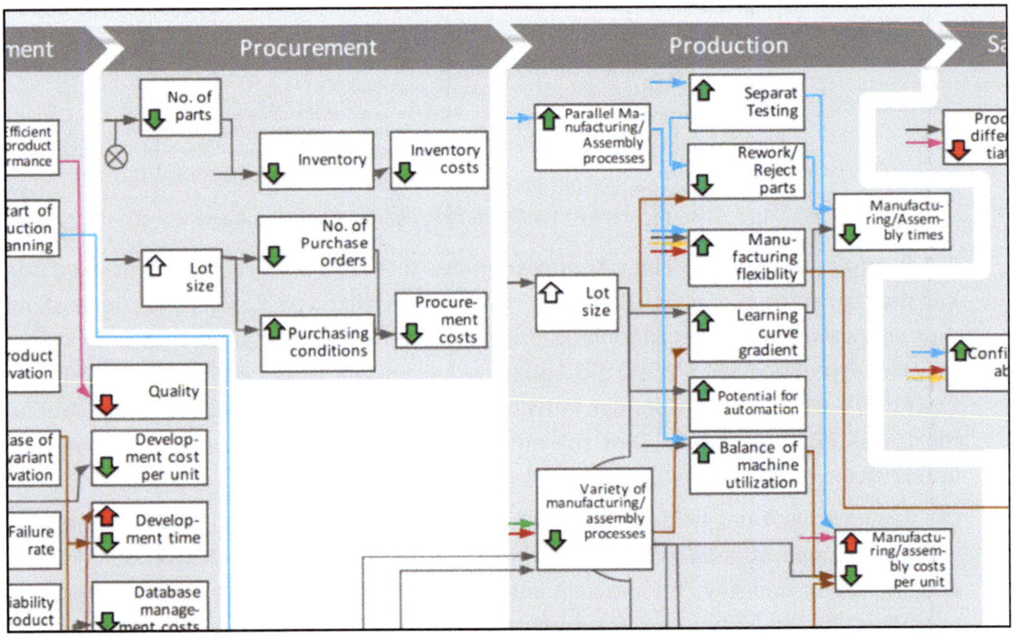

Bild 5-2: Beispielhafter Ausschnitt einer im Studienfall A zuvor genutzten Visualisierung (exemplarische Darstellung) [Hac17]

Im Fall B wird das Wirkmodell unternehmensspezifisch angepasst als Wissensbasis in der Konzeptphase der Produktentwicklung eingesetzt (siehe Bild 5-1, unten). Mithilfe einer Visualisierung soll der Entwickler Verbesserungsmöglichkeiten durch Modularisierung entsprechend der Entwicklungsziele aufgezeigt bekommen. Auch sollen ungewollte Effekte der Modularisierung auf die Leistungserbringung späterer Produktlebensphasen erkannt werden können. Das angepasste Modell wird dazu als Tabelle gespeichert, projektspezifisch gefiltert und visualisiert. Ein bereits genutztes Visualisierungskonzept ist als nicht ausreichend bewertet worden (siehe Bild 5-3).

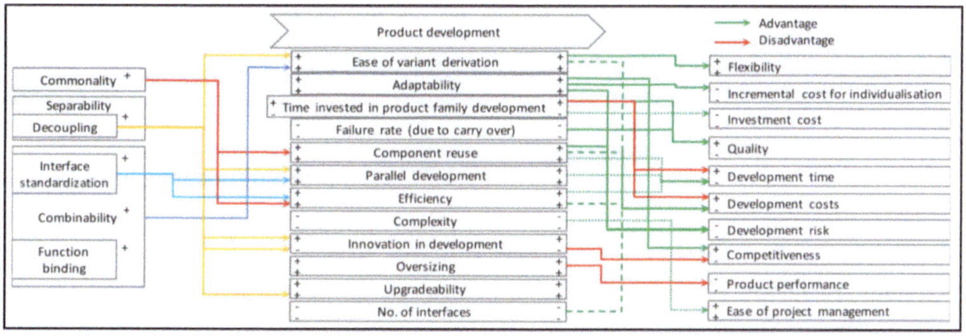

Bild 5-3: Beispiel einer im Studienfall B zuvor genutzten Visualisierung [Win18]

Schritt 2 – Problembeschreibung

Im Fall A ist bei bestehenden Visualisierungen die Übersicht des umfangreichen Wirkmodells nicht gegeben. Die Folge sind Verständnisschwierigkeiten und hoher Erklärungsaufwand. Die beteiligten Experten nutzten die Visualisierung daher nicht oder nur wenig in ihren Diskussionen. Häufig werden andere Dokumente hinzugezogen.

Im Fall B wird das Wissen um mögliche Auswirkungen der Modularisierung im Entwicklungsteam als sehr hilfreich bewertet. Es ist in den relevanten Arbeitsschritten aber nicht ausreichend verfügbar. Bestehende Dokumente und Visualisierungen werden als zu unübersichtliche bewertet sodass das unternehmensspezifisch angepasste Wirkmodell als Wissensbasis in Produktentwicklungsprojekten kaum genutzt wird.

Bei beiden Fällen wurde in den bisher genutzten Visualisierungen nur ein vergleichsweise schmales Spektrum an Visualisierungsprinzipien und -techniken verwendet, was ebenfalls für Verbesserungspotential spricht.

Schritt 3 – Festlegung von Zielgrößen

Die anhand der Problembeschreibung und durch Interviews mit den Anwendern erarbeiteten Zielgrößen sind in Tabelle 5-1 zusammengefasst und im Folgenden erläutert.

Tabelle 5-1: Zieldefinition für die Unterstützung durch Visualisierungskonzepte

Ziele	Teilziele	Fall A – Übersicht des Wirkmodells	Fall B – Anwendung in der Produktentwicklung
Ergebnis-qualität	Zielerreichung	Vermittlung der Auswirkungen inklusive ihrer Verknüpfungen, Plausibilitätsprüfungen und Ergänzungen des Modells	Verbesserte Zielerreichung der Produktentwicklungsprozesse durch Nutzung des firmenspezifisch angepassten Modells
	Vollständigkeit	Darstellung des gesamten Modells auf einer Visualisierungsfläche, künftige Erweiterbarkeit um ca. 20%	Nutzung aller gewinnbringenden Maßnahmen der Modularisierung, Darstellung aller projektspezifisch interessanten Auswirkungen auf einer Visualisierungsfläche
	Verständlichkeit, Kommunizierbarkeit	schnelles Auffinden gesuchter Inhalte, schnelle Vermittlung der Grobstruktur des Modells, möglichst gut selbsterklärende Visualisierung	möglichst gut selbsterklärende Visualisierung
Aufwand	Umfang	-	möglichst einfache Erstellung der Visualisierung im Entwicklungsprojekt
	Dauer	einfach und schnell verständliches Visualisierungskonzept	einfach und schnell verständliches Visualisierungskonzept
Anwendbarkeit, Flexibilität		-	Nutzung üblicher Software
Robustheit, Anpassbarkeit		-	-

Die „Übersicht des Wirkmodells“ im Fall A soll die effektive Vermittlung, Analyse und Änderung des Modells durch Expertenteams in Workshops unterstützen. Das Visualisierungskonzept soll daher in wenigen Minuten erklärbar sein. Die Darstellung der Auswirkungen und ihrer Verknüpfungen auf einer Visualisierungsfläche ist wichtig, sowie ein besonders selbsterklärendes Visualisierungskonzept. Für die Verwendung der Visualisierung auf wissenschaftlichen Konferenzen wird eine Gestaltung des Visualisierungskonzeptes gewünscht, mit die Aufmerksamkeit interessierter Personen gewonnen werden kann.

Für die „Anwendung in der Produktentwicklung“ im Fall B sollen dem Projektteam während der Konzeptphase die Auswirkungen und deren Abhängigkeiten projektspezifisch und übersichtlich dargestellt werden, sodass durch Modularisierungsmaßnahmen die angestrebten Entwicklungsziele besser erreicht und gleichzeitig ungewollte Auswirkungen vermieden werden können. Das Visualisierungskonzept soll in Entwicklungsprojekten von modularen Produktfamilien schnell für alle Teilnehmer verständlich sein.

Schritt 4 – Prüfung der Zielsetzung

Durch die große Menge an vorhandenen Elementen und Verknüpfungen in beiden Fällen scheint eine visuell unterstützte Darstellung sehr hilfreich. Durch die übergreifende Betrachtung der Produktlebensphasen ist die Verschiedenheit der Inhalte vergleichsweise hoch. Die Auswirkungsketten sind visuell, wie zum Beispiel durch Graphen, sehr gut darstellbar. Jedoch bestehen zu vielen Auswirkungen weitere Erklärungen und Randbedingungen, die durch ihre Abstraktheit eher als Text sowie in weiteren Dokumenten dargestellt werden sollten.

Die Visualisierung im Fall A für die „Übersicht des Wirkmodells" soll in Workshops mit Expertenteams aus unterschiedlichen Disziplinen und Industriebranchen verwendet werden, sodass hier eine vergleichsweise hohe Diversität der Personen erwartet werden kann.

Im Fall B „Anwendung in der Produktentwicklung" werden vor allem Projektleiter mit der zu entwickelnden Visualisierung arbeiten und diese mit dem Entwicklungsteam abstimmen.

Zusammengefasst ist ein Großteil der Indikatoren für die Eignung von Visualisierungskonzepten als Hilfsmittel erfüllt. Die geringe Eignung von einigen der nötigen Daten und Informationen für die visuelle Darstellung wird in Phase 4 des Vorgehens beachtet, zum Beispiel durch das Einplanen zusätzlicher Arbeitswerkzeuge oder Dokumente.

5.2.2 Phase 2 – Analyse der Zielanwendung

Schritt 1 – Aufnahme des zu unterstützenden Methodenablaufes

Die Entwicklung der Visualisierung für die „Übersicht des Wirkmodells" entspricht der Ablaufalternative „Entwicklung einer Informationsvisualisierung" (vergleiche Kapitel 4.9). Die Schritte 2.1, 2.4 und 4.4 des Vorgehens können ausgelassen werden. Zur Anwendung der Visualisierung kann kein zu unterstützender Methodenablauf festgehalten werden, da diese bewusst flexibel gehalten ist. Jedoch lassen sich typische Einsatzsituationen definieren. Diese sind die

- kurze Übersicht und gegebenenfalls Einarbeitung einer interessierten Person beziehungsweise Erläuterung des Wirkmodells durch einen Experten,
- Suche nach konkreten Zusammenhängen im Wirkmodell zur Beantwortung von Fragen oder zur Überprüfung von Hypothesen sowie die
- Korrektur und Ergänzung des Modells in Workshops.

Für Fall B, die Verwendung des Modells in der Produktentwicklung, besteht ein ausreichend ausgearbeiteter Prozess. Dieser wird als MPV aufgenommen (siehe Bild 5-4) und wird im Folgenden kurz erläutert.

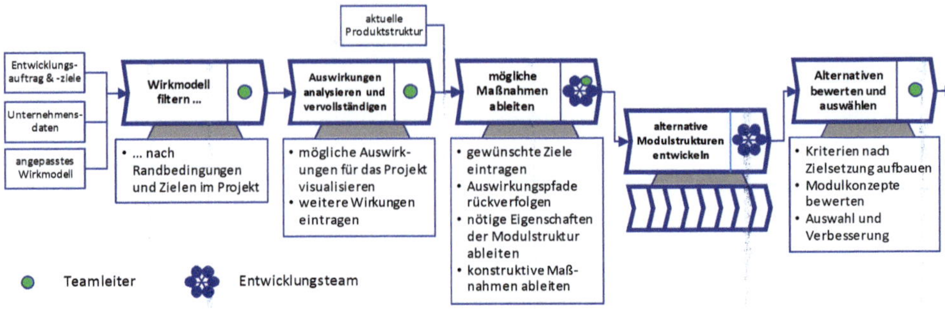

Bild 5-4: Zu unterstützender Methodenablauf zur Konzeptentwicklung modularer Produkte mit Nutzung des Wirkmodells im Studienfall B

Im ersten Schritt wird durch den Teamleiter das unternehmensspezifisch angepasste Wirkmodell nach den projektspezifischen Randbedingungen und der Zielsetzung gefiltert. Die ausgewählten Auswirkungsketten werden anschließend auf Plausibilität hinsichtlich der vorliegenden Entwicklungsaufgabe geprüft. Gegebenenfalls können weitere Auswirkungen ergänzt werden. Die möglichen Zielauswirkungen von Modulstrukturen werden im dritten Schritt im Entwicklungsteam besprochen. In herangezogenen Beispielprojekten wurden an dieser Stelle circa 15 Auswirkungsketten als relevant erachtet. Darauf aufbauend werden mögliche Modularisierungsmaßnahmen für die Projektziele abgeleitet und diese anschließend in die Konzeptentwicklung, -bewertung und -auswahl übernommen.

Schritt 2 – Aufnahme der verwendeten Daten und Informationen

Das Wirkmodell wird aus dem Forschungsprojekt WiMo übernommen und hinsichtlich der Inhaltselemente analysiert. Die Struktur des Modells ist vereinfacht in Bild 5-5 dargestellt.

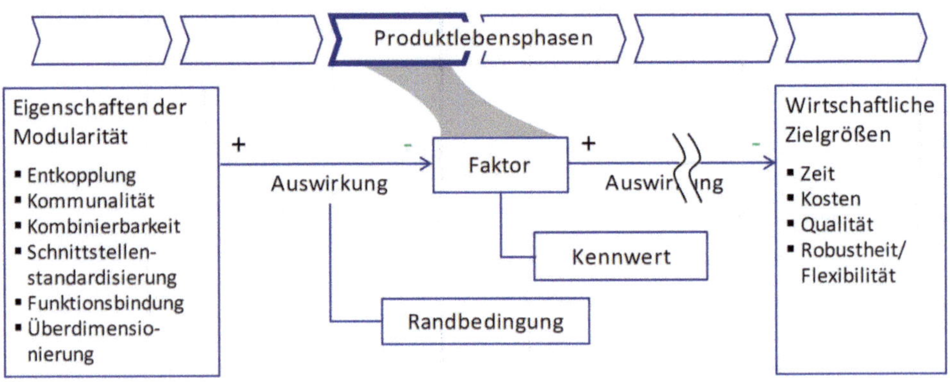

Bild 5-5: Vereinfachte Übersicht der Inhalte im Wirkmodel modularer Produktstrukturen (Auswirkungsketten hier mit nur einem Faktor und ohne Verknüpfungen) nach [Hac17]

Das Wirkmodell nutzt sechs Eigenschaften zur Beschreibung der Modularität von Produktfamilien (siehe Bild 5-5, links). Zu diesen werden Auswirkungen auf verschiedene

Faktoren im Unternehmen gelistet, wie zum Beispiel Losgrößen oder Auslastung (siehe Bild 5-5, Mitte). Ausgehend von einer Steigerung der Eigenschaften wird die Auswirkung in Form einer generellen Änderungstendenz der Faktoren wiedergegeben. Die Auswirkungsketten münden schließlich in den unternehmensrelevanten Zielgrößen Zeit, Kosten, Qualität und Robustheit/Flexibilität (siehe Bild 5-5, rechts). Die meisten Auswirkungen und Faktoren sind dabei einzelnen Produktlebensphasen zugeordnet (siehe Bild 5-5, oben).

Für Fall B „Anwendung in der Produktentwicklung" wird die Verwendung der Daten und Informationen anhand einer Prozessbeschreibung und durch ein Interview mit einem Entwickler verifiziert sowie anschließend als DIP aufbereitet (siehe Bild 5-6). Hier werden pro Arbeitsschritt die Verwendungen, Bearbeitungen oder Erzeugung der Daten und Informationen festgehalten.

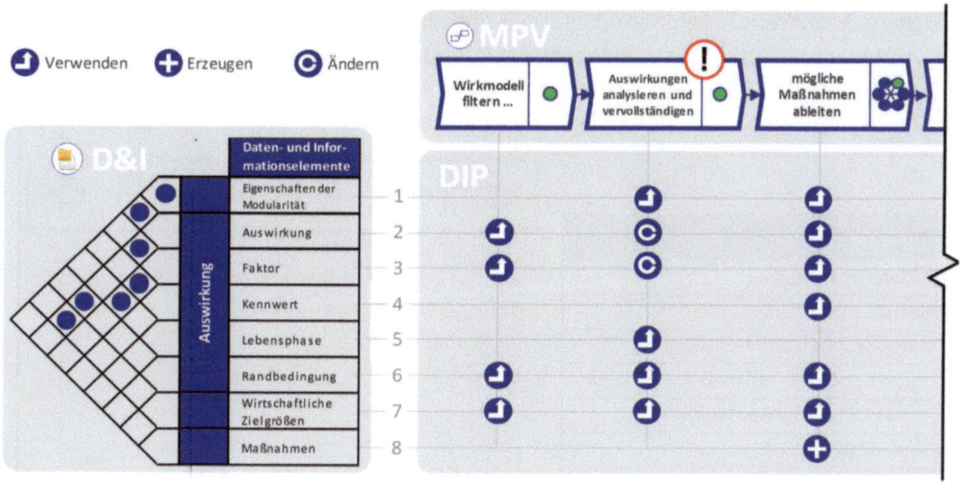

Bild 5-6: Verwendung der Inhaltselemente im DIP für die Anwendung im zu unterstützenden Methodenablauf

Daten und Informationen, deren Verknüpfungen im Methodenablauf betrachtet werden müssen, werden in der Beziehungsmatrix entsprechend eingetragen (siehe Bild 5-6, links). Um die Aufnahme zu vereinfachten, werden die einzelnen „Eigenschaften der Modularität" sowie die einzelnen „wirtschaftlichen Zielgrößen" zunächst nicht einzeln in die Liste der Daten und Informationen übernommen (siehe Bild 5-6). Falls in Phase 4 nötig, werden die „Eigenschaften" und „Zielgrößen" nachträglich aufgeteilt.

Schritt 3 – Aufnahme der beteiligten Personen

Im Fall A wird die Analyse und Bearbeitung des Wirkmodells durch Experten in den Themen der Modularisierung sowie Produktentwicklungsmethoden durchgeführt – vor allem wissenschaftliches Personal und Methodenexperten aus Unternehmen. Durch eine wissenschaftlich und analytisch geprägte Ausbildung sind diese die Arbeit mit umfangreichen Modelldarstellungen gewohnt.

Die Anwender in der Produktentwicklung im Studienfall B sind primär Teamleiter und Projektleiter. Die zu entwickelnden Visualisierungskonzepte müssen für die interdisziplinären Entwicklungsteams gut verständlich sein.

Schritt 4 – Festlegung von Arbeitsschwerpunkten

Bei der Analyse und Bearbeitung des Wirkmodells im Falle A lassen sich die vorgesehenen Indikatoren mangels konkreten Methodenablaufes nur auf die drei in Schritt 1 formulierten Anwendungssituationen anwenden. Hier ist vor allem die Einarbeitung interessierter Personen zu fokussieren, da diese den größten Verbesserungsbedarf aufweist und grundlegend für die anderen Anwendungssituationen ist.

Im Fall B wird durch Anwendung der Indikatoren auf die Arbeitsschritte der Konzeptentwicklung der Schritt der „Auswirkungen analysieren und vervollständigen" als Arbeitsschwerpunkt identifiziert (siehe Bild 5-7). Bei diesem treffen besonders viele der Indikatoren zu. In diesem Arbeitsschritt werden die visualisierten Auswirkungen dem Projektteam vorgestellt, diskutiert und gegebenenfalls ergänzt. Hier ist ein schnelles Verständnis der vergleichsweise komplizierten Inhalte nötig.

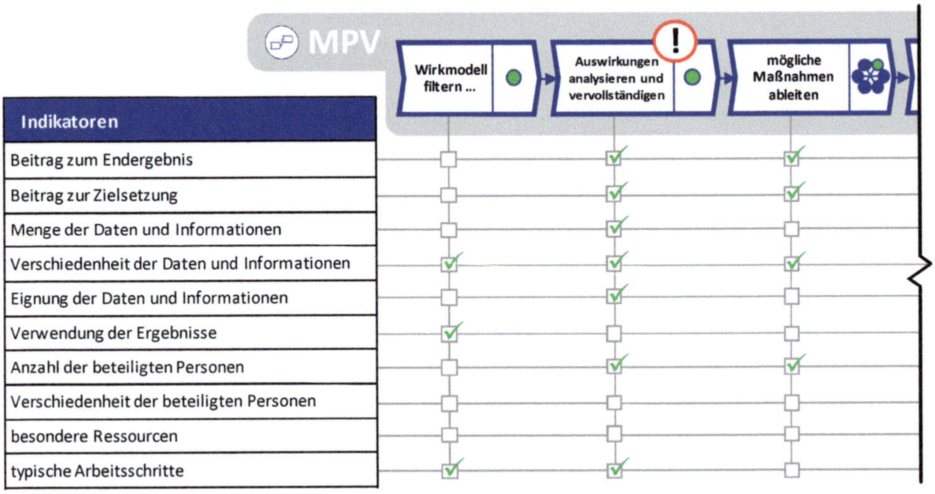

Bild 5-7: Festlegung des Arbeitsschwerpunktes mithilfe der Indikatoren

5.2.3 Phase 3 – Suche nach bestehenden Lösungen

Schritte 1 bis 3 der Phase 3 umfassen die Suche in bestehenden Visualisierungen, im Arbeitsumfeld der beteiligten Personen sowie in Literatur. Aufgrund der ähnlichen Inhalte wird bei der Recherche nicht nach den Studienfällen unterschieden. Für die Recherche nach bestehenden Lösungen werden Fachliteratur, die Sammlung bestehender Visualisierungskonzepte in der Produktentwicklung (siehe Anhang A5) und die bereits bestehenden Visualisierungskonzepte für die Auswirkungen modularer Produktstrukturen genutzt. Allgemeine Wirkzusammenhänge werden in vielen Wissenschaftsbereichen visualisiert, sodass ebenfalls in der Betriebswirtschaftslehre und in allgemeinen Visualisierungssammlungen recherchiert wird.

Die Ergebnisse und Quellen der Recherche sind Bild 5-8 dargestellt. Dabei wurden Visualisierungskonzepte ausgewählt, die ähnliche Inhalte und Beziehungsstrukturen zeigen oder den Zielnutzern für vergleichbare Inhalte bereits bekannt sind.

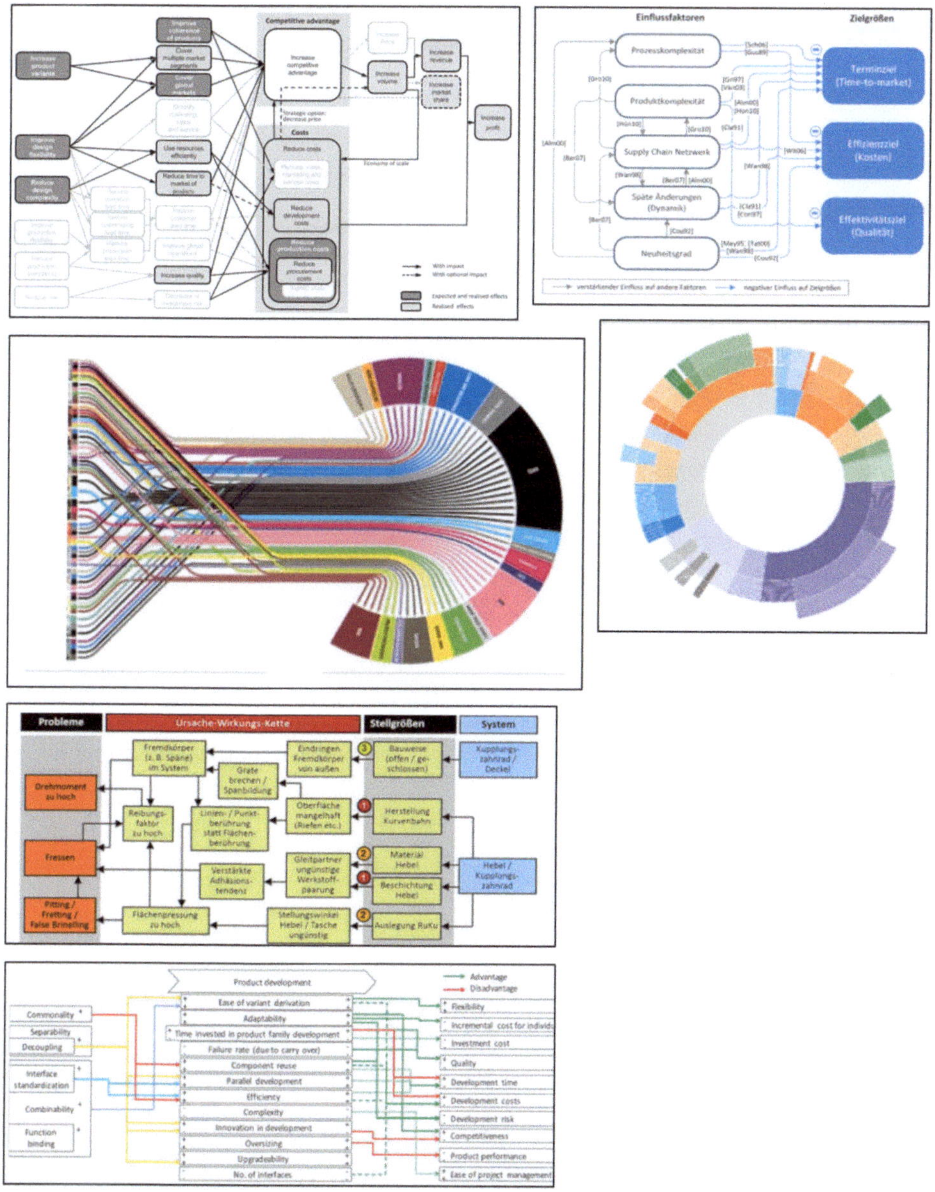

Bild 5-8: Beispiele recherchierter Visualisierungskonzepte (exemplarische Darstellungen) [Ker15], [Gri15], [github.com/d3/d3/wiki/Gallery], [Hac16], [hyperion-interactive.wordpress.com], [Pon15]

Vielversprechende Teillösungen visualisieren Auswirkungen oder Zusammenhänge aus verschiedenen Bereichen und häufig über mehrere Aspekte und Domänen hinweg.

5.2.4 Phase 4 – Entwicklung alternativer Visualisierungskonzepte

Zur Entwicklung der neuen Visualisierungskonzepte werden die Rechercheergebnisse und die Lösungskataloge genutzt. Die Projektteams arbeiten hierzu in Kreativitätsworkshops und Einzelarbeit. Um eine möglichst breite Lösungsmenge zu erreichen, werden die Schritte 4.1 und 4.2 für beide Studienfälle gemeinsam durchgeführt.

5.2.4.1 Schritt 1 – Auswahl von Visualisierungsprinzipien

Die Lösungsmenge an Visualisierungsprinzipien als Ergebnis dieses Schrittes wird anschließend in Schritt 3 für die zu entwickelnden Visualisierungskonzepte beider Fälle verwendet.

Für die Identifikation der zu visualisierenden Abhängigkeiten werden das bestehende Wirkmodell und der zu unterstützende Methodenablauf auf gemeinsam zu betrachtende Inhaltsemente untersucht. Die zu visualisierenden Abhängigkeiten sind oben in Bild 5-6 bereits links in der Beziehungsmatrix gezeigt.

Anschließend werden die „primären Inhaltselemente" identifiziert, die die Auswahl von Visualisierungsprinzipien leiten. Diese sind die „Eigenschaften der Modularität", „Lebensphasen" und „Auswirkungen" auf die wirtschaftlichen Zielgrößen. Dem Betrachter soll die grundlegende Struktur des Wirkmodells als Verknüpfungsgeflecht zwischen den zwei unterschiedlichen Domänen schnell bewusst werden. Die Lebensphasen der einzelnen „Auswirkungen" und „Faktoren" werden gewählt, da viele der beteiligten Personen die Inhalte nach Produktlebensphasen gefiltert betrachten möchten und so eine bessere Übersicht geschaffen werden kann.

Zur Sammlung geeigneter Visualisierungsprinzipien für die primären Inhaltselemente „Eigenschaften der Modularität", „Lebensphasen" und „Auswirkungen" werden der Lösungskatalog der Visualisierungsprinzipien (siehe Anhang A7) und die Rechercheergebnisse aus Phase 3 genutzt.

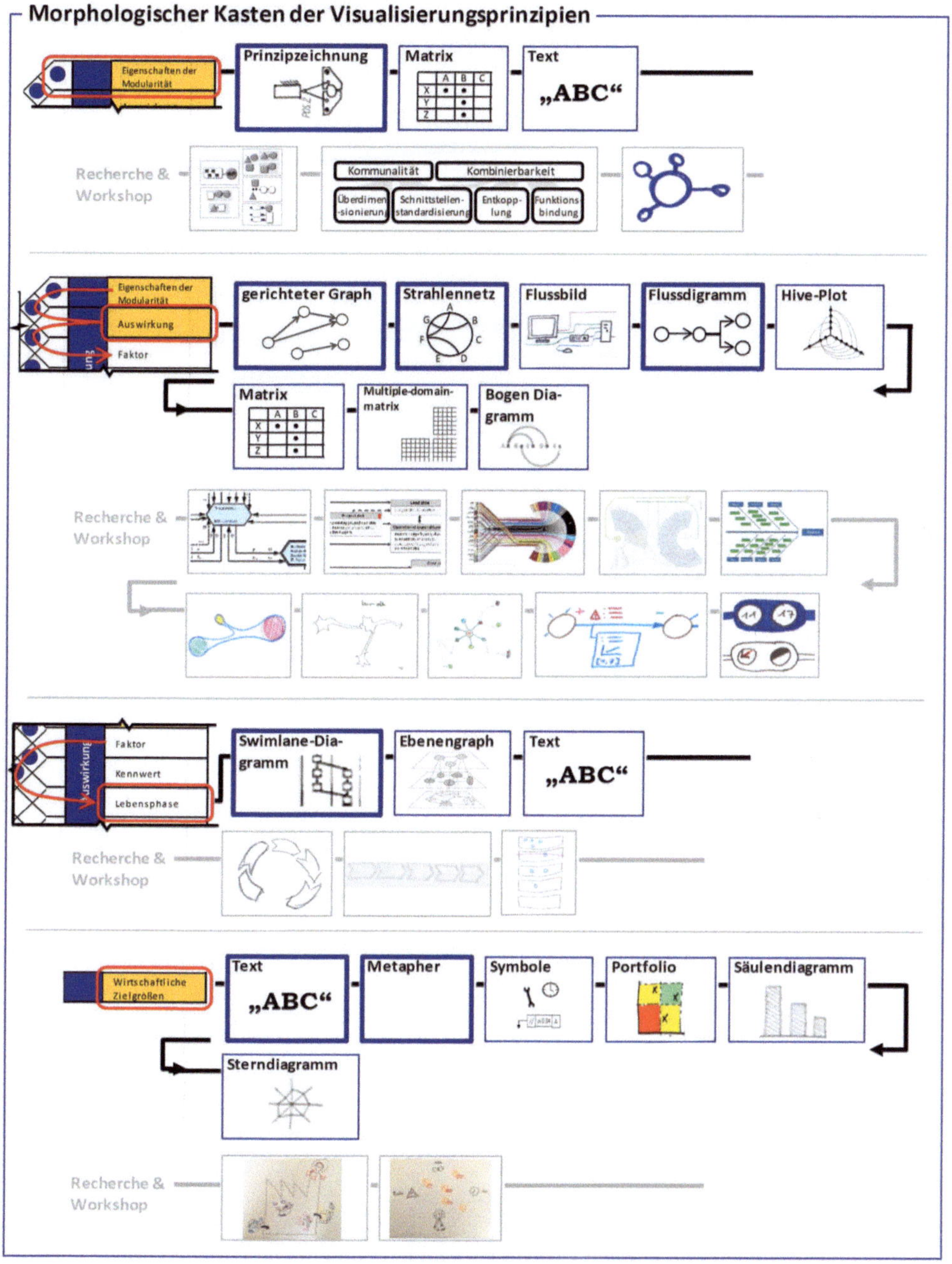

Bild 5-9: Morphologischer Kasten der ausgewählten Visualisierungsprinzipien

Diese werden durch einen Kreativworkshop gemeinsam mit Experten der Informationsvisualisierung, Produktentwicklungsmethodik und Modularisierung erweitert und im morphologischen Kasten der Visualisierungsprinzipien gesammelt (siehe Bild 5-9). Prinzipien, die den Zielnutzern bereits aus ihrer Arbeit bekannt sind, werden im morphologischen Kasten markiert. Für die „Eigenschaften" wird dabei nach „abstrakte Informationen" gefiltert sowie für „Auswirkungen" nach „Beziehungsstruktur", „relational" und „multipel".

5.2.4.2 Schritt 2 – Auswahl von Visualisierungstechniken

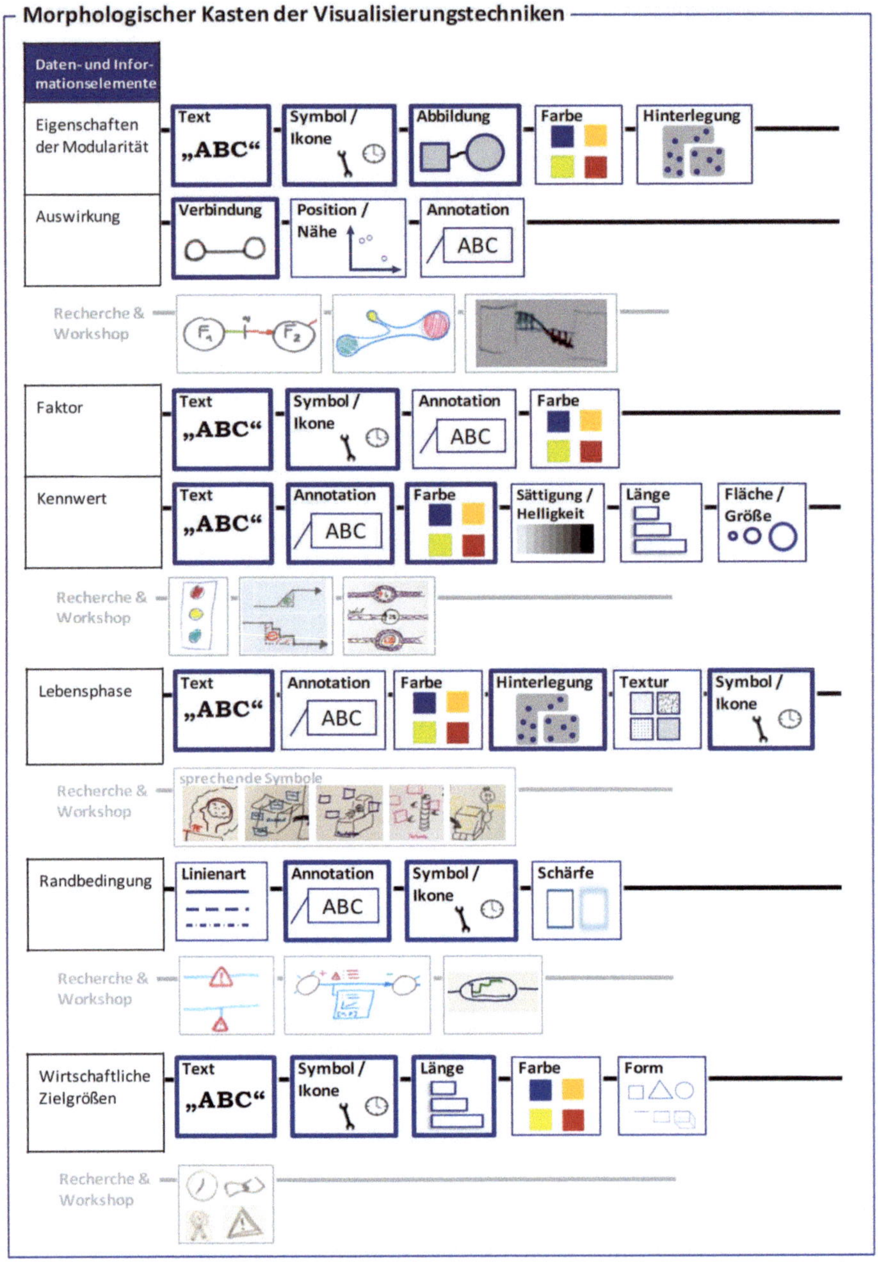

Bild 5-10: Morphologischer Kasten der ausgewählten Visualisierungstechniken

Mithilfe der Rechercheergebnisse und dem Lösungskatalog für Visualisierungstechniken wird in Workshops für alle Inhaltselemente anhand ihrer Datentypen eine Sammlung geeigneter Visualisierungstechniken erstellt. Der morphologische Kasten der Visualisierungstechniken ist in dargestellt. Auch hier wird eine gesammelte Lösungsmenge zusammengestellt in Form eines morphologischen Kastens der Visualisierungstechniken (siehe Bild 5-10).

5.2.4.3 Schritt 3 – Entwicklung alternativer Visualisierungskonzepte

Für die Entwicklung alternativer Visualisierungskonzepte werden folgende Anforderungen festgelegt und berücksichtigt.

Für die verschiedenen Anwendungssituationen im Fall A, der „Übersicht des Wirkmodells“ ist die Betrachtungsdauer sehr unterschiedlich. Bei Präsentation der Inhalte auf wissenschaftlichen Konferenzen ist die Betrachtungsdauer vergleichsweise kurz – bei der Bearbeitung des Wirkmodells im Rahmen von Expertenworkshops dagegen deutlich länger. Im ersten Fall ist eine schnelle Erkennbarkeit der groben Struktur aus „Eigenschaften der Modularität“, „Lebensphasen“, „Auswirkungen“ und „wirtschaftlichen Zielgrößen“ wichtig. Bei längerer Betrachtungsdauer müssen jedoch die konkreten Effektketten mit „Faktoren“, „Kennzahlen“ und „Randbedingungen“ ebenfalls gut erkennbar sein. Für das zu entwickelnde Visualisierungskonzept besteht ein Zielkonflikt aus schneller Verständlichkeit und hoher Informationsmenge. Es werden daher für beide Fälle speziell geeignete Teilkonzepte entwickelt und anschließend kombiniert.

Für Präsentationen auf wissenschaftlichen Konferenzen soll das Visualisierungskonzept als Aushängeschild des Forschungsprojektes nutzbar sein. Dazu sollte die visuelle Gestaltung positive Assoziationen hervorrufen und nicht zu ähnlich zu gewohnten Visualisierungskonzepten der Zielanwender sein. Erstellungs- und Pflegeaufwand können etwas höher ausfallen, wenn dadurch das Visualisierungskonzept besser das Interesse der Betrachter wecken kann.

Im Fall B „Anwendung in der Produktentwicklung“ stehen dem gegenüber die schnelle Erstellbarkeit und gute Lesbarkeit für interdisziplinäre Projektteams und für das Management im Vordergrund. Analytische und eindeutige Teilkonzepte sind hier zu bevorzugen, welche sich an den von den Zielnutzern gewohnten Visualisierungskonzepten orientieren oder diesen zumindest nicht widersprechen. Zur laufenden Bearbeitung im Projektteam sollten die Visualisierungskonzepte einfach zu ändern und ergänzen sein.

Unter diesen unterschiedlichen Prämissen werden alternative Teilkonzepte für übergreifende „Modellstruktur“ sowie für die primären Inhaltselemente „Eigenschaften der Modularität“, „Auswirkungen“ und die Einteilung nach Lebensphasen für beide Studienfälle entwickelt. Diese Teilkonzepte sind in Bild 5-11 in Form von Skizzen dargestellt. Da die viele dieser Teilkonzepte nicht nur für einen der Anwendungsfälle geeignet sind, werden sie nicht nach den Fällen getrennt.

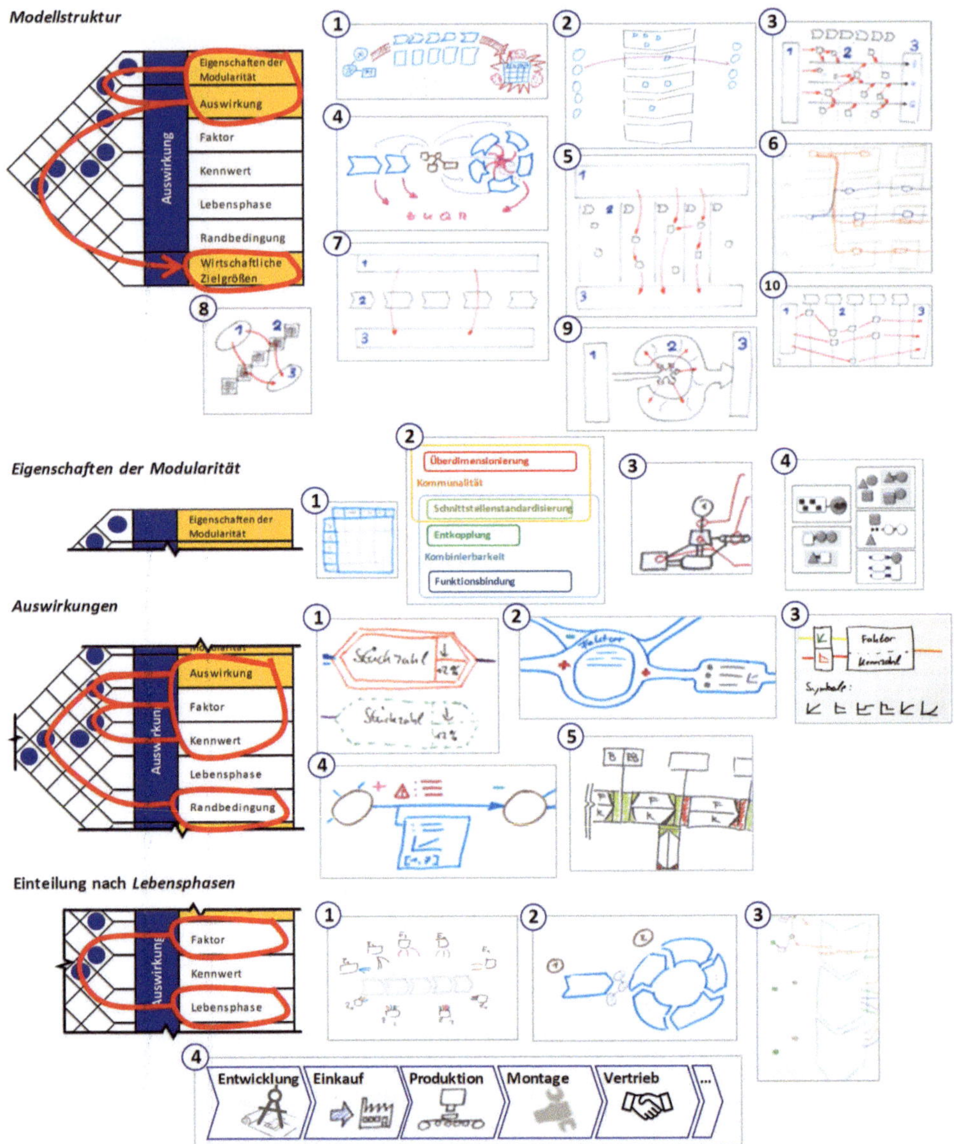

Bild 5-11: Exemplarischer Ausschnitt der Teillösungsskizzen für Anwendungsfälle A und B

Aus den alternativen Teilkonzepten werden für die in Schritt 2.4 als Arbeitsschwerpunkte identifizierten Schritte des zu unterstützenden Methodenablaufes verschiedene Visualisierungskonzepte zusammengestellt.

Für die Visualisierungskonzepte wird für beide Studienfälle eine möglichst schnelle Vermittelbarkeit der Struktur aus „Eigenschaften der Modularität", „Lebensphasen", „Auswirkungen" und „wirtschaftlichen Zielgrößen" verfolgt. Die Konzeptalternativen weisen daher eine schnell ersichtliche Aufteilung in diese Bereiche auf. Die Alternativen unterscheiden sich vor allem in der Anordnung dieser Bereiche und darin, wie die Zugehörigkeit der Faktoren zu den Produktlebensphasen dargestellt ist.

Im Folgenden werden die alternativen Visualisierungskonzepte für die Übersicht des Wirkmodells jeweils anhand eines Ausschnittes aus dem aufgenommenen Beispieldatensatzes des Wirkmodells dargestellt.

Fall A Übersicht des Wirkmodells – Visualisierungskonzept 1

Die grundlegende Struktur des Visualisierungskonzeptes 1 wird durch Dreiteilung der Visualisierungsfläche und jeweils deutlich unterschiedliche Gestaltung erreicht (siehe Bild 5-12). Hierzu wird als grundlegendes Aufbauprinzip für die Modellstruktur die Teillösung 9 aus Bild 5-11 ausgewählt. Dieses bietet sowohl eine klare Trennung der Eigenschaften der Modularität, den Auswirkungsketten pro Lebensphase und den wirtschaftlichen Zielgrößen. Zudem bietet der ungewöhnliche, kreisförmige Aufbau der Lebensphasen eine gute Lenkung der Aufmerksamkeit der Betrachter und eine werbewirksame Gestaltung, um interessierte Personen möglichst gut ansprechen zu können.

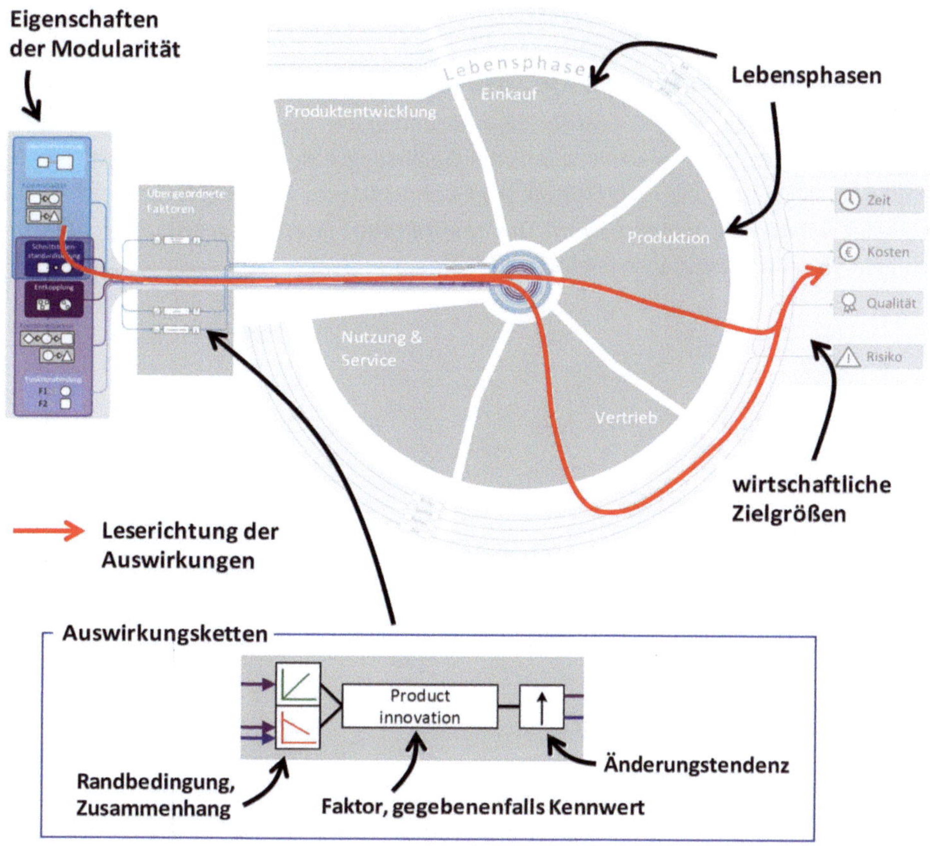

Bild 5-12: Visualisierungskonzept 1 für die Übersicht des Wirkmodells im Fall A (exemplarische Darstellung)

Die „Eigenschaften der Modularität“ werden benannt und im Sinne des Visualisierungsprinzips *Mengendiagramm* farbig hinterlegt. Ihre Verknüpfung untereinander wird so verdeutlicht. Als Visualisierungstechnik werden die Farben als Farbskala so gewählt, dass die hierarchische Beziehung der „Eigenschaften“ untereinander automatisch wahrgenommen werden kann. Die „Auswirkungen“ sind nach „Produktlebensphasen“ kreisförmig angeordnet, wodurch zum Beispiel bei Posterpräsentationen spontan Aufmerksamkeit geweckt wird. Die radiale Anordnung bietet darüber hinaus den Vorteil, dass die sich verzweigenden Auswirkungsketten auf größerem Radius mehr Platz auf der Visualisierungsfläche einnehmen können. Die Reihenfolge der Lebensphasen wird durch leichte Form als Prozesspfeil angedeutet. Die in der Marktphase des Produktes fortlaufenden Lebensphasen sind als kreisförmiger Zyklus dargestellt.

Die Auswirkungen verzweigen sich vom Zentrum nach außen hin, wo die „wirtschaftlichen Zielgrößen“ für jede Lebensphase als umlaufender Ring aufgeführt sind. Diese werden auf der rechten Seite zusammengefasst und durch *Symbole* als Visualisierungstechnik zusätzlich erläutert. Solange inhaltlich zutreffend, werden die *Farben* als Visualisierungstechnik der „Eigenschaften der Modularität“ entlang der Auswirkungsketten beibehalten.

Fall A Übersicht des Wirkmodells – Visualisierungskonzept 2

Für die Konzeptalternative 2 wird für die Anordnung der „Lebensphasen“ das Visualisierungsprinzip *Swimlanes* gewählt wie in der Teillösung 2 in Bild 5-11 skizziert. Die Zielgruppe ist diese Darstellung größtenteils gewohnt, sodass auf diese Weise das Konzept schneller verstanden werden kann. Das resultierende Format erzeugt eine hohe und schmale Visualisierungsfläche (siehe Bild 5-13).

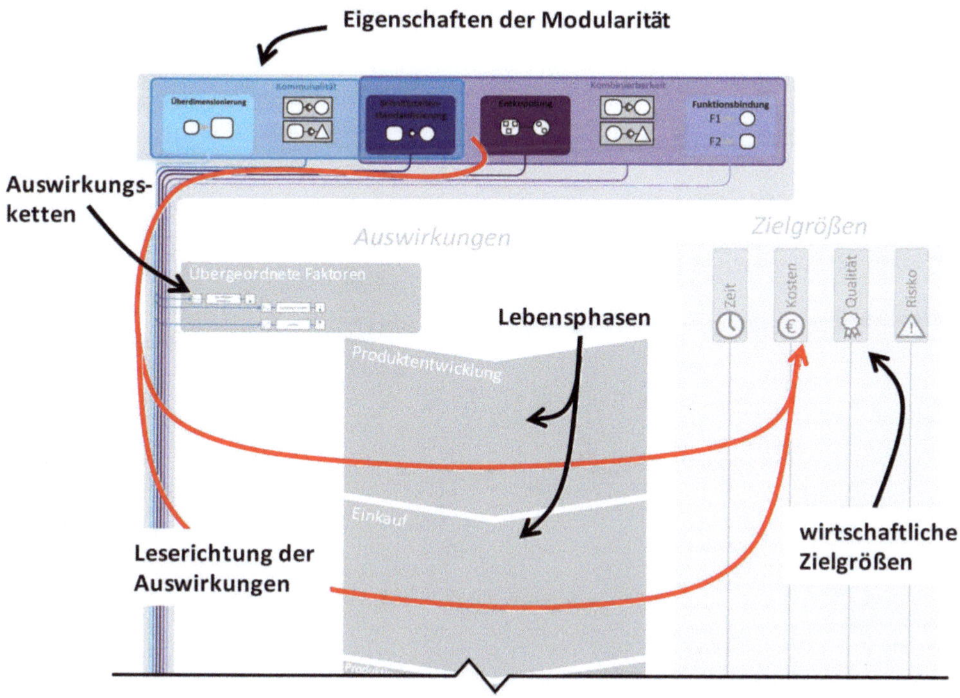

Bild 5-13: Exemplarische Skizze des alternativen Visualisierungskonzeptes 2 im Fall A Übersicht des Wirkmodells

Die waagerecht dargestellten Effektketten der „Auswirkungen" sind gegenüber der Konzeptalternative 1 in gewohnter Leseorientierung von links nach rechts angeordnet. Die detaillierte Darstellung der „Eigenschaften der Modularität" und der „wirtschaftlichen Zielgrößen" wird wie in Konzeptalternative 1 gestaltet.

Fall B Produktentwicklung – Visualisierungskonzept 1

Für die „Anwendung des Wirkmodells in der Produktentwicklung" sind eine gute Übersicht sowie eine einfache Erstell- und Änderbarkeit wesentlich. Daher wird das grundlegende Aufbauprinzip der Konzeptalternativen jeweils an bekannten Visualisierungskonzepten des Entwicklungsteam und -management orientiert. Die Entwicklung modularer Produktstrukturalternativen soll durch die projektspezifische Visualisierung von Ursache-Wirkungs-Ketten unterstützt werden. Wichtig ist dabei die schnelle Erfassung der Auswirkungsketten.

Die Konzeptalternative 1 nutzt das Visualisierungsprinzip des Ishikawa-Diagramms welches als Ursache-Wirkungs-Diagramm in der Industrie weit verbreitet ist (siehe Teillösung 3 in Bild 5-11). Dabei wird das Visualisierungsprinzip für jede der „wirtschaftlichen Zielgrößen" einzeln verwendet mit der Zielgröße als Wirkung (siehe Bild 5-14).

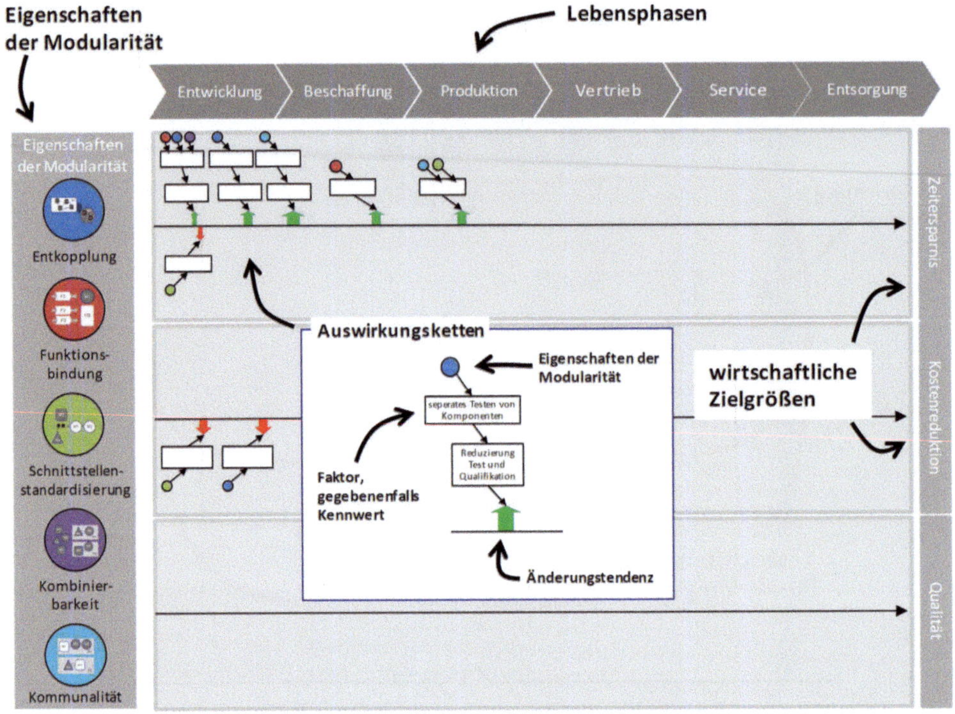

Bild 5-14: Exemplarische Skizze des alternativen Visualisierungskonzeptes 1 mit ausgefülltem Beispiel im Fall B Anwendung in der Produktentwicklung

Die „Eigenschaften der Modularität" werden links übergreifend über alle Diagramme benannt und durch *Blockbilder* als Visualisierungsprinzip erläutert sowie textlich benannt. Eine farbige Kodierung wie in den oben vorgestellten Konzeptalternativen ermöglicht die Zuteilung der Eigenschaften zu den Auswirkungsketten. Die „Auswirkungen und Faktoren" werden darin aufgeteilt nach den „Produktlebensphasen" von links nach rechts eingetragen. Positiv auf die Zielgrößen wirkende Aspekte werden oben im Ishikawa-Diagramm und negativ wirkende unten platziert. Falls bekannt, wird die Auswirkungsintensität durch die *Größe* der Tendenzpfeile als Visualisierungstechnik ausgedrückt. Verkettungen zwischen den Auswirkungen lassen sich durch Pfeile darstellen im Sinne des Visualisierungsprinzip *gerichteter Graph*.

Fall B Produktentwicklung – Visualisierungskonzept 2

Für die Visualisierung von Ursache-Wirkungs-Ketten werden häufig *Matrizen* als Visualisierungsprinzip verwendet, die Objekte aus zwei Domänen verknüpfen. Aufgrund ihrer Bekanntheit und guten Automatisierbarkeit der Erstellung wird das zweite Konzept mithilfe dieses Visualisierungsprinzips aufgebaut, wie in der Teillösung 8 in Bild 5-11 und als Konzept in Bild 5-15 dargestellt.

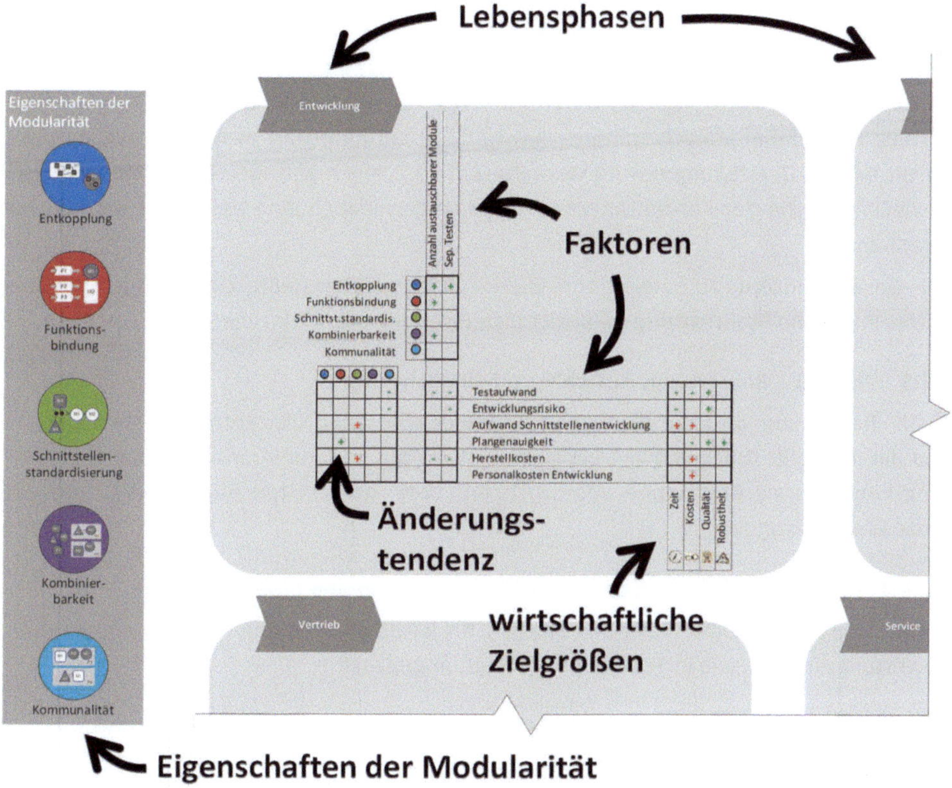

Bild 5-15: Exemplarische Skizze des alternativen Visualisierungskonzeptes 2 im Fall B Anwendung in der Produktentwicklung

Da die „Auswirkungen“ meist über mehrere „Faktoren“ im Sinne von Zwischenstufen beschrieben sind, werden als konkretes Visualisierungsprinzip *Multi-Domain-Matrizen* verwendet. Die Visualisierung der Eigenschaften der Modularität erfolgt wie im vorhergehenden Konzept in Form von *Blockbildern* mit textlicher *Benennung* und *Farbe* als Kodierung. Zur Aufteilung der Produktlebensphasen werden diese mit *Symbolen* angedeutet, durch *Hinterlegung* getrennt und textlich benannt.

5.2.4.4 Schritt 4 – Integration in den zu unterstützenden Methodenablauf

Für die Übersicht des gesamten Wirkmodells im Fall A ist als Entwicklung einer Informationsvisualisierung kein expliziter Arbeitsablauf eingeplant (siehe Kapitel 5.2.2). Die entwickelten Visualisierungskonzepte können jedoch in den drei Anwendungssituationen (kurze Übersicht und Einarbeitung, Suche nach konkreten Zusammenhängen, Korrektur und Ergänzung) eingeplant werden.

Für beide Konzeptalternativen im Fall B Anwendung in der Produktentwicklung wird im Arbeitsschritt „Wirkmodell filtern“ eine rechnerunterstützte Benutzeroberfläche eingeplant, mit der der Projektleiter das Modell der Auswirkungen nach unternehmens- und projektspezifischen Kriterien filtern kann. Anschließend wird die Visualisierung erstellt und im Projektteam analysiert. Fehlende Auswirkungen und Verknüpfungen können im Falle der Konzeptalternative 1 im Netzwerk der Ishikawa-Diagramme und im Falle der Konzeptalternative 2 als Matrixelemente nachgetragen werden. Die Erstellung und Bearbeitung kann dabei je nach späterer Anwendung automatisiert ausgeführt werden, wofür die Matrix-Darstellung der Konzeptalternative 2 einen geringeren Aufwand, die Ishikawa-Diagramme der Konzeptalternative 1 dagegen jedoch eine bessere Lesbarkeit versprechen.

Alle Gesamtkonzeptalternativen adressieren die jeweils gestellte Zielsetzung. Sie bilden unterschiedliche Stoßrichtungen hinsichtlich ihrer visuellen Prinzipien und Techniken.

5.2.5 Phase 5 – Bewertung, Auswahl und Finalisierung

In der Bewertung wird die praktische Anwendbarkeit der Konzeptalternativen getestet und die in Schritt 4 der Phase 4 geplante Zielsetzung und Funktionsweise der Visualisierungskonzepte als Werkzeuge überprüft. Aus den entwickelten Alternativen wird eine finale Lösung ausgewählt.

5.2.5.1 Schritt 1 – Aufstellen der Bewertungskriterien und Indikatoren

Aufbauend auf der Zielsetzung aus Phase 1 für beide Studienfälle wird das vorgegebene Bewertungssystem, wie in Tabelle 5-2 gezeigt, angepasst.

Tabelle 5-2: Bewertungskriterien und Indikatoren für die Erprobung

Kriterium	Indikatoren	
	Fall A – Übersicht des Wirkmodells	**Fall B – Anwendung in der Produktentwicklung**
Verbesserung des Methodenablaufes	Verständnissaufbau für das Wirkmodell (Dauer, Vollständigkeit, Richtigkeit), schnelle Vermittlung der Grobstruktur des Modells, schnelles Auffinden gesuchter Inhalte	Verbesserte Zielerreichung der Produktentwicklungsprozesse durch Nutzung des firmenspezifisch angepassten Modells
	Aussagen zur Attraktivität der Visualisierung / Gesamteindruck	Anzahl und Potential der abgeleiteten Maßnahmen
geringer Arbeitsaufwand	Anwendungsdauer, Einführung in das Visualisierungskonzept maximal 5 Minuten, Aufwand für Pflege und Änderung	Anwendungsaufwand der Visualisierung im Methodenablauf (Bearbeitungszeit)
Verständlichkeit	Dauer zum Verständnis der Grobstruktur und der Auswirkungsketten	Dauer zur Vermittlung der Inhalte an das Projektteam
	Anzahl an Nachfragen und Missverständnissen, Richtigkeit getätigter Aussagen, korrekte Wiedergabe der Modellinhalte	Anzahl an Nachfragen, Missverständnissen und Fehler; Richtigkeit der Aussagen des Projektteams
Erlernbarkeit	korrekte Wiedergabe der Modellinhalte	Wiederholbarkeit nach Pause

5.2.5.2 Schritt 2 – Planung und Durchführung der Erprobung

Für die Schwerpunkte wird je ein Erprobungs- und Bewertungsworkshop mit repräsentativen Personen der Zielgruppen durchgeführt. Diese sind zum einen Bearbeiter des Forschungsprojektes WiMo sowie zum anderen Entwicklungsingenieure aus dem beteiligten Unternehmen. Als Beispieldatensatz wird für Fall A das aktuelle Wirkmodell direkt verwendet und im Fall B ein Produktentwicklungsprojekt, in dem alternative Modularisierungen für Antriebe von Powertools entwickelt werden sollen. Das gesamte Wirkmodell wird zur Vorbereitung nach den alternativen Gesamtkonzepten visualisiert (siehe Bild 5-16, oben). Die Erprobung der Konzepte für die Produktentwicklung wird auf den Arbeitsschritt „Auswirkungen analysieren ..." reduziert. Die Visualisierung wird ebenfalls vorgegeben, statt sie durch den Nutzer erstellen zu lassen (siehe Bild 5-16, unten). Die Befragung der Erprobungsteilnehmer wird entsprechend erweitert, sodass durch die Fokussierung der Erprobung auf die wesentlichen Arbeitsschritte keine Einschränkung der Aussagefähigkeit zu erwarten ist.

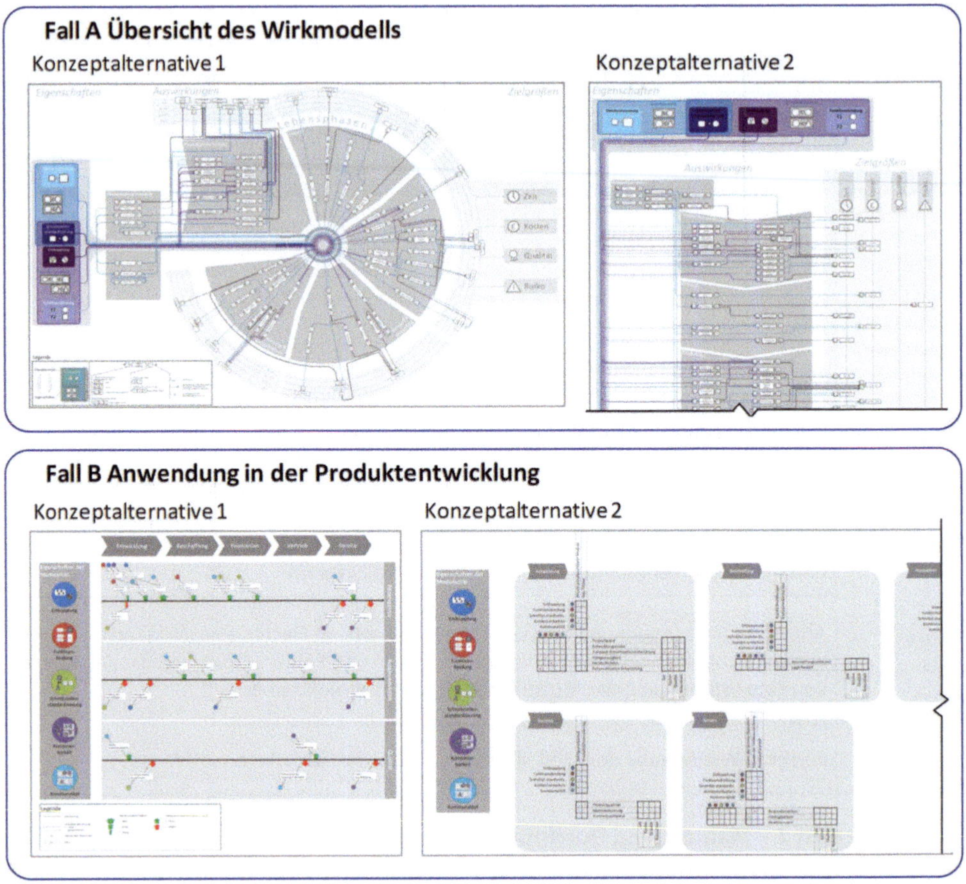

Bild 5-16: Beispielhafte Übersicht der für die Erprobung der Konzeptalternativen erstellten Visualisierungen in den Studienfällen A und B (exemplarische Darstellungen)

5.2.5.3 Schritt 3 – Bewertung, Auswahl und Ableitung von Verbesserungsmaßnahmen

Die Bewertung der Kriterien auf Basis der Erprobungsergebnisse und Aussagen der beteiligten Personen ist in Tabelle 5-3 zusammengefasst.

Tabelle 5-3: Bewertungsergebnis der alternativen Gesamtkonzepte (Teilkriterien und Indikatoren siehe Tabelle 5-2)

	Fall A Übersicht des Wirkmodells					Fall B Anwendung in der Produktentwicklung				
		Konzeptalternative 1		Konzeptalternative 2			Konzeptalternative 1		Konzeptalternative 2	
Kriterien	Gewichtung [0-1]	Bewertung [0-5]*	gew. Bewertung	Bewertung [0-5]*	gew. Bewertung	Gewichtung [0-1]	Bewertung [0-5]*	gew. Bewertung	Bewertung [0-5]*	gew. Bewertung
Verbesserung des Arbeitsablaufes	0,3	5	1,5	4	1,2	0,3	5	1,5	3	0,9
geringer (zusätzlicher) Arbeitsaufwand	0,2	4	0,8	4	0,8	0,25	4	1,0	4,5	1,1
Verständlichkeit	0,3	4	1,2	4	1,2	0,25	5	1,3	4	1,0
Erlernbarkeit	0,2	3	0,6	3	0,6	0,2	4	0,8	4	0,8
* bewertet bezüglich IST-Stand ≙ 3; Wert 0 ist Ausschlussbewertung	normiertes Ergebnis [0-5]		4,1		3,8	normiertes Ergebnis [0-5]		4,6		3,8

Fall A „Übersicht des Wirkmodells“

Die Bewertung der alternativen Gesamtkonzepte unterscheidet sich darin, wie gut die verschiedenen Arbeitssituationen im Fall A durch die Personen in der Erprobung mit der Visualisierung ausgeführt werden können. Hier sind die Bearbeitungszeiten mit dem Visualisierungskonzept 1 geringer. Zurückzuführen ist dies vor allem auf die Darstellung der Produktlebensphasen in den Visualisierungskonzepten als kreisförmiger Zyklus in der Konzeptalternative 1 oder als linearer Ablauf in der Konzeptalternative 2. Ersterer erhöht nach Aussagen der Teilnehmer die Motivation bei der Arbeit mit der Visualisierung.

Die Vermittlung des Wirkmodells und dessen Modellierungsprinzips sind bei beiden Konzeptalternativen sehr gut möglich. In der Erprobung zeigte sich, dass bei beiden Konzepten das Wirkmodell auch ohne zusätzliche Hilfestellung korrekt, vollständig und in ausreichender Zeit verstanden werden konnte. In der nachträglichen Befragung stellte sich die Auswahl der Farbpalette zur Kodierung der Eigenschaften als verbesserungsfähig heraus, da diese ungewollt mit einem Regenbogen assoziiert wurde. Die Farben werden daher in beiden Konzeptalternativen an Farbpaletten angenähert, wie sie auch in anderen Dokumenten des Projektes genutzt werden.

Die vertikale Anordnung der Produktlebensphasen in Konzeptalternative 2 widersprach in der nachträglichen Befragung der Teilnehmer teilweise deren Erwartung einer horizontalen Anordnung von aufeinander folgenden Prozessabschnitten. Eine solche Anordnung verursacht allerdings eine sehr breite Visualisierungsfläche.

Insgesamt erfüllen beide Konzeptalternativen zufriedenstellend die gestellten Anforderungen. Die Konzeptalternative 1 wird final ausgewählt, da diese besser der Anwendungssituation „Übersicht“ gerecht wird und ein besonderes Aushängeschild der Projektergebnisse bieten kann.

Fall B „Anwendung in der Produktentwicklung“

Bei der „Anwendung in der Produktentwicklung“ erfüllen beide Konzeptalternativen zufriedenstellend die gestellten Anforderungen.

Konzeptalternative 2 schneidet dagegen in der Bewertung schlechter ab, da unter anderem viele Zellen der Matrizen ungenutzt bleiben und somit einen Großteil der Visualisierungsfläche blockieren. Darüber hinaus sind die Auswirkungsketten und deren Verknüpfungen weniger intuitiv dargestellt und damit langsamer zu erkennen als im Falle der Ishikawa-Diagramme der Konzeptalternative 1, sodass dieses final ausgewählt wird.

5.2.5.4 Schritt 4 – Finalisierung

Die ausgewählten Visualisierungskonzepte werden mithilfe der für die Erprobung genutzten Inhalte in Form von Vorlagen und Beispielen dokumentiert und an die Nutzer übergeben. Im Fall A wird die finale Visualisierung nach dem aktuellen Stand des Auswirkungsmodelles erstellt und im Projekt verwendet. Für den Fall B zeigt Bild 5-17 beispielsweise die finale MPV ergänzt um Storyboards zur konkreten Verwendung des neuen Visualisierungskonzeptes im Methodenablauf.

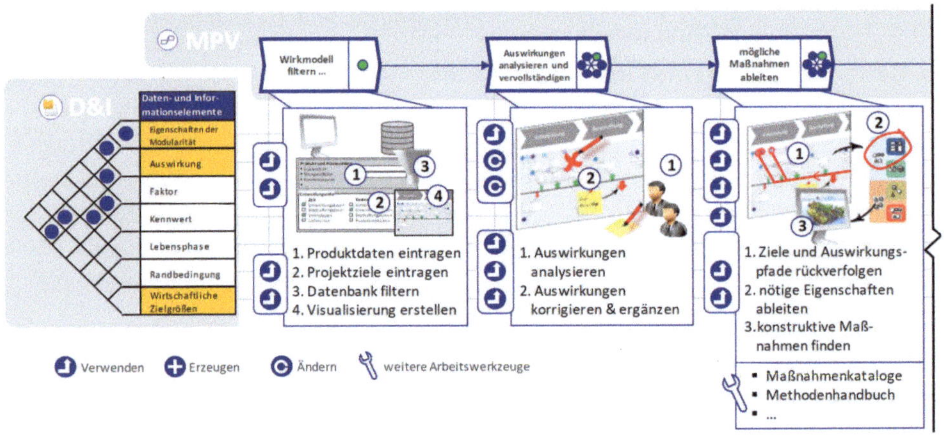

Bild 5-17: Methodenablauf des Falls B als MPV ergänzt um Storyboards zur Verwendung des neuen Visualisierungskonzeptes (exemplarische Darstellung)

5.3 Auswertung der Validierung

Zur Auswertung werden die in Kapitel 5.1.1 aufgestellten Prüfungshypothesen (PH) anhand der Studienfälle überprüft. Dabei werden die erstellten Dokumente und Visualisierungen verwendet. Aussagen der beteiligten Personen während der Erprobung sowie allgemeine Mitschriften werden mit berücksichtigt.

Grundsätzlich sind im Studienfall alle Schritte der Methode zur Entwicklung von Visualisierungskonzepten sinngemäß und in vorgesehener Reihenfolge durchlaufen. Die beteiligten Personen entsprechen der Zielgruppe der Methode.

PH 1 – Mithilfe der Methode können Visualisierungskonzepte als hilfreiche Arbeitswerkzeuge für einen gegebenen Methodenablauf in der Produktentwicklung entwickelt werden.

Die neu entwickelten Visualisierungskonzepte sind durch sinngemäßes und ausschließliches Vorgehen nach der Methode erarbeitet. Es sind keine weiteren Schritte eingefügt oder nicht vorgesehene Hilfsmittel verwendet worden. Die Zwischenergebnisse wurden in den Folgeschritten nahezu vollständig verwendet und lieferten (bis auf die verworfenen Lösungsalternativen) einen wesentlichen Beitrag zum Endergebnis.

Gleichzeitig verbessern die entwickelten Visualisierungskonzepte deutlich die Zielerreichung in den beiden Studienfällen. In der Erprobung der Konzepte beschleunigten diese die Durchführung der jeweiligen Aufgaben und verbesserten das Verständnis der Teilnehmer sowie die Ergebnisse.

Es bestehen keine Indikatoren, die die Anwendbarkeit der Methode auf andere Fälle einschränken.

PH 2 – Die wesentlichen Einflussfaktoren können ausreichend genau aufgenommen werden.

Das Vorgehen sieht die methodische Aufnahme der wesentlichen Einflussfaktoren für die Gestaltung eines Visualisierungskonzeptes als hilfreiches Arbeitswerkzeug vor. Dabei sind die in der Literatur gängigen und in einer Studie bestätigten Faktoren berücksichtigt (siehe Kapitel 2.3 und 3).

Bei der Aufnahme der Einflussfaktoren in den Anwendungsfällen wurde das Vorgehen der Methode vollständig genutzt. Es traten keine Auffälligkeiten oder Missverständnisse auf. Die Zwischenergebnisse sind ausnahmslos in den Folgeschritten verwendet worden und tragen zur Gestaltung der finalen Visualisierungskonzepte deutlich bei. Die Hypothese kann in den Erprobungsfällen bestätigt werden.

PH 3 – Die aufgenommenen Einflussfaktoren können hilfreich in der Entwicklung eines Visualisierungskonzeptes angewendet werden.

Die umfangreiche Verwendung aller Zwischenergebnisse in den Folgeschritten und deren Beitrag zum Endergebnis indiziert eine Bestätigung der Hypothese. Einzelne Effekte, wie zum Beispiel durch die Beachtung der visuellen Konventionen der Zielnutzer bei der Gestaltung der Visualisierungskonzepte, konnten in der Erprobung direkt beobachtet werden. Dabei bestanden jedoch leichte Unsicherheiten in der Anwendung der visuellen Konventionen der Zielnutzer zur konkreten Gestaltung der Visualisierungskonzepte. Die Hypothese kann damit bis auf eine geringfügige Einschränkung bestätigt werden.

PH 4 – Die generischen Lösungsmöglichkeiten der Visualisierung sind für die Entwicklung eines Visualisierungskonzeptes verfügbar.

Die Lösungskataloge für generische Visualisierungsprinzipien und -techniken (siehe Anhang A7 und A8) basieren auf der in Kapitel 2.3.1 vorgestellten Literatur. Sie wurden anhand einer Analyse von 41 in der Produktentwicklung verwendeten Visualisierungskonzepten auf ihre Vollständigkeit und Anwendbarkeit geprüft (siehe Anhang A6).

Die Anwendung der Lösungskataloge für Visualisierungsprinzipien und -techniken in Phase 4 (siehe 5.2.4) ist durch die durchgeführten Kreativworkshops sowie durch die erstellten morphologischen Kästen (siehe Bild 5-9 und Bild 5-10) nachgewiesen. Große Teile der finalen Visualisierungskonzepte beruhen auf Teillösungen aus diesen Katalogen. Daneben sind einige Teillösungen aus der Recherche in Phase 3 vertreten.

Durch die Vollständigkeit der Lösungskataloge, ihre generelle Anwendbarkeit auf Visualisierungsaufgaben sowie ihre nachgewiesene Nutzung in den Anwendungsfällen wird die Hypothese bestätigt.

PH 5 – Die Methode ist in den verschiedenen Ausgangssituationen der Entwicklung von methodischen Unterstützungen der Produktentwicklung anwendbar.

Um eine allgemeine Anwendbarkeit der Methode im Rahmen einer Entwicklung von Unterstützungen für die Produktentwicklung sicher zu stellen, ist das Vorgehen anhand der DRM ausgerichtet und in diese als Teilvorgehen integrierbar (siehe Kapitel 2.2.2). Die Methode umfasst mit unterschiedlichen Arbeitsabläufen für die Entwicklung eines Visualisierungskonzeptes als Arbeitswerkzeug oder als Informationsvisualisierung sowie für die Verbesserung eines bestehenden Visualisierungskonzeptes die wesentlichen Aufgaben (siehe Kapitel 4.9). Des Weiteren sind die typischen Einsatzfelder von Visualisierungen in der Produktentwicklung im Vorgehen berücksichtigt (siehe Kapitel 2.2.1).

Die zur Validierung herangezogenen Anwendungsfälle umfassen mit der Entwicklung einer Informationsvisualisierung und einem Visualisierungskonzept als Werkzeug in der Produktentwicklung zwei der drei adressierten Anwendungssituationen. Zusammen mit der Bestätigung der Prüfungshypothese 1 kann daher in diesen zwei Anwendungssituationen diese Hypothese ebenfalls bestätigt werden. Der offen verbleibende Anwendungsfall ist die Verbesserung eines bestehenden Visualisierungskonzeptes bei Problemen in dessen Anwendung. Anhand der zur Validierung herangezogenen Anwendungsfälle kann die PH 5 hier nicht final bestätigt werden. Da dieser Fall methodisch geringere Anforderungen an die einzelnen Arbeitsschritte stellt, liegt eine gute Anwendbarkeit der Methode aber auch hier nahe.

PH 6 – Die Vorgehensweise ist leicht nachvollziehbar und unterstützt den Anwender in der selbstständigen Durchführung.

Die Methode ist durchgängig beschrieben und erläutert sowie mit Beispielen dokumentiert (siehe Kapitel 4). Sie wurde in den Studienfällen erfolgreich angewendet. Die durchführenden Personen konnten die Vorgehensweise der Methode in ausreichend kurzer Zeit nachvollziehen und selbstständig korrekt umsetzen. Die Einarbeitung der Personen in die Methode erfolgte selbstständig durch die Beschreibung in Kapitel 4 sowie einer Zusammenfassung [Geb16a]. In der Anwendung selbst traten keine Verständnisschwierigkeiten zum Vorgehen auf.

Zusammenfassend kann festgehalten werden, dass die Anwendbarkeit gewährleistet ist. Die Methode unterstützt die Ausgangssituationen der Anwender und leitet durch das Vorgehen. Die relevanten Einflussfaktoren auf die Gestaltung eines Visualisierungskonzeptes als effektives Werkzeug in der Produktentwicklung können mithilfe der Methode vollständig aufgenommen werden und in die Gestaltung des Visualisierungskonzeptes integriert werden. Die Methode zeigt die Möglichkeiten der visuellen Darstellung von

Daten und Informationen in der Produktentwicklung auf und macht diese für die Entwicklung von Visualisierungskonzepten als Werkzeuge der Produktentwicklung anwendbar.

6 Zusammenfassung und Ausblick

Aufgrund immer komplizierterer Produkte und kürzerer Entwicklungszyklen wird die Arbeit der Produktentwicklung interdisziplinärer und anspruchsvoller. Die Möglichkeiten der EDV steigen kontinuierlich und ermöglichen die Handhabung einer immer größeren Vielfalt an Produkten, Komponenten und Prozessen. Die Grenze liegt dadurch umso mehr in den kognitiven Fähigkeiten der Produktentwickler und in der Fähigkeit, interdisziplinär an komplexen Aufgabenstellungen zusammen zu arbeiten. Visualisierungen bieten hier als Arbeitswerkzeuge in der Produktentwicklung besondere Alleinstellungsmerkmale gegenüber anderen Werkzeugen. Sie sind hervorragend geeignet, die Arbeitsinhalte der Produktentwicklung darzustellen und bearbeitbar zu machen. In der Teamarbeit fokussieren sie die Aufmerksamkeit der Betrachter. Sachverhalte können interdisziplinär besser vermittelt werden und in der Lösungsfindung lässt sich die Kreativität deutlich fördern. Andere Wege der Informationsvermittlung sind häufig nicht geeignet, in der Produktentwicklung die komplizierten Informationen mit ihrer hohen Menge zu erfassen und zu bearbeiten.

Viele Potentiale der verwendeten Visualisierungen werden allerdings in der Praxis nicht genutzt. In vielen Arbeitssituationen werden zudem keine Visualisierungen verwendet, in denen diese jedoch eine deutlich bessere Zielerreichung hätten ermöglichen können. Dabei bestimmt das Visualisierungskonzept – also die grafische Gestaltung der Daten und Informationsdarstellung – wesentlich, wie gut die dargestellten Arbeitsinhalte verstanden und bearbeitet werden können. Entwickelt werden diese Visualisierungskonzepte als Arbeitswerkzeuge für die Produktentwicklung zum Großteil durch die Entwickler selbst, durch Berater oder die Methodenforschung. Diese Personen besitzen jedoch meist keine besonderen Kenntnisse in der Gestaltung von Visualisierungen als Arbeitswerkzeuge.

Forschungsgebiete, wie die Informationsvisualisierung, Kognitionswissenschaften oder die Mediengestaltung, bieten hier gutes Grundlagen- und Anwendungswissen. Dieses lässt sich jedoch bei der Entwicklung von Visualisierungen für die Produktentwicklung nur sehr bedingt einsetzen. Sie sind über viele Fachgebiete verteilt und die Modelle, Begriffe und inhaltliche Ausrichtung sind zu unterschiedlich. Direkt zur Entwicklung von Visualisierungskonzepten als Arbeitswerkzeuge in der Produktentwicklung besteht nahezu keine Literatur. Die wenigen Ansätze fokussieren eng bestimmte Anwendungsbereiche, Medien oder Arbeitsinhalte.

N. Gebhardt, *Methodische Entwicklung von Visualisierungen als Arbeitswerkzeuge in der Produktentwicklung*, Produktentwicklung und Konstruktionstechnik 18, https://doi.org/10.1007/978-3-662-61622-2_6

Ziel dieser Arbeit ist es daher, eine Methode zur Entwicklung von Visualisierungen als Arbeitswerkzeuge in der Produktentwicklung bereitzustellen. Diese soll den Anwender systematisch in der Aufnahme der Ausgangssituation, Erarbeitung einer Zielsetzung und in der Entwicklung von Visualisierungskonzepten sowie deren Erprobung und Bewertung unterstützen.

Durch eine Literaturrecherche werden die wesentlichen Grundlagen sowie der Stand der Technik gesammelt, die für die Problemstellung relevant sind. Dies sind die Ziele, Prozesse und Methoden der Produktentwicklung, Visualisierungen als Arbeitswerkzeuge in der Produktentwicklung sowie die Grundlagen der Visualisierung und visuellen Wahrnehmung. Da in der Literatur eine große Begriffsvielfalt zur Systematik von Visualisierungskonzepten besteht, werden mehrere Begriffsdefinitionen vorgenommen. Bestehende Methoden zur Entwicklung von Arbeitswerkzeugen für die Produktentwicklung werden vorgestellt und hinsichtlich ihres Beitrages zur Problemstellung bewertet.

Da die Problemstellung bislang in der Literatur nicht ausreichend untersucht ist, werden zwei Dokumenten- und Interview-Studien vorgestellt, die mit neun Industrieunternehmen und 11 Wissenschaftlern durchgeführt wurden. Diese untersuchen die Nutzung von Visualisierungen als Werkzeuge in der Produktentwicklung und die Entwicklung von Visualisierungskonzepten in der Methodenforschung.

Auf Basis der Literaturrecherche und der Ergebnisse der Studien werden konkrete Anforderungen hinsichtlich der Gestaltung und Nutzung von Visualisierungen als Arbeitswerkzeuge abgeleitet.

Die neu entwickelte Methode besteht aus fünf Phasen mit jeweils mehreren Teilschritten. Diese werden durch Vorlagen, Auswahllisten und Lösungskatalogen unterstützt. Das Vorgehen lässt sich in die allgemeinen Methoden zur Entwicklung von Produktentwicklungsmethoden einbetten, wie anhand der Design Research Methodology (DRM) nach [Ble09] gezeigt. Zudem werden mehrere Ablaufalternativen in Abhängigkeit der Ausgangssituation und Zielsetzung gegeben.

Im Ablauf der Methode wird zunächst die Zielsetzung in Phase 1 geklärt und überprüft. Die Phase 2 analysiert die Zielanwendung mit dem zu unterstützendem Methodenablauf, den darin bearbeiteten Daten und Informationen sowie den beteiligten Rollen. Dabei hilft der Daten- und Informationsplan (DIP) als neu entwickelte Visualisierung. In diesem können der zu unterstützende Methodenablauf mit allen relevanten Einflussfaktoren auf die Gestaltung von Visualisierungskonzepten als Arbeitswerkzeuge übersichtlich dargestellt werden. In Phase 3 werden bestehende Lösungen recherchiert. Die eigentliche Entwicklung der Visualisierungskonzepte findet in Phase 4 statt. Alternative Visualisierungsprinzipien und Visualisierungstechniken lassen sich anhand der recherchierten Lösungen und anhand zwei generischer Lösungskataloge durch systematische Kombination erstellen. Der DIP hilft hier erneut, kritische Aufgaben zu identifizieren, alternative Visualisierungskonzepte zu entwickeln und diese in den zu unterstützenden Methodenablauf anhand einer Storyboard-Technik direkt zu integrieren. Alternative Visualisierungskonzepte lassen sich so zügig entwickeln und überprüfen. Abschließend werden die Alternativen in Phase 5 getestet, bewertet, ausgewählt, gegebenenfalls verbessert und finalisiert. Durch die Aufbereitung in Form von Anleitungen, Beispielen und Vorlagen lässt sich das Ergebnis direkt in anwendbare Methoden- und Prozessbeschreibungen übernehmen.

Die Methode wird anhand eines Visualisierungskonzeptes vorgestellt, das im Rahmen des KMU-innovativ Projektes ModSupport für einen mittelständischen Hersteller von Aufzügen entwickelt wurde [Geb16b]. Mit Hilfe der neuen Visualisierung können Module für Aufzüge hinsichtlich möglicher Kostensenkungspotentiale in der Fertigung überprüft werden. Die Visualisierung wurde im Unternehmen erfolgreich eingeführt und wird dort in der Baukastenentwicklung weiter verwendet.

Zur Validierung der entwickelten Methode werden anhand der Ziele und Anforderungen sechs Prüfungshypothesen zur Effektivität und Anwendbarkeit der Methode abgeleitet. Diese werden überprüft anhand zweier Studienfälle – der Erster Fall im Rahmen des durch die Deutsche Forschungsgemeinschaft geförderten Forschungsprojekt „*WiMo - Entwicklung eines Wirkmodells der Eigenschaften modularer Produktstrukturen zur Bewertung methodischer Ansätze*“[1] sowie ein zweiter Fall in Kooperation mit einem Hersteller von Powertools. In den Validierungsfällen werden Visualisierungskonzepte entwickelt, mit denen die Auswirkungen der Modularisierung von Produktfamilien auf die Unternehmensziele hergeleitet und in Produktentwicklungsprojekten gewinnbringend angewendet werden können.

Die entwickelten Visualisierungskonzepte verbessern deutlich die Zielerreichung in den Einzelfällen. Es bestehen keine Indikatoren, die die Anwendbarkeit der Methode auf andere Fälle einschränken. Eine durchgängige und umfangreiche Verwendung aller Zwischenergebnisse und deren Beitrag zum Endergebnis unterstreichen die Anwendbarkeit der Methode. In Verbindung mit Aussagen der Anwender können eine gute Nachvollziehbarkeit und selbstständige Anwendbarkeit nachgewiesen werden. Der zusätzlich notwendige Arbeitsaufwand in der Anwendung der Methode ist unkritisch im Vergleich zum Mehrwert in der Anwendung der neuen Visualisierungen. Die entwickelten Visualisierungen aller drei Fälle sind mit positiver Bewertung durch die Anwender in die Nutzung übernommen worden.

Zusammenfassend kann festgehalten werden, dass die Anwendbarkeit gut gewährleistet ist. Die Methode zeigt die Möglichkeiten der visuellen Darstellung von Daten und Informationen in der Produktentwicklung auf und macht diese für die Entwicklung von Visualisierungskonzepten als Werkzeuge der Produktentwicklung anwendbar.

Ausblick

Die Untersuchung der Anwendung von Visualisierungen als Werkzeuge in der Produktentwicklung ist weiterhin eine wissenschaftlich interessante Fragestellung. Die gewinnbringende Anwendung vieler Visualisierungen in der Produktentwicklung stellt sich teil-

[1] Deutsche Forschungsgemeinschaft (DFG) - Projektnummer 276691857, gefördert im Rahmen der Sachbeihilfe

weise erst nach längerer Zeit ein und unterliegt vieler Einfluss- und Störfaktoren. Neue Datenerhebungstechniken, wie zum Beispiel Eye-Tracking, erweitern die Möglichkeiten zur Untersuchung der Nutzung von Visualisierungen [Gle12]. Zur Anwendung des Eye-Trackings wird im Rahmen dieser Arbeit ein erster Ansatz vorgestellt – die Untersuchung der konkreten Nutzung von Visualisierungen in der Produktentwicklung mit dieser Technologie steht jedoch weiterhin aus und bietet großes Potential.

Des Weiteren bietet diese Arbeit eine sehr gute Grundlage zur Verbesserung und Harmonisierung der in der Produktentwicklung eingesetzten Visualisierungskonzepte. Die Entwicklung von Visualisierungskonzepten neuer Methoden und die Verbesserung von bestehenden Methoden kann sehr gut unterstütz und beschleunigt werden. Dies gilt vor allem für methodische Ansätze, die intensiv auf die Anwendung von Visualisierungen als Arbeitswerkzeuge ausgerichtet sind, wie der *Integrierte PKT-Ansatz zur Entwicklung modularer Produktfamilien*.

Neue Ansätze, wie beispielsweise im Model-based-System-Engineering, bauen auf den wachsenden Möglichkeiten der Datenerfassung, -speicherung und -verarbeitung auf. Sie stellen damit immer größere Ansprüche an die Aufnahme von Informationen durch die Entwickler. Die vorgestellte Methode kann bei einer Verbesserung der visuellen Oberflächen der Modelle sehr gut unterstützen, da bestehende Ansätze zur Gestaltung grafischer Benutzeroberflächen nicht die speziellen Belange der Anwender in der Produktentwicklung berücksichtigen. Darüber hinaus kann das Verfahren auf andere Darstellungssysteme, wie Virtual oder Augmented Reality, erweitert werden. Die grundlegende Systematik der Methode bietet hierfür ein geeignetes Rahmenwerk.

Anhang

N. Gebhardt, *Methodische Entwicklung von Visualisierungen als Arbeitswerkzeuge in der Produktentwicklung*, Produktentwicklung und Konstruktionstechnik 18, https://doi.org/10.1007/978-3-662-61622-2

A1 Materialien zur Studie „Nutzung von Visualisierungen in der Produktentwicklung“

Tabelle A-1 – Übersicht der befragten Unternehmen (siehe Kapitel 3.1, eine ausführliche Dokumentation der Studie ist in [Geb14] und [Bec14] zu finden)

Branche	Anzahl Mitarbeiter	Befragte Personen
Prüfanlagen	ca. 4.000	▪ Leitung Konstruktion
Schiffsausrüstung	ca. 600	▪ Leitung Forschung und Entwicklung
Wälzlager und -führungen	> 10.000	▪ Leitung Konstruktion
Abfüllmaschinen	ca. 5.000	▪ Leitung Entwicklung ▪ Leitung Automatisierungstechnologie
Unternehmensberatung	< 10	▪ Berater und ehemaliger Entwicklungsleiter
Luftfahrtindustrie	ca. 18.000	▪ Projektleitung Architekturkonzepte
Unternehmensberatung	ca. 2.700	Berater (zwei Personen)
Flurförderfahrzeuge	ca. 11.000	▪ Grundlagenentwicklung
Aufzüge	ca. 230	▪ Geschäftsführung ▪ Konstrukteur

Der verwendete Fragebogen ist im Folgenden dargestellt. Dieser wurde den Befragten zur Vorbereitung vorab zugesendet. In semistrukturierten Interviews wurden bei fallspezifischen Antworten in den Kategorien jeweils klärende Rückfragen in Hinblick zu den aufzunehmenden Indikatoren gestellt.

In der Studie wurden Forschungsfragen aus mehreren Forschungsprojekten zusammengefasst. Relevant für die vorliegende Arbeit sind daher nur die Intervierfragen eins, drei und vier des Fragebogens.

Methoden und visuelle Darstellungen zur Entwicklung modularer Produktfamilien – Umfrage Herbst 2013

Diese einmalige Befragung wird durchgeführt vom Institut für Produktentwicklung und Konstruktionstechnik (PKT) der TU Hamburg-Harburg. Ziel ist es, Erkenntnisse und Anforderungen zur Weiterentwicklung und zur besseren Integration der am Institut entwickelten Methoden in die Praxis zu gewinnen.

Schwerpunkt der Befragung

Im Fokus dieser Befragung stehen Aspekte der Produktstrukturierung, Modularisierung und der Produktvielfalt in Maschinenbauunternehmen, insbesondere

- Anforderungen aus der Praxis an Modularisierungsmethoden,
- Arbeiten mit visuellen Tools bei der Entwicklung modularer und varianter Produkte,
- Benötigter Anpassungsbedarf von Methoden an die individuellen Besonderheiten des jeweiligen Unternehmens sowie
- Erfolgsfaktoren bei der Einführung von Methoden im Unternehmen.

Hinweise zur Verwendung der Ergebnisse sowie unsere Kontaktdaten finden Sie am Ende des Interviewleitfadens.

Interviewleitfaden für Befragte

Modularisierung und Variantenvielfalt – IST-Stand in der Praxis
1. Welche Methoden und Tools werden in Ihrem Unternehmen zur Produktstrukturierung eingesetzt? Arbeiten Sie dabei mit speziellen visuellen Darstellungen wie zum Beispiel Variantenlisten oder -bäume, Morphologischer Kasten, ...?
2. Welche wichtigen Einflussfaktoren oder Aufgaben bestehen darüber hinaus, die aber bisher noch nicht ausreichend einbezogen sind (z.B. Marktzahlen, Fertigungsstrategien, Produktdaten)?
3. Welche der unter 1. genannten Methoden und Tools sind erfolgreich? Welche Schwierigkeiten gibt es?
4. Was macht für Sie eine benutzerfreundliche Methode aus?

Anpassungen von neuen Methoden an Ihr Unternehmen

Im Weiterbildungsworkshop wurden die nachfolgend dargestellten Methoden vorgestellt.

Tag 1 – Methoden der Modularisierung

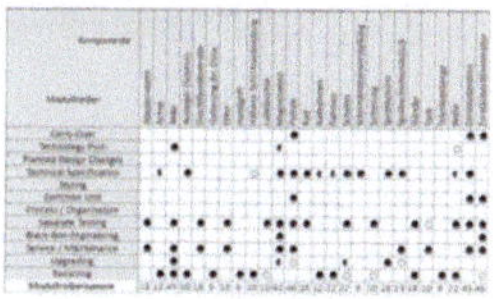

Modular Function Deployment

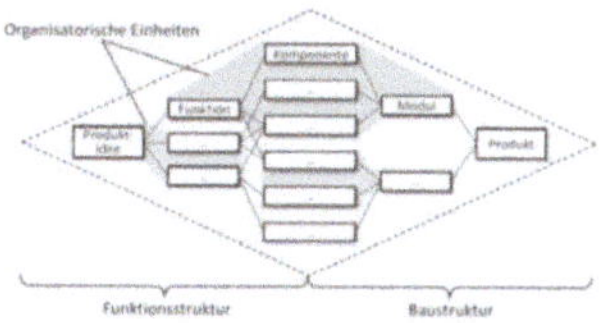

METUS

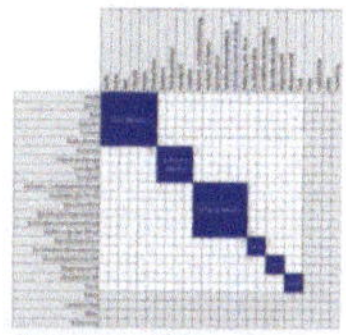

Design Structure Matrix (DSM)

Tag 2 – Integrierter PKT-Ansatz zur Entwicklung modularer Produktfamilien

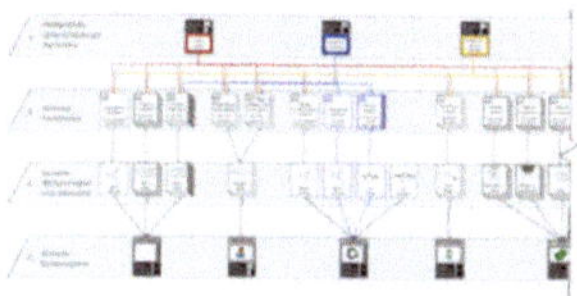

VAM – Variety Allocation Model

Werkzeuge z.B.

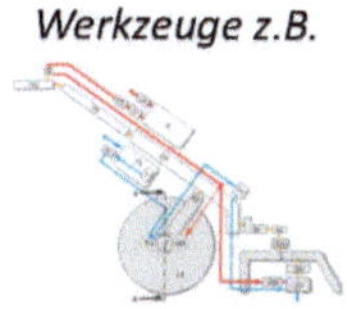

MIG– Module Interface Graph

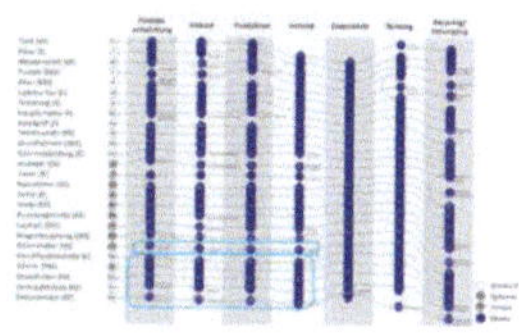

MPC – Module Process Chart

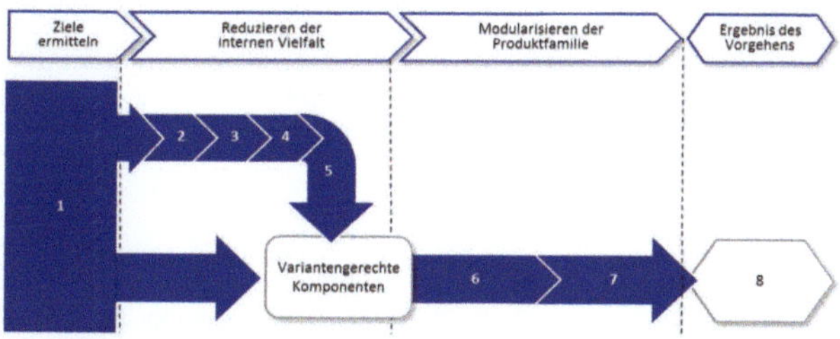

variantengerechte Produktgestaltung

Prozessschritte

Lebensphasen-modularisierung

5. Warum kommen einige dieser Methoden für den Einsatz in Ihrem Unternehmen in Frage bzw. eher nicht in Frage?

6. Was müsste an den Methoden angepasst werden, damit sie bei Ihnen implementiert werden könnten (z.B. Ablauf, Tools, Schnittstellen, Personen, Verantwortliche,...)?

7. Wie müssen Methoden für Sie dokumentiert sein, damit Sie einfach in den Produktentwicklungsprozess integriert werden können?

Implementierung neuer Methoden im Unternehmen
8. Welche Hürden sehen Sie bei der Implementierung neuer Methoden?
9. Welche Aspekte und Schritte sind bei Ihnen für eine erfolgreiche Einführung neuer Methoden wichtig?
10. Was müsste in Ihrer Entwicklungspraxis geändert werden, um eine neue Methoden zu implementieren?

Vielen Dank für Ihre Teilnahme!

Verwendung der Ergebnisse
Wir werden keine Informationen (wie zum Beispiel Firmennamen, Personen oder Interna) veröffentlichen bzw. weitergeben, die einen Rückschluss auf Sie bzw. Ihr Unternehmen zulassen. Alle persönlichen Informationen werden vor Zugriff Dritter sicher gespeichert und nach der Auswertung gelöscht.
Die anonymisierten und gesammelten Ergebnisse werden Ihnen im Anschluss der Studie zur Verfügung gestellt. Auf Anfrage können Sie gerne eine Kopie der kompletten Mitschrift des Interviews erhalten und Inhalte jederzeit widerrufen.
Die anonymisierten Ergebnisse der Befragung werden ausschließlich für wissenschaftliche Veröffentlichungen sowie Dissertationen am PKT genutzt.

Kontaktdaten
Technische Universität Hamburg-Harburg
Institut für Produktentwicklung und Konstruktionstechnik
Leitung Prof. Dr.-Ing. Dieter Krause
Denickestraße 17 (L)
D-21073 Hamburg

Dipl.-Ing. Gregor Beckmann
Telefon +49 40 428 78 40 30
gregor.beckmann@tuhh.de

Dipl.-Ing. Nicolas Gebhardt
Telefon +49 40 428 78 42 57
nicolas.gebhardt@tuhh.de

Im Folgenden wird eine anonymisierte Zusammenfassung der gegebenen Antworten aufgeführt für die hier relevanten Intervierfragen eins, drei und vier des Fragebogens. Die Interpretation der Antworten ist auf den Seiten 44 und 47 vorgestellt.

Die Antworten der weiteren Interviewfragen und deren Auswertung sind in [Bec14] zu finden.

Frage 1 – in der Produktentwicklung genutzte Visualisierungen (hier nur Antworten mit Bezug zu genutzten Visualisierungen)

- Vielfaltsbäume
- Konzeptskizzen zur Ausarbeitung oder Vorstellung
- spez. Visualisierungstools (CAD, FEM, CAM etc.)
- Dokumentvorlagen

- Verschiedene Arten von strukturierten Stücklisten, sonstige Listen
- Tabellen, teilweise Matrizen

Fragen 3 und 4 - Schwierigkeiten und Erfolgsfaktoren (hier nur Antworten mit Bezug zu genutzten Visualisierungen)

- Es bestehen häufig Abstimmungsschwierigkeiten während der Nutzung von Visualisierungen zum Beispiel aufgrund unterschiedlichen Verständnisses in den Abteilungen.
- Wichtig für erfolgreich einsetzbare Visualisierungen als Arbeitswerkzeuge sind die Beachtung von Sprache, Terminologie, Arbeitsweisen und Konventionen der Kollegen sowie die Eignung für unterschiedliche Stakeholder.
- Die genutzten Visualisierungen werden häufig als zu abstrakt, zu wenig selbsterklärend und „zu weit weg" von Produkten und Prozessen beschrieben, um gut nutzbar zu sein.
- Die Skalierbarkeit des Detaillierungsgrads (Überblick vs. Details) bereitet Schwierigkeiten bei der Benutzung von Visualisierungen. Ein angemessener Detaillierungsgrad ist selten gegeben.
- Verwendete Visualisierungen sind selten ausreichend selbsterklärend, sodass Erklärungsaufwände und Missverständnisse entstehen.
- Die Anpassung an bestehende Arbeitsweisen sowie Besonderheiten des Produkts und des Unternehmens fehlt beziehungsweise wird in der Praxis aufgrund des Aufwands und mangelnder Lösungen nicht ausgeführt.

A2 Materialien zur Studie „Entwicklung von Visualisierungen in der Methodenforschung“

Tabelle A-2 - Übersicht der befragten Entwickler von Visualisierungskonzepten (siehe Kapitel 3.2, eine ausführliche Dokumentation der Studie ist in [Geb15b] zu finden)

Foschungseinrichtung und Fachgebiet		Visualisierung und Inhalte
TUHH Produktvarianz	1	variante Produkteigenschaften, variante Prozesseigenschaften, Konzeptszenarien
	2	Prozessschritte, Wertschöpfungstypen, ausführende Stellen
	3	Komplexitätstreiber, Unternehmensbereiche
	4	Komplexitätstreiber, Handlungsfelder
	5	Prozessschritte, Anzahl Prozessvarianten
TUHH Produktvarianz	6	Produktlinien & -familien, Produkte, Stückzahlen, Umsätze, Marge
	7	Komponenten, Varianz, Produktfamilien, Produkte
TUHH Modularisierung	8	Module, Varianz, Produktlinien & -familien Produkte
TUHH Modularisierung	9	Komponenten, Varianz, Flussarten, Montageschritte, Montageergebnisse, Betriebsmittel, Zeiten
TUHH Modularisierung	10	Risiken, Auftrittswahrscheinlichkeiten, Auswirkungen, Priorisierungen
TUHH Produktvarianz	11	variante Produkteigenschaften, variante Funktionen, variante Wirkprinzipien und -geometrien, variante Komponenten, Herstellkosten, Art der Varianz, Kopplungsintensitäten
	12	variante Produkteigenschaften, Produktvarianten
TUHH Modularisierung	13	Module, Varianz, Flussarten
	14	Modultreiber, Komponenten
	15	Komponenten, Module, Varianz, Produktlebensphasen
TUHH Produktentwicklungsmethoden	16	Methodenschritte, Rollen, Arbeitsformat, benötigter Input, Quelle, erzeugter Output, Ziel, Werkzeuge
TUM Produktkomplexität	17	Komponenten, Margen, Wiederverwendung, ...
DTU Produktarchitekturen	18	Anwendungen, Anforderungen, Marktsegmente, Konstruktionskonzepte, technische Merkmale, Produktarchitektur
DTU Produktionsprozesse	19	Werke, Komponenten, Produktionsschritte, Arbeitsarten, Transportschritte, Durchlaufzeiten, ...

Der verwendete Fragebogen ist im Folgenden dargestellt. Dieser wurde zur Vorbereitung vorab den Befragten zugesendet. In semistrukturierten Interviews wurden fallspezifisch klärende Rückfragen in Hinblick zu den aufzunehmenden Indikatoren gestellt.

Visuelle Darstellungen zur Entwicklung modularer Produktfamilien – Umfrage Dezember 2013

Diese Befragung wird durchgeführt vom Institut für Produktentwicklung und Konstruktionstechnik (PKT) der TU Hamburg-Harburg. Ziel ist es, Erkenntnisse und Anforderungen zur Weiterentwicklung unterstützend zu gewinnen.

Ein wesentlicher Schwerpunkt unserer Methoden ist die Nutzung von Visualisierungen als Arbeits- und Kommunikationsmittel – vor allem in abteilungsübergreifenden Workshops. Zur Weiterentwicklung von Visualisierungen modularer Produktfamilien führen wir aktuell eine Umfrage durch.

Ziel dieser Befragung ist es, einen Überblick zu erlangen, wie sich modulare und variante Produktstrukturen sowie wichtige Einflussfaktoren visualisieren lassen. Ein weiterer Schwerpunkt ist die Systematisierung der Entwicklung solcher Visualisierungen. Aufgrund Ihrer Erfahrungen in diesen Gebieten, ist Ihr Beitrag sehr hilfreich für uns!

Die Befragung teilt sich in die folgenden drei Teile auf:

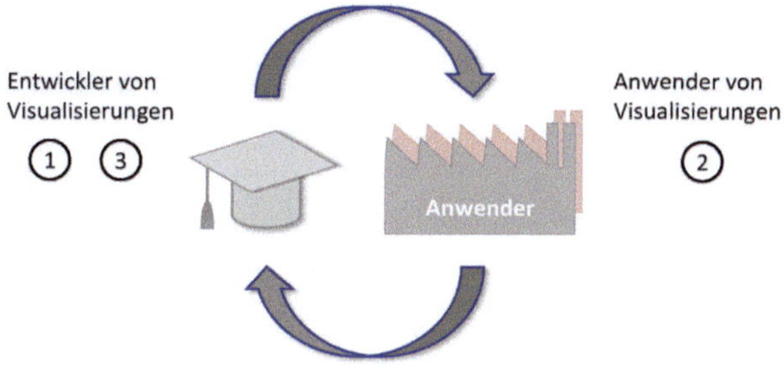

① Vorgehen bei der Entwicklung der Visualisierung

② Praxiseinsatz der Visualisierungen

③ Bedarf an Methoden für die Entwicklung von Visualisierungen

Interviewleitfaden 2

Interviewleitfaden für Befragte

Vorgehen bei der Entwicklung der Visualisierung
1. Mit welchen Zielsetzungen wurden die jeweiligen Visualisierungen damals entwickelt?
2. Wie sind Sie bei der Entwicklung dieser einzelnen Visualisierungen vorgegangen?
3. Nach welchen Einflussgrößen, Kriterien, etc. haben sie die Visualisierung gestaltet?

Praxiseinsatz der Visualisierungen
4. Wie sehen (bzw. sahen) Sie den Einsatz in der Praxis? Welches Feedback gab es?
5. Wo bestehen in Ihren Augen Verbesserungspotentiale für die Visualisierungen?

Bedarf an Methoden für die Entwicklung von Visualisierungen
6. Wie würden Sie heute vorgehen, um eine Visualisierung zu konzipieren?
7. Worin bestehen die größten Schwierigkeiten bei der Entwicklung eines Konzeptes einer Visualisierung?
8. Können Sie sich konkrete Hilfsmittel vorstellen, die bei der Entwicklung von Visualisierungen hilfreich sein können?

Verwendung der Ergebnisse

Die anonymisierten Ergebnisse der Befragung werden für wissenschaftliche Veröffentlichungen sowie Dissertationen nutzen.
Wir werden keine Informationen veröffentlichen bzw. weitergeben, die einen Rückschluss auf Sie zulassen. Alle persönlichen Informationen löschen wir nach der Auswertung.

Kontaktdaten

Dipl.-Ing. Nicolas Gebhardt
Technische Universität Hamburg-Harburg
Institut für Produktentwicklung und Konstruktionstechnik
Leitung Prof. Dr.-Ing. Dieter Krause
Telefon +49 40 428 78 42 57
Fax +49 40 428 78 22 96
E-Mail nicolas.gebhardt@tuhh.de
Denickestraße 17 (L)
D-21073 Hamburg

Im Folgenden wird eine anonymisierte Zusammenfassung der gegebenen Antworten aufgeführt. Die Interpretation der Antworten ist auf Seite 46 und 47 vorgestellt.

Frage 1 – Zielsetzungen der jeweiligen Visualisierungsentwicklung

- zwei Befragte: keine direkte Zielsetzung
- Kommunizierbarkeit (vier Nennungen)
- Verbesserung von workshopbasiertem, interaktivem oder interdisziplinärem Arbeiten (drei Nennungen)
- Nutzbarmachen von Expertenwissen (eine Nennung)
- Verbesserung der Anwendbarkeit durch eine „weniger technische“ Darstellung (eine Nennung)
- stärkere Anlehnung an bestehende Visualisierungen (fünf Nennungen)
- Erstellbarkeit und Automatisierung
  - Visualisierung als Sichtfilter der Datenbeschaffung aus PDM-Systemen (zwei Nennungen)
  - Umsetzbarkeit mit Standardsoftware (eine Nennung)
  - Darstellbarkeit auf einer Din A4 Seite (eine Nennung)
  - Automatisierung der Erzeugung (eine Nennung)

- Visuelle Analyse
  - Analyse komplexer Zusammenhänge (eine Nennung)
  - Darstellbarkeit abstrakter und abstrahierter Inhalte (eine Nennung)
  - Schaffung fehlender Darstellungen von Produktvielfalt und Wertschöpfungskette, produktinduzierte Komplexität, Wirtschaftlichkeit, Montageprozess, Konsequenzen sowie Übernahme und Risikobewertung (je eine Nennung verschiedener Personen)

Frage 2 – Angewendetes Vorgehen bei der Entwicklung der Visualisierung(en)

- Sichtung „Stand der Technik", Entwicklung verschiedener Konzepte, Schwachstellensuche und -behebung (fünf Nennungen)
- erste Idee, skizzenhafte Anwendung, Schwachstellensuche und -behebung, praktische Erprobung, Sichtung „Stand der Technik" (eine Nennung)
- Durchführung von Praxiserprobungen während des Vorgehens (vier Nennungen)
- Anlehnung an bestehende Symbolik und Legenden (zwei Nennungen)
- Inspiration durch bestehende Visualisierungen (zwei Nennungen)
- Unterstützung der Visualisierung durch Software-Lösungen (zwei Nennungen)
- Austausch mit Kollegen (zwei Nennungen)
- Entwicklung mit dem Nutzer zusammen (eine Nennung)

Frage 3 – Beachtete Einflussgrößen, Kriterien, etc.

- Handhabung und Erstellung
  - einfache Handhabung und Verständlichkeit (vier Nennungen)
  - geringer Erstell- und Änderungsaufwand (drei Nennungen)
  - Umsetzbarkeit mit Standardsoftware (drei Nennungen)
  - selbsterklärend und workshopbasiert anwendbar (zwei Nennungen)
- Reduktion auf wesentliche Daten (drei Nennungen)
- zur Verfügung stehende, visuelle Dimensionen und Darstellungsmöglichkeiten (zwei Nennungen)
- Nutzer der Visualisierung (5 Nennungen)
- Orientierung an Bestehendem (fünf Nennungen)
- Anwendung ohne Rechnerunterstützung, da nur einmalig in einem Entwicklungsprojekt zu erstellen (zwei Nennungen)
- Trennung von Produkt und Prozess in verschiedene Darstellungen (eine Nennung)
- Wissenschaftliche Korrektheit, Attraktivität der Visualisierung (je eine Nennung)

Frage 4 – Feedback aus Anwendungen in der Praxis

- Positives Feedback zur Verwendung der Visualisierung in der Praxis (fünf Nennungen)
- Keine Kenntnisse zur praktischen Verwendung der Visualisierung (drei Nennungen)
- Für die Erstellung der Visualisierung wird eine Software-Unterstützung als nötig erachtet (eine Nennung)
- Die Datenbeschaffung/-verfügbarkeit in der Praxis erschwert die Verwendung der Visualisierung (drei Nennungen)
- Die Visualisierung ist nur für wenige Personen geeignet (eine Nennung)
- Darstellung von 3D-Zusammenhängen in 2D kann zu Verlust eines nötigen Bezuges zur Realität führen (eine Nennung)
- Die Mehrdimensionalität bezogen auf verschiedene Disziplinen/Lebensphasen macht den Einsatz der Visualisierung in der Praxis schwierig (eine Nennung)
- Durch die Visualisierung ist ein guter Überblick auch für die Einarbeitung von Mitarbeitern gewährleistet (vier Nennungen)
- Die Kommunikation konnte durch den Einsatz der Visualisierung verbessert werden (eine Nennung)
- Die Arbeitsaufgaben konnten durch die Visualisierung vereinfacht werden (zwei Nennungen)
- Ein direkter, visueller Produktbezug durch Bilder (CAD) ist hilfreich (eine Nennung)
- Für eine bessere Übersicht ist eine weitere Reduktion der Daten nötig (eine Nennung)
- Die Darstellung der Visualisierung scheint zu komplex für eine Anwendung (zwei Nennungen)
- Die gemeinsame Betrachtung von Produkten und Prozessen in einer Visualisierung ist schwierig (eine Nennung)
- Die Datenaufnahme sollte getrennt von der Erstellung der Visualisierung durchgeführt werden (zwei Nennungen)
- Unsicheren Werte sollten mit Vertrauensbereich dargestellt werden (zwei Nennungen)
- Die Visualisierung umfasst viele Aspekte, die nur optional benötigt werden und eine schnelle Übersicht erschweren (zwei Nennungen)

Frage 5 – Verbesserungspotentiale der entwickelten Visualisierungen

- Gestaltung der Visualisierung

  - Ein- und Ausblenden von Informationen (vier Nennungen)
  - visueller Bezug zum Produkt durch Nutzung von Bildern (zwei Nennungen)
  - Verbesserung der Kommunikationsfähigkeit des Node-Link-Diagrammes (eine Nennung)
  - Vereinheitlichung von Farbkodierungen (eine Nennung)
- Automatisierung und Erstellung
  - Schnellere Erstellbarkeit durch Automatisierung (vier Nennungen)
  - Integration weiterer Daten für schnelleres Verständnis (eine Nennung)
  - Trennung von Datenbasis und Visualisierung für schnellere Erstellbarkeit (eine Nennung)
- Durchgängigkeit von Visualisierungen innerhalb einer Methode (eine Nennung)

Frage 6 – Empfehlungen für das Vorgehen bei der Entwicklung von Visualisierungen

- Aufnahme der Randbedingungen → Aufstellen von Konzepten und Alternativen → Bewertung und Auswahl; gegebenenfalls iterativ (drei Nennungen)
- kreatives, freies Vorgehen in der Anfangsphase → Praxisanwendung → Konsolidierung (eine Nennung)
- umfangreichere Literaturrecherche (drei Nennungen)
- frühe, saubere Klärung von Zielen und Bedarf (zwei Nennungen)
- auch eine Weiterentwicklung bestehender Visualisierungen durchführen (zwei Nennungen)
- Gestaltungsrichtlinien für visuelle Kodierung der Daten (eine Nennung)
- mehr Zeit in die Bildung alternativer Konzepte investieren (eine Nennung)
- Sicherstellen eines geringen Erstellungsaufwandes (eine Nennung)
- bessere Handhabbarkeit bei der Entwicklung durch geeignetere Visualisierungssoftware (eine Nennung)
- frühere Integration von Anwendern in die Entwicklung (eine Nennung)
- parallele Durchführung von Weiterentwicklung und Praxistests in Anwendungen (fünf Nennung)
- Expertengremium zum Testen von Visualisierungen (eine Nennung)

Frage 7 – Größte Schwierigkeiten

- Balance von Verständlichkeit und Komplexität (vier Nennungen)
- genaue Kenntnis des Bedarfes (drei Nennungen)
- Festlegen des Daten- und Informationsumfanges (zwei Nennungen)
- Verständnis und Interpretation des Anwenders kennen (drei Nennungen)

- Erstellbarkeit/ Erstellungsaufwand (mit in der Praxis verfügbarer Software) (zwei Nennungen)
- Bewertung von Visualisierungen bezüglich der Zielsetzung (eine Nennung)
- Zweck der Visualisierung erkennen (eine Nennung)
- mangelnde Kenntnisse der Darstellungsweisen in der Industrie (eine Nennung)
- Erzeugen eines richtigen kognitiven Verständnisses beim späteren Nutzer (eine Nennung)
- Aufwand zu hoch gegenüber dem Nutzen (eine Nennung)
- Skizzieren der ersten, kreativen Idee fällt schwer (eine Nennung)
- Wahl des Abstraktionsgrades (eine Nennung)
- korrektes Filtern der darzustellenden Daten (eine Nennung)

Frage 8 – Bedarf an konkreten Hilfsmitteln

- Kataloge und Übersichten für Möglichkeiten zur Visualisierung (vier Nennungen), Möglichkeiten und Eignung aktueller Tools (zwei Nennungen) oder für Kataloge über Makros für Programme wie Excel (eine Nennung)
- Richtlinien für ein einheitliches Erscheinungsbild (zwei Nennungen), für Kodierungen und Vorgehen in der Konsolidierungsphase (eine Nennung) oder zur Feststellung der Notwendigkeit einer Visualisierung (eine Nennung)
- Grundregeln und Grundwissen zur guten Kommunikation und Darstellung sowie Wahrnehmung (zwei Nennungen)
- Methodik zur Erstellung von Datenfiltern (Datenmenge und -tiefe) (zwei Nennungen)
- Bewertungsverfahren für Visualisierungen (eine Nennung)
- Automatisierte Visualisierung für kürzere Iterationsschleifen in der Entwicklung (eine Nennung)
- Flexibles Visualisierungstool für freie Skizzen in der kreativen Phase (eine Nennung)
- digitalisierte und veränderbare Visualisierungen zur Ideenfindung und Weiterentwicklung (eine Nennung)
- standardisierte Beispielprodukte für bessere Praxiserprobung (eine Nennung)

A3 Ergänzendes Anwendungshandbuch zur Methode

Seite 4

Ablaufübersicht der Methode

4 Entwicklung alternativer Visualisierungskonzepte

4.1 Auswahl von Visualisierungsprinzipien — Katalog der Visualisierungsprinzipien (siehe Anhang 5)

- Identifikation der zu visualisierenden Beziehungen
- Identifikation der primären Daten- und Informationselemente
- Auswahl geeigneter Visualisierungsprinzipien

4.2 Auswahl von Visualisierungstechniken — Katalog der Visualisierungstechniken (siehe Anhang 6)

4.3 Entwicklung alternativer Visualisierungskonzepte

- Auswahl von Visualisierungsprinzipien und -techniken
- Skizzieren alternativer Teilkonzepte
- Entwicklung alternativer Gesamtkonzepte
- Integration in den zu unterstützenden Methodenablauf

4.4 Integration in den zu unterstützenden Methodenablauf — DIP und Storyboards

5 Bewertung, Auswahl und Finalisierung

5.1 Aufstellen der Bewertungskriterien und Indikatoren

5.2 Planung und Durchführung der Erprobung

5.3 Bewertung, Auswahl und Ableitung von Verbesserungsmaßnahmen

5.4 Finalisierung

Seite 5

1 Zieldefinition — 1.1 Abgrenzung der zu unterstützenden Produktentwicklungsmethode

Der Methodenablauf, der mithilfe einer neuen Visualisierung unterstütz werden soll, wird grob beschrieben und abgegrenzt.

Methodenschritte sind typischerweise „Informationen sammeln“, „Alternative Ideen bewerten“, „Konzepte abstimmen“, oder auch kleinschrittiger, wie „anderen die Grundlagen erklären“ oder „Produkt kennenlernen“, wie sie eher selten in unseren Methodenbeschreibungen auftauchen.

Seite 6

1 Zieldefinition – 1.2 Problembeschreibung

Die Problemsituation wird knapp beschrieben und wenn möglich durch Aussagen und Verbesserungswünsche von Anwendern des zu unterstützenden Methodenablaufes ergänzt

Zusatzmaterial kann sehr gut zur Ergänzung der Problembeschreibung geeignet sein, wie bestehende Visualisierungen, die im zu unterstützenden Methodenablauf verwendet wurden, bisherigen Erfahrungen von Anwendern, bestehende Verbesserungsideen, Randbedingungen etc.

Seite 7

1 Zieldefinition – 1.3 Festlegung von Zielgrößen

Zu verbessernde Zielgrößen werden in IST- und SOLL-Stand festgehalten. Wichtig ist ein Bezug der Ziele zu den Hauptzielgrößen der Produktentwicklung, um einen wirklichen Mehrwert für die Methodenanwendung zu generieren. Die Zielgrößen sollten daher in den hier aufgeführten Größen formuliert werden oder sich zumindest an diesen orientieren.

Zielgrößentabelle

Ziele	Teilziele	Erläuterung	Beschreibung IST	Beschreibung SOLL
Ergebnisqualität	Zielerreichung	Übereinstimmung der erreichbaren Ergebnisse mit den Anforderungen des Arbeitsschrittes		
	Vollständigkeit	Vollständigkeit der erreichbaren Ergebnisse		
	Verständlichkeit, Kommunizierbarkeit	... hinsichtlich einer einfachen Verwendbarkeit der Ergebnisse		
Aufwand	Umfang	Ressourcenbedarf zur Durchführung		
	Dauer	Mindestzeit zur Durchführung		
	Verfügbarkeit der benötigten Informationen	Verfügbarkeit, Verständnis und Anwendbarkeit der benötigten Informationen		
Anwendbarkeit, Flexibilität		Breite der unterstützbaren Anwendungsfälle, Vorbereitungs- und Einarbeitungsaufwand		
Robustheit, Anpassbarkeit		Erreichbarkeit der Zielsetzung bei geänderten Rahmenbedingungen		

Seite 8

1 Zieldefinition – 1.4 Prüfung der Zielsetzung

Zur Abschätzung, ob die Entwicklung einer neuen Visualisierung als Werkzeug vielversprechend zur Erreichung der Zielsetzung ist, werden typische Indikatoren für den zu unterstützenden Methodenablauf bewertet. Sind nicht mindestens zwei Indikatoren zutreffend, sollte zusätzliche Arbeitswerkzeuge oder eine Anpassung des Methodenablaufes eingeplant werden. In diesem Fall ist zu prüfen, ob die Zielsetzung in Schritt 1.3 angepasst werden muss.

Indikatorenliste

Indikator		Erläuterung	Bewertung
Daten und Informationen	**Menge**	hohe Menge an benötigten Daten und Informationen im Vergleich zu anderen Arbeitsabläufen im Umfeld	☐
	Verschiedenheit	deutliche Verschiedenheit der Daten und Informationen, wie beispielsweise ihre Herkunftsdomänen	☐
	Eignung	überwiegende Eignung der Inhalte für visuelle Darstellung (wie beispielsweise Gegenstände, Abläufe, Abhängigkeiten, Wertevergleiche, siehe Teilkapitel 3.3.1.2)	☐
	Ergebnis-verwendung	Visualisierung der Ergebnisse ist vorteilhaft als Input für weitere Arbeitsschritte.	☐
beteiligte Personen	**Anzahl**	Anzahl der im Arbeitsablauf gleichzeitig beteiligten Personen	☐
	Verschiedenheit	unterschiedliche Abteilungen, Berufsgruppen, Sichtweisen, Rollen oder Zielsetzungen der beteiligten Rollen	☐
typische Arbeitsschritte		Eignung der Arbeitsschritte für die Nutzung von Visualisierungen als Arbeitswerkzeug (Analysieren, Strukturieren, Modellieren, Abstimmen, Entscheiden, ...)	☐

Seite 9

2 Analyse der Zielanwendung – 2.1 Aufnahme des zu unterstützenden Methodenablaufes

Der zu unterstützenden Methodenablauf wird mithilfe der Methoden und Prozessvisualisierung (MPV) [Bec13]. Dazu werden Vordrucke für die Arbeitsschritte verwendet. Aufgenommen werden die benötigten Inputs mit Quelle, die Arbeitsschritte, Ergebnisse, Dokumente, benötigtes Methodenwissen, verwendete Werkzeuge und beteiligte Personen.

Methodenbeschreibung im MPV

Seite 10

2 Analyse der Zielanwendung

Anhand der aufgenommenen Arbeitsschritte aus Schritt 2.1 werden die Daten und Informationen gelistet, die in den Schritte verwendet, bearbeitet oder erzeugt werden. Diese verschiedenen Arten der Verwendung in den Schritten wird festgehalten.

Daten- und Informationsplan (DIP)

Als Hilfsmittel wird eine Sammlung von 65 in der Produktentwicklung häufig verwendeten Daten- und Informationselementen verwendet (Dissertation, Anhang A3)

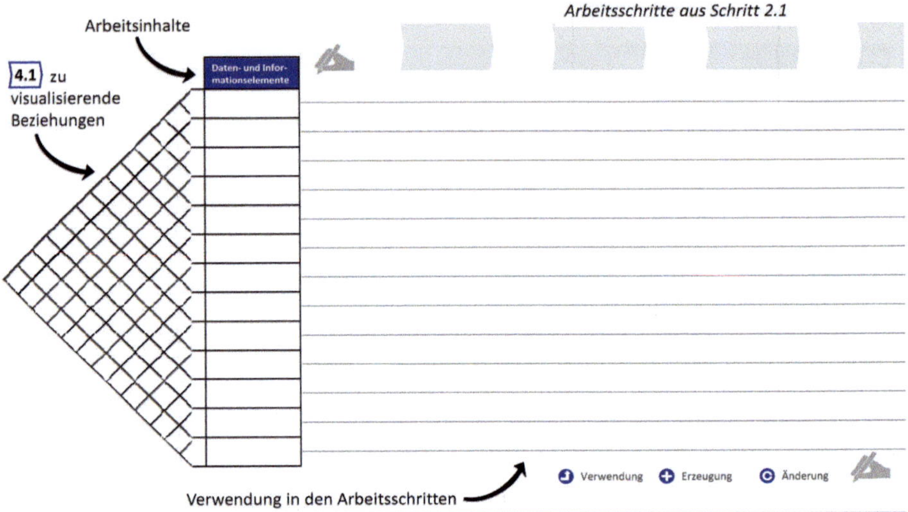

Seite 11

4 Entwicklung alternativer Visualisierungskonzepte

2 Analyse der Zielanwendung 2.3 Aufnahme der beteiligten Personen

Seite 12

Die Zielanwender im zu unterstützenden Methodenablauf werden aus dem MPV aufgenommen und in ihrer Rolle und Zielsetzung im zu Methodenablauf beschrieben. Zusätzlich werden Visualisierungen recherchiert, mit denen diese Personengruppen typischerweise arbeiten. Dabei wird der Fokus auf die Daten und Informationen aus Schritt 2.2 gelegt.

Katalog der Anwendergruppen (siehe Anhang 4)

Rolle (siehe MPV)					
Beruflicher Hintergrund					
Zielsetzung					
als Arbeitswerkzeuge gewohnte Visualisierungen					

2 Analyse der Zielanwendung 2.4 Festlegung von Arbeitsschwerpunkten

Seite 13

Bei vielen Arbeitsschritten ist es hilfreich, zunächst Arbeitsschritte als Schwerpunkte für die Unterstützung mit neuen Visualisierungskonzepten zu identifizieren. Dies geschieht durch die Bewertung der Arbeitsschritte aus Schritt 2.1 durch die Indikatorenliste wie in Schritt 1.4 erweitert um ergänzende Indikatoren. Die als Schwerpunkte ausgewählte Arbeitsschritte werden im MPV auf Seite 11 mit einem Zeichen ⚠ markiert.

Treffen besonders viele der Indikatoren bei einem oder wenigen Arbeitsschritten zu gegenüber anderen, lassen sich diese als Arbeitsschwerpunkte für das weitere Vorgehen festlegen.

Indikatorenliste

Indikator		Erläuterung / Beispiele
Zielsetzung	**Beitrag zum Endergebnis**	Bedeutung des Arbeitsschrittes für das angestrebte Ergebnis des zu unterstützenden Methodenablaufes
	Beitrag zur Zielsetzung	Potential im Arbeitsschritt zur Verbesserung der in Phase 1 festgelegten Ziele
Daten und Informationen	**Menge**	hohe Menge der im Arbeitsschritt benötigten Daten und Informationen
	Verschiedenheit	deutliche Verschiedenheit der Daten und Informationen, wie beispielsweise ihre Herkunftsdomänen
	Eignung	überwiegende Eignung der Inhalte für visuelle Darstellung (wie beispielsweise Gegenstände, Abläufe, Abhängigkeiten, Wertevergleiche, siehe Teilkapitel 3.3.1.2)
	Ergebnisverwendung	Visualisierung der Ergebnisse ist vorteilhaft als Input für weitere Arbeitsschritte.
beteiligte Personen	**Anzahl**	Anzahl der im Arbeitsablauf gleichzeitig beteiligten Personen
	Verschiedenheit	unterschiedliche Abteilungen, Berufsgruppen, Sichtweisen, Rollen oder Zielsetzungen der beteiligten Rollen
Arbeitsschritte	**besondere Ressourcen**	besonderer Ressourcenbedarf, wie zum Beispiel besondere Software oder Medien
	typische Arbeitsschritte	gut geeignete Arbeitsschritte für die Durchführung mithilfe von Visualisierungen als Arbeitswerkzeug (Analysieren, Strukturieren, Modellieren, Abstimmen, Entscheiden, ...)

Seite 14

3 Suche nach bestehenden Lösungen

Bestehende Visualisierungen können hilfreiche Teillösungen bieten für die Entwicklung von Visualisierungskonzepten in Phase 4. Besonders interessant sind dabei solche, die

- in den kritischen Arbeitsschritten aus Phase 2, Schritt 4 angewendet werden können
- die Daten und Informationen aus Phase 2, Schritt 2 der kritischen Arbeitsschritte darstellen können oder
- typischerweise von den Zielanwendern genutzt werden (Phase 2 Schritt 3).

Sammlung an Visualisierungen
(siehe Anhang 4)

Zusätzlich sind online-Datenbanken für Informationsvisualisierung empfehlenswert, wie beispielsweise (Abruf Februar 2018)

http://treevis.net
www.visualisingdata.com/resources
http://financevis.net
www.datavizproject.com
www.seeingcomplexity.wordpress.com
http://mkweb.bcgsc.ca
www.vpascual.org

Seite 15

4 Entwicklung alternativer Visualisierungskonzepte (siehe S. 11 und 12)

4.1 Auswahl von Visualisierungsprinzipien

In Schritt 4.1 werden geeignete Visualisierungsprinzipien ausgewählt.
Zunächst werden im DIP in der Beziehungsmatrix die in der Visualisierung darzustellenden Abhängigkeiten der Daten und Informationen eingetragen.

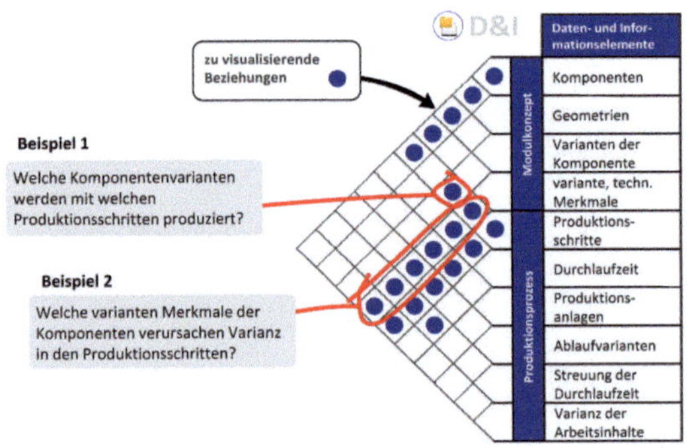

Eintragen der zu visualisierenden Beziehungen auf Seite 11 und 12

Fokus auf die wirklich relevanten Beziehungen im zu unterstützenden Methodenablauf legen, um die Visualisierung nicht zu überfrachten.

Auch Beziehungen der Instanzen eines einzelnen Daten- oder Informationselementes untereinander können relevant sein.

Seite 16

4 Entwicklung alternativer Visualisierungskonzepte (siehe S. 11 und 12)

4.1 Auswahl von Visualisierungsprinzipien

Für ein Visualisierungskonzept können selten mehr als ungefähr fünf Visualisierungsprinzipien gleichzeitig miteinander kombiniert werden, ohne dass die Visualisierung zu unübersichtlich wird. Daher werden hier die Daten und Informationen ausgewählt, die die spätere Visualisierung in ihrer Struktur dominieren sollen. Dies geschieht durch eine Priorisierung der Daten und Informationen nach ihrer Relevanz in den zu unterstützenden Arbeitsschritten.

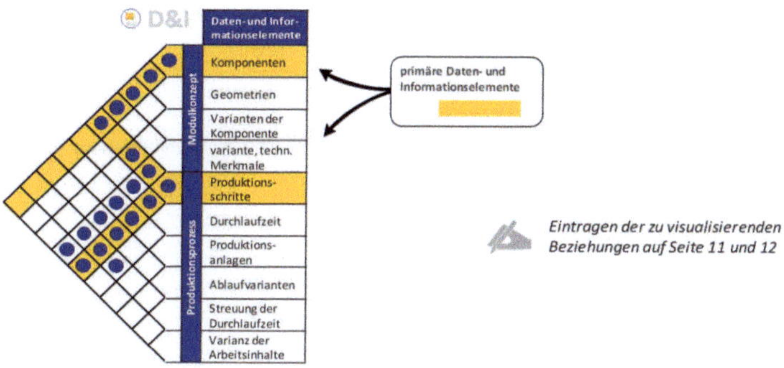

Vorzugsweise sollten nicht mehr als fünf beziehungsweise ein Drittel aller Inhaltselemente ausgewählt werden. Sollen dennoch mehr Visualisierungsprinzipien genutzt werden, so können diese später in Schritt 4.3 auf unterschiedliche Teile der Visualisierung oder auf mehrere Visualisierungsflächen verteilt werden.

Seite 17

4 Entwicklung alternativer Visualisierungskonzepte

4.1 Auswahl von Visualisierungsprinzipien

Für die Auswahl von Visualisierungsprinzipien wird der Lösungskatalog für Visualisierungsprinzipien genutzt.

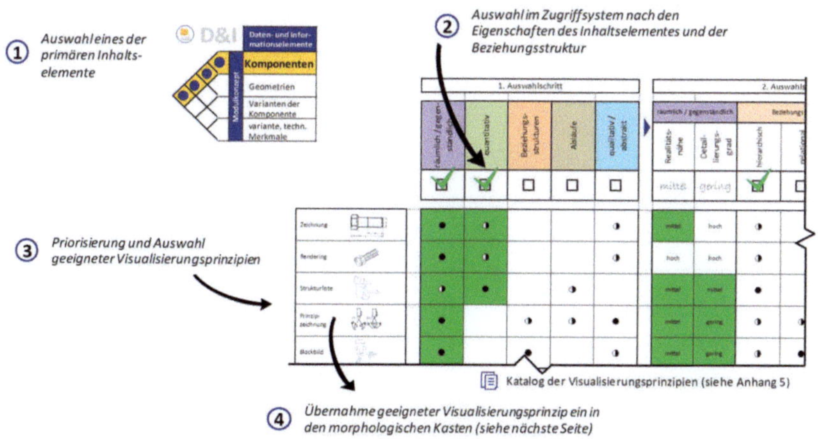

④ *Vielversprechende Visualisierungsprinzipien aus den recherchierten Visualisierungen in Phase 3 werden im morphologischen Kasten ergänzt, wenn nicht schon aus dem Katalog ausgewählt.*

Seite 18

4 Entwicklung alternativer Visualisierungskonzepte

4.1 Auswahl von Visualisierungsprinzipien – morphologischer Kasten der Visualisierungsprinzipien

Daten- und Informationselemente	alternative Visualisierungsprinzipien						

Seite 19

4 Entwicklung alternativer Visualisierungskonzepte

4.2 Auswahl von Visualisierungstechniken

Für die Auswahl von Visualisierungstechniken wird der Lösungskatalog für Visualisierungstechniken genutzt. Für jedes Inhaltselement werden aus dem Katalog geeignete Visualisierungstechniken ausgesucht.

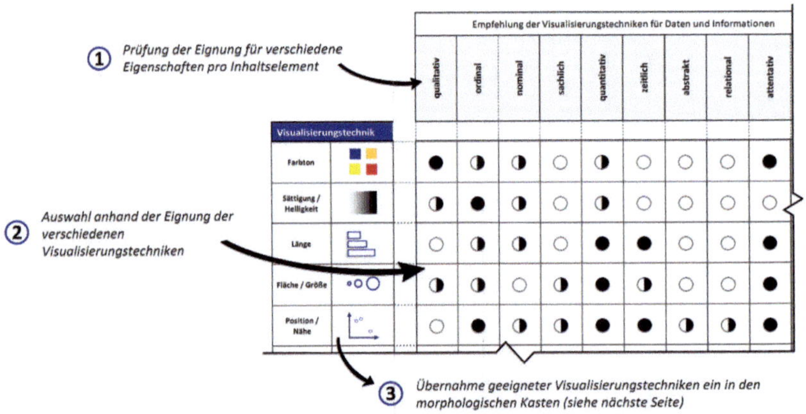

Häufig ist es nicht nötig, alle Inhaltselemente in ihrer größtmöglichen Genauigkeit darzustellen. Wenn Inhalte abstrahiert dargestellt werden können, beispielsweise durch wenige Klassen, so können einfachere Visualisierungstechniken genutzt werden, durch die das Visualisierungskonzept später übersichtlicher gestaltet werden kann.

Seite 20

4 Entwicklung alternativer Visualisierungskonzepte

4.2 Auswahl von Visualisierungstechniken – morphologischer Kasten der Visualisierungstechniken

Daten- und Informationselemente	alternative Visualisierungstechniken						

Seite 21

4 Entwicklung alternativer Visualisierungskonzepte (siehe S. 11 und 12)

4.3 Entwicklung alternativer Visualisierungskonzepte

Entlang des zu unterstützenden Methodenablauf im MPV (Seite 11) werden anhand der (kritischen) Arbeitsschritte und den primären Inhaltselementen geeignete Visualisierungsprinzipien aus dem morphologischem Kasten ausgesucht und mit Visualisierungstechniken ergänzt.

1. *Start beim ersten (kritischen) Arbeitsschritt*
2. *Start mit den im ersten (kritischen) Arbeitsschritt genutzten, primären Inhaltselemente*
3. *Erarbeitung von Visualisierungskonzepten durch Auswahl und Erprobung von Visualisierungsprinzipien und -techniken*

Eintragen der zu visualisierenden Beziehungen auf Seite 11 und 12

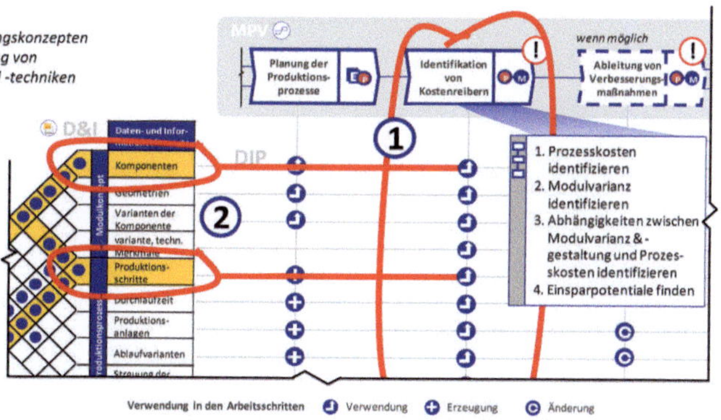

Verschiedene Visualisierungsprinzipien und -techniken werden dabei kombiniert und so verschiedene Alternativen erzeugt. Diese werden auf separatem Skizzenblättern festgehalten, erprobt und gegebenenfalls verbessert.

A4 Sammlung typischer Daten- und Informationselemente in der Produktentwicklung

Zur visuellen Repräsentationen von Daten und Informationen müssen diese zuvor so strukturiert werden, dass Visualisierungsprinzipien und -techniken zu ihrer grafischen Kodierung zugeordnet werden können (siehe Kapitel 1.2 und 4.7). Die folgende Sammlung von in der Produktentwicklung häufig verwendeten Daten und Informationen gibt dazu Beispiele in einer geeigneten Detaillierung (siehe Tabelle A-3). Erstellt wurde die Sammlung durch Vereinheitlichung der im *Integrierten PKT-Ansatz zur Entwicklung modularer Produktfamilien* verwendeten Daten und Informationen, der Studie „Core Information Categories for Engineering Design" des Socio-Technical Centre der Leeds University [Hei14] und der Auswertung von 41 Visualisierungskonzepten aus der Produktentwicklung (siehe Anhang A6).

Verwendete Quellen: [Hei14], [Kim95], [Ott13], [Gri08], [VDI93], [VDI18], [Dic06], [Bec14], [Geb14]

Tabelle A-3: Formulierung der häufig in der Produktentwicklung verwendeten Daten und Informationen in für die Visualisierung geeigneter Detaillierungsebene

Daten und Informationen	Auswahl typischer Visualisierungsprinzipien und -techniken (*Prinzipien*, Techniken)
Allgemeine Daten und Informationen	
Prozess	Flussdiagramm, Swim Lane Diagramm, Text, Symbole
Methode	*Flussdiagramm*, Text, Symbole
Produktlebensphase	*Flussdiagramm*, Text
Arbeitsschwerpunkt	Symbole, Text, Umrandung, Farbe
Dauer	*Zeitstrahl*, Länge (Balken), Text, Symbole
Dokument	Symbole, Text
Randbedingung	Symbole, Text, Verbindung
Relation	*Graphen*, *Matrix*, Verbindung, Umrandung
Systemgrenze	*Blockbild*, *Rendering*, *Graphen*, *Flussbild*, Umrandung, Hinterlegung, Farbe
Stakeholder	Symbole, Text, Farbe
Stückzahl	*Wertediagramme*, Länge (Balken), Text, Symbole
Produktentwicklung	
Anforderung	Symbole, Text
Projektplanung	*Balkendiagramm schwimmend* (Gantt-Chart), *Flussdiagramm*, gegebenenfalls *Liniendiagramme*
Trends	*Liniendiagramme*, *Comic*, Metapher, Symbole, Text
Herstellkosten	*Wertediagramme*, Länge (Balken), Text, Farbe, Symbole
Effekte/Effektkette	*Gerichtete Graphen, Flussbild, Comic, Bogen-Diagramm, Strahlennetz*
Funktion	*Flussdiagramm*, (gerichtete / hierarchische) *Graphen*, *Skizze*, Text
Konzept	*Skizze, Zeichnung, Comic*
Produktprogramm	*hierarchische Graphen, Portfolien, Mengendiagramme, Abbildungen*
Produktlinie	*(hierarchische) Graphen, Abbildungen, Text*
Produktfamilie	*(hierarchische) Graphen, Abbildungen, Text*
Produkt	*Abbildungen (Fotografie, Rendering, Zeichnung etc.)*, Text
Produktarchitektur	*ungerichtete Graphen, Ebenengraph, Blockbild, Flussbild*
Produktstruktur	*ungerichtete Graphen, Ebenengraph, Blockbild, Abbildungen, Liste*
Komponente	*Blockbild, Abbildungen (Fotografie, Rendering, Zeichnung etc.)*, Text
Modul	*Blockbild*, *Abbildungen*, Umrandung, Text
Gleichteil	*Abbildungen*, Symbol, Umrandung, Text
Kopplung/Schnittstelle	*Graphen*, *Matrix*, *Abbildungen*, Verbindungen, Farbe
Lösung	Text, Skizze, Symbol
Wirk-, Lösungsprinzip	*Prinzipzeichnung, Explosionszeichnung, Blockbild*
technisches Merkmal	Text/Annotation, Zeichnung, Rendering, Verbindung, Symbole, Farbe
Wirkelement, -fläche	*Skizze, Zeichnung, Rendering, Prinzipzeichnung, Graph*, Farbe, Annotation
Kommunalität	*Graphen, Text/Annotation, Matrix*, Verbindungen, Umrandung, Farbe
Angebotsvielfalt	*hierarchische Graphen, Abbildungen, Tabelle, Liste, Matrix*, Text, Farbe
Technologie	*Prinzipzeichnung, Flussbild, Blockbild*, Text
Variante	*Abbildung*, Text, Symbol
Kombinatorik, Konfigu-	*ungerichtete / hierarchische Graphen, paralleler Koordinatenplot, Tabel-*

ration	*le, Matrix*, Verbindungen, Farbe, Symbole
Varianzart	Symbole, Farbe, Umrandung, Text / Annotation
Alternative	*Abbildung*, Text
Version	*Zeitstrahl, Abbildung*, Text, Symbol
Konstruktion	
Baugruppe	Blockbild, Abbildungen (Fotografie, Rendering, Zeichnung etc.), Text
Bauraum	*Übersichtszeichnung, Blockbild,* Umrandung, Hinterlegung, Farbe
Bauteil	Symbol, Rendering, Text, Form
Bauteilgestaltung	Zeichnung, Rendering
Geometrie	*Fotografie, Zeichnung, Rendering, Skizze*
Material	*Fotografie*, Textur, Symbol, Text, Farbe
Toleranz	Symbol, Text, Farbe, Länge
Management	
Priorisierung	*Liste*, Symbol, Größe, Farbe (Sättigung), Text & -formatierung
Unsicherheit, Risiko	Symbol, *Box-Plot*, Text, Farbe, Länge, Skizzenhaftigkeit
Kennzahl	*(radiale) Wertediagramme, Säulen- und Balkendiagramme*, Länge, Farbe
Kompetenz	Symbol, *Tabelle, Liste,* Text, Farbe
Organisation	*(hierarchische, gruppierte) Graphen, Ebenengraph, Matrix, Strahlennetz*
Problem	Symbole, Text, Umrandung, Farbe
Projekt	*Zeitstrahl*, Text, Symbol, Farbe
Reifegrad	*Säulen- und Balkendiagramme, Kreisdiagramm,* Symbol, Farbe, Länge, Skizzenhaftigkeit
Ressource, Kapazität	*Säulen- und Balkendiagramme, Linien- und Flächendiagramme,* Länge, Text, Farbe
Szenario	*Skizze, Portfolio, Metapher,* Text, Farbe, Symbol
Verantwortlicher	Farbe, Symbol, Metapher, Text
Ziel	*Skizze, Metapher, Comic,* Text, Farbe, Symbol
Fertigungs-, Montage-schritt	*Flussdiagramm, Flussbild, Swim-Lane-Diagramm, Zeitstrahl, Prinzipzeich-nung, Comic*
Zulieferer	*Symbol*, Farbe, Text
Durchlaufzeit	*Zeitstrahl*, Länge, Farbe
Feedback	Symbol, Text, Metapher
Fehler	Symbol, Farbe, Text, Skizze,
Freigabe	Symbol, Text, Farbe

A5 Sammlung typischer visueller Konventionen der Berufsgruppen in Zusammenarbeit mit der Produktentwicklung

Die visuellen Konventionen verschiedener Unternehmensabteilungen, mit der die Produktentwicklung kooperiert, wie zum Beispiel Vertrieb, Beschaffung oder Produktion, sind unterschiedlich. Im Folgenden werden die gängigen Visualisierungen der in Bild A-6-1 gezeigten Unternehmensfunktionen vorgestellt und verglichen. Bei der Entwicklung von Visualisierungskonzepten als Werkzeuge können so zum einen die typischerweise genutzten Visualisierungen zur Erweiterung der Lösungsmenge in Phase 4 genutzt werden. Zum anderen kann auf die hier vorgestellten, visuellen Konventionen der Berufsgruppen besser eingegangen werden, sodass Fehlinterpretationen von interdisziplinär genutzten Visualisierungen besser vermieden und schnelles Verständnis gefördert werden kann.

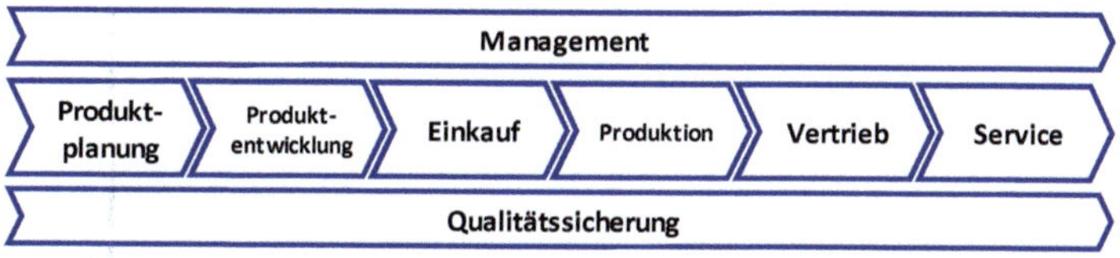

Bild A-6-1: Übersicht der Unternehmensfunktionen und ihrer typischen Visualisierung

Produktplanung

Produktportfolio, Produktprogramm	
Zweck	Übersicht der Produkte und Leistungen eines Unternehmens
Inhalte	Überblick der aktuellen Produkte bezüglich unterschiedlicher Parameter, wie Umsatz, Umsatzentwicklung, Marktanteil, Wettbewerbsvergleich oder Marktattraktivität – teilweise auch im Zusammenhang mit Entwicklungstrends des Marktes
Beispiel	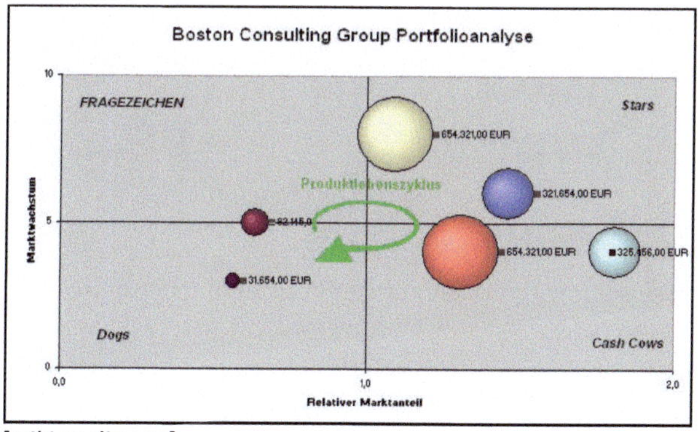 [wikimedia.org]

<table>
<tr><th colspan="2">Roadmaps</th></tr>
<tr><td>Zweck</td><td>Überblick über die langfristige Produktplanung, abgestimmte Planung von Marktentwicklung, Angebot, Produkt- und Technologieentwicklung</td></tr>
<tr><td>Inhalte</td><td>Nachfrageentwicklung, Produkte, Technologieentwicklung, Projekte, Kapazitäten</td></tr>
<tr><td>Beispiel</td><td>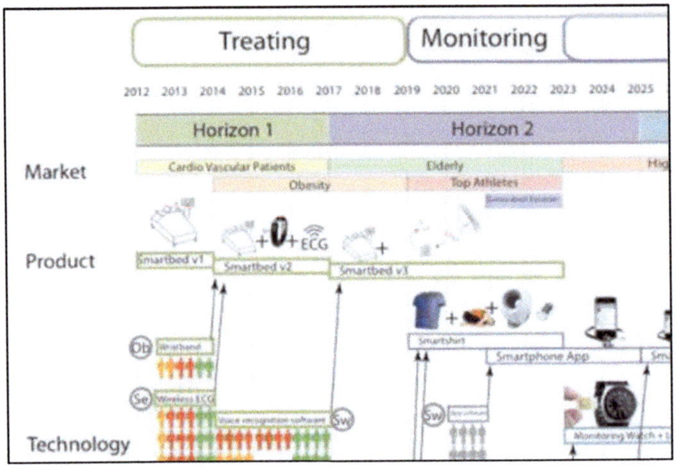

[www.romano.chandansingh.com]</td></tr>
</table>

Entwicklung und Konstruktion

<table>
<tr><th colspan="2">Konzeptskizzen</th></tr>
<tr><td>Zweck</td><td>Entwicklung, Analyse, Bewertung, Kombination und Verbesserung von Produkt- und Lösungsideen</td></tr>
<tr><td>Inhalte</td><td>Oberflächen, Abläufe, Bauteile, Wirkprinzipien (u.A.)</td></tr>
<tr><td>Beispiele</td><td>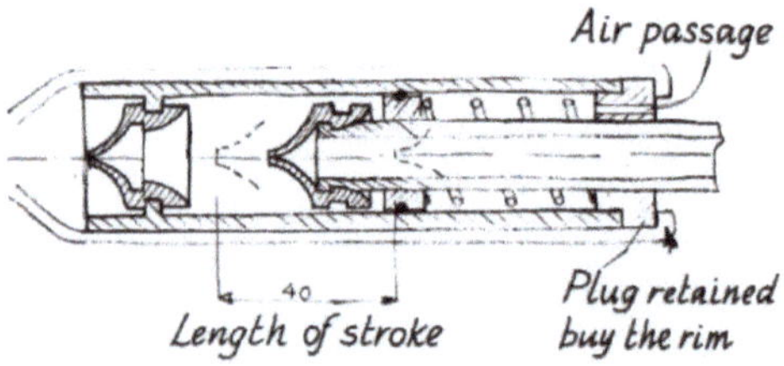

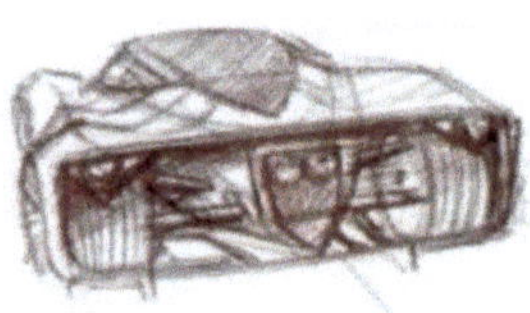</td></tr>
</table>

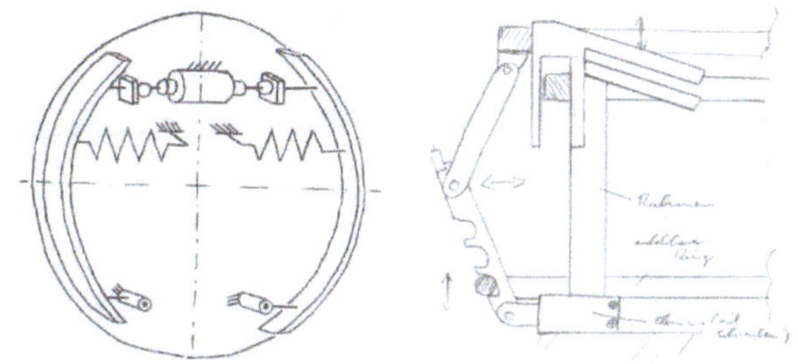

[Tja79], [Dic06]

Morphologischer Kasten

Zweck	Überblick der Lösungsmöglichkeiten
Inhalte	Alternative, prinzipielle Lösungen zu (Teil-)Funktionen
Beispiel	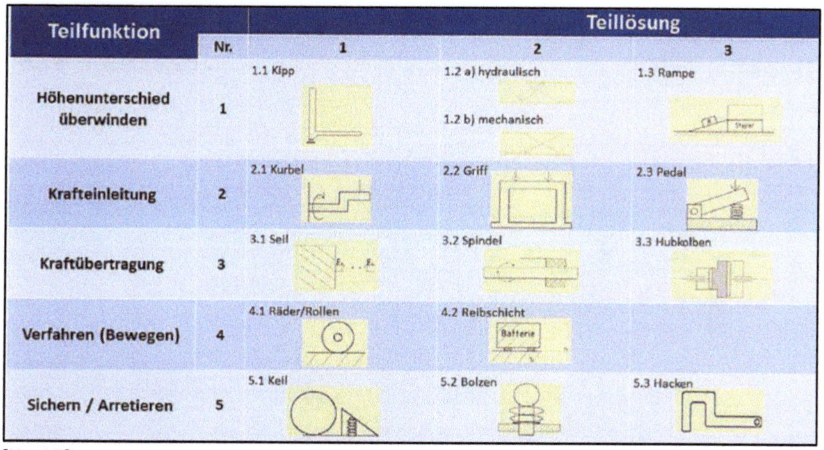

Teilfunktion	Nr.	Teillösung 1	2	3
Höhenunterschied überwinden	1	1.1 Kipp	1.2 a) hydraulisch 1.2 b) mechanisch	1.3 Rampe
Krafteinleitung	2	2.1 Kurbel	2.2 Griff	2.3 Pedal
Kraftübertragung	3	3.1 Seil	3.2 Spindel	3.3 Hubkolben
Verfahren (Bewegen)	4	4.1 Räder/Rollen	4.2 Reibschicht	
Sichern / Arretieren	5	5.1 Keil	5.2 Bolzen	5.3 Hacken

[Kra15]

Technische Zeichnung

Zweck	Produktionsbereite Dokumentation von Produkten
Inhalte	Bauteile mit Material, Geometrie und Oberflächenbeschaffenheit, Produktaufbau, Fertigungs- und Montagefolgen

Beispiele	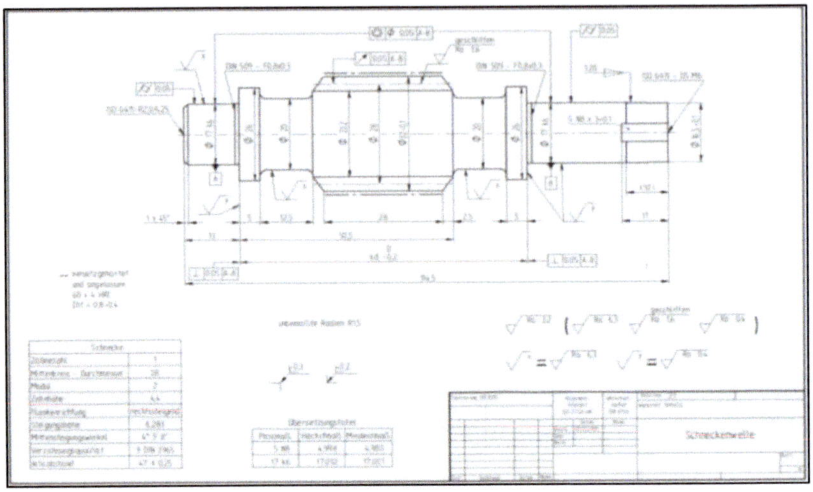 [Bra13]

CAD	
Zweck	Konstruktion
Inhalte	Bauteile, Baugruppen, Produktaufbau, Produktstruktur
Beispiel	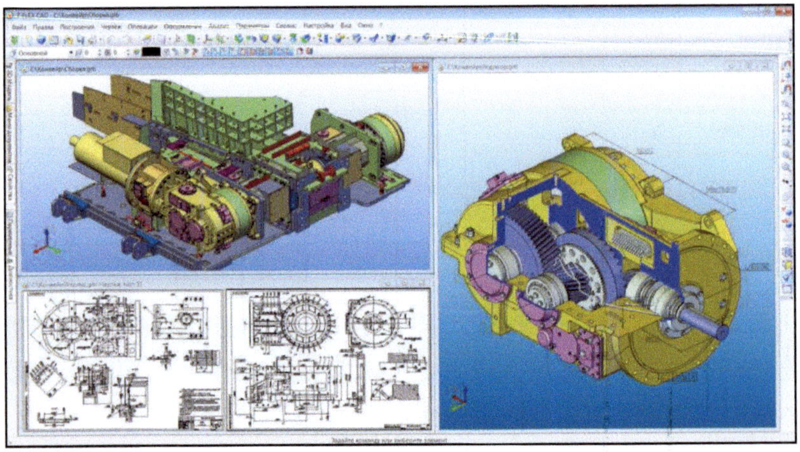 [wikimedia.org]

Design-Illustration & Rendering	
Zweck	Festlegung der Formgebung, Ergonomie und Funktionalität; frühe Lösungsbewertung und -absicherung
Inhalte	Produktgeometrie, Oberflächenbeschaffenheit
Beispiel	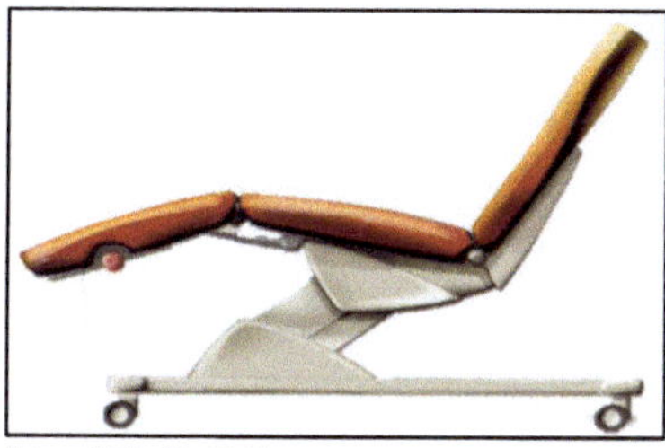  [Heu15], [Pri04]

Augmented und Virtual Reality	
Zweck	virtuelle Prototypen, Bauraumuntersuchung, Arbeitsplanung, Arbeitsanleitung, Nutzertests, Produktdemonstrationen
Inhalte	
Beispiel	  [autoviva.com], [Neu11]

Einkauf und Materialwirtschaft

Flussdiagramme	
Zweck	allgemeine Planung und Management von Prozessen, Planung und Überwachung des Materialflusses in logistischen Ketten und im Unternehmen
Inhalte	Arbeitsschritte, Verantwortliche, Ressourcen, Arbeitsinhalte, Durchlaufzeiten
Beispiel	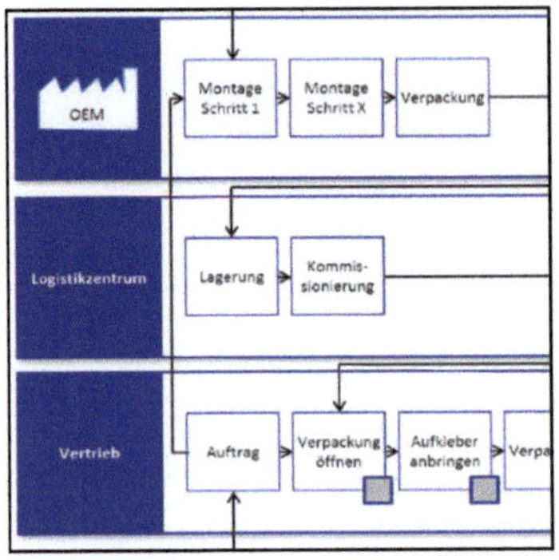 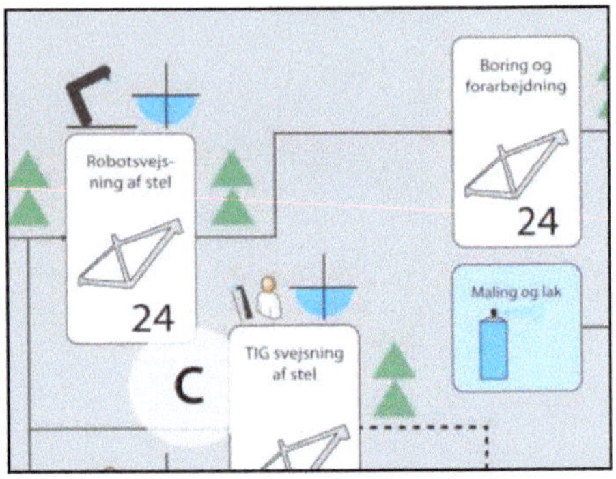 [Bro15], [Mor12]

Sankey – Diagramm	
Zweck	Verteilung und Umsetzung von Ressourcen über einen Unternehmensprozess, Wertstromanalyse
Inhalte	Materialfluss, Wertfluss, teilweise auch andere Flüsse
Beispiel	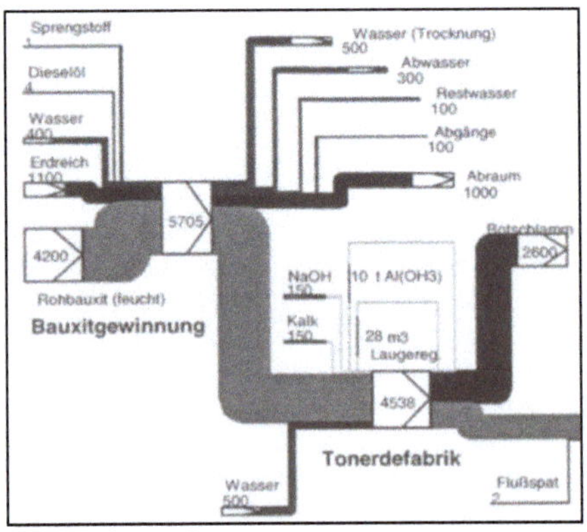 [wikimedia.org]

Netzwerkediagramme	
Zweck	Planung und Analyse von Verbindungen zwischen Produktionseinrichtungen
Inhalte	Standorte, Materialfluss, Lieferanten
Beispiel	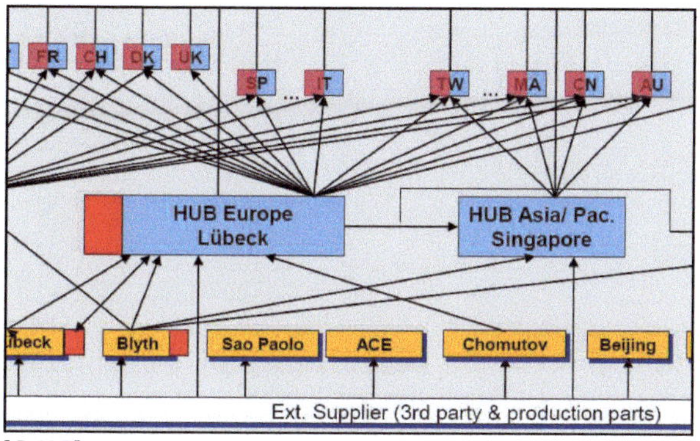 [Gri15]

Produktion

Produktionslayout	
Zweck	Planung und Optimierung der Produktionseinrichtungen
Inhalte	Maschinen, Anlagen, Läger, Transportwege
Beispiele	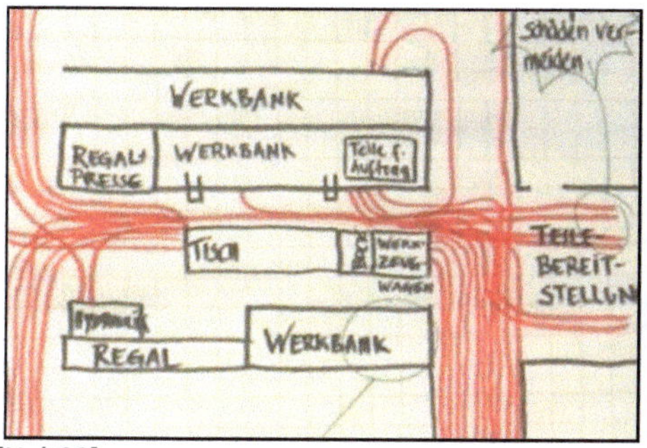 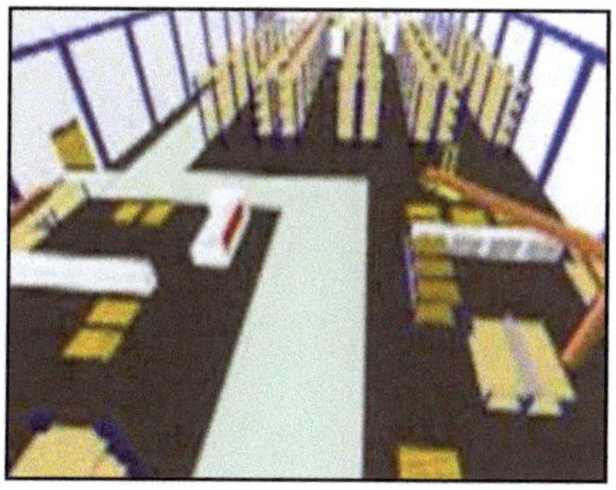 [Nyh08]

Produktionsplan

Zweck Planung der Art und Menge der herzustellenden Produkte und Leistungen sowie der dazu nötigen Ressourcen

Inhalte Produkte, Stückzahlen, Zeitplanung, Anlagen und Einrichtungen, Personal, Betriebsmittel, Bestände

Beispiel

Produktionsplan nach KW

Art.-Nr.:	Bezeichnung	Rück-stand	Woche 10	Woche 11	Woche 12	Woche 13	Woche 14	Woche 15	Woche 16	Woch[e] 17
		02.03.2014	3.-9.3.	10.-16.3.	17.-23.3.	24.-30.3.	31.-6.4.	7.-13.4.	14.-20.4.	21.-27.
1195564	Rahmen				10			14		
1195591	Unterbaugruppe 1					45		45		
1195592	Unterbaugruppe 2							45	45	
1323693225	Kantteil entsprechend Zeichnung			300			200			
14	Tür 1 : 900 x 1700		6		19					
15	Tür 2 : 600 x 1700		8							
17	Winkeleisen 1700				100					
242.01.04	Unterbaugruppe 1a						45	45		
51	Vorklärung China									
I-100001	Hydraulikzylinder				6				6	
I-100002	Gelenk				10	10				
I-100004	Ausleger		22							
I-100006	Torrahmen						3			
I-100007	Toreinheit							3		
S-100002	Hohlrad			8					4	
Sum.		0	36	308	145	55	248	152	55	0

[wikimedia.org]

Durchlaufdiagramm

Zweck Überwachung von Durchlaufzeiten, Umlaufbeständen, Kapazitätsauslastungen, Terminabweichungen und weiteren Beständen

Inhalte Auftragszugang und -abgang

Beispiel

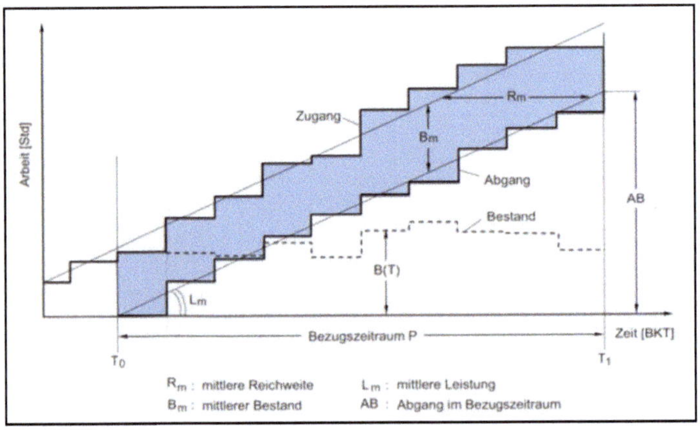

[Nyh12]

Montageanleitung

Zweck	Sicherstellung der schnellen, einfachen und sicheren Montage intern oder für den Kunden
Inhalte	Einzelschritte, Hinweise, Werkzeugbedarf, Warnungen
Beispiel	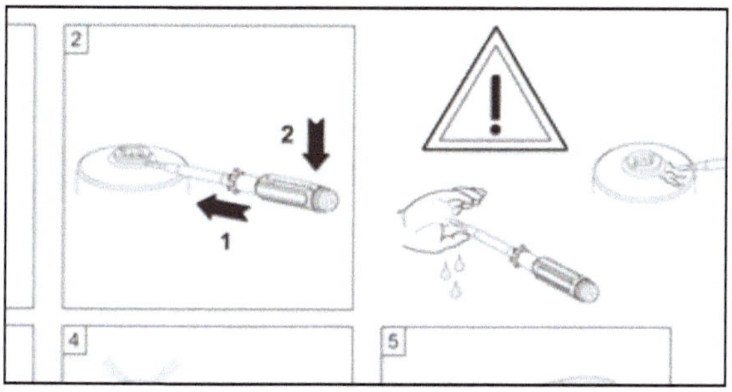 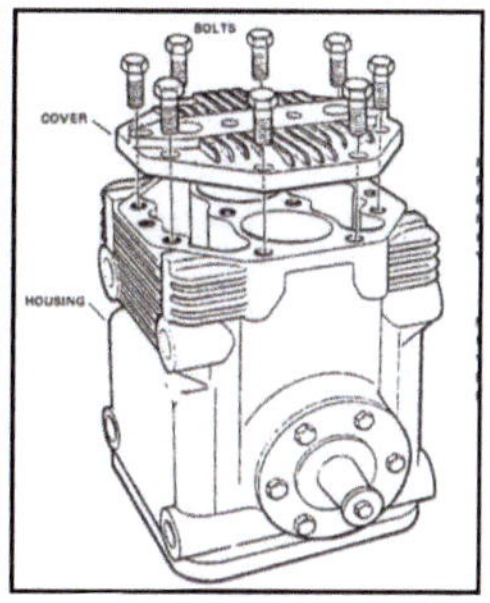 [edl-zeichenstudio.de], [wikipedia.org]

Vertrieb

Kataloge	
Zweck	Zusammenfassung und Aufbereitung des Produktprogrammes für den Kunden
Inhalte	Produktprogramm, Produkte, wesentliche Produkteigenschaften aus Kundensicht als Zugriffsmerkmale, Beispiele und Hilfen zur Auswahl und Auslegung
Beispiel	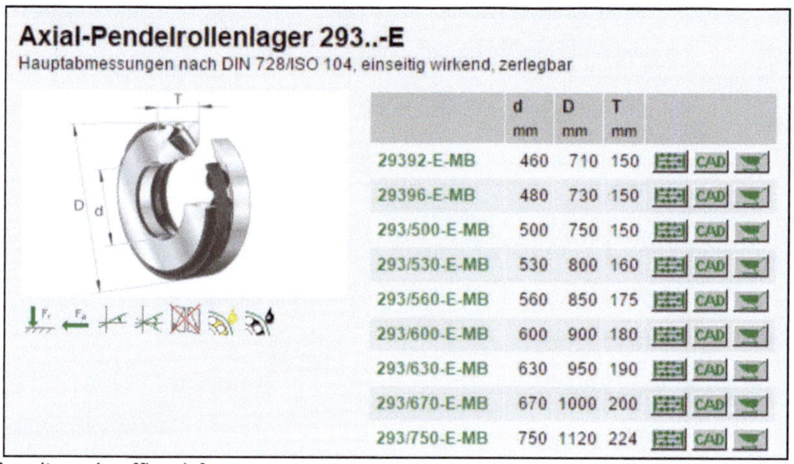 [medias.schaeffler.de]

Axial-Pendelrollenlager 293..-E

Hauptabmessungen nach DIN 728/ISO 104, einseitig wirkend, zerlegbar

	d mm	D mm	T mm	
29392-E-MB	460	710	150	CAD
29396-E-MB	480	730	150	CAD
293/500-E-MB	500	750	150	CAD
293/530-E-MB	530	800	160	CAD
293/560-E-MB	560	850	175	CAD
293/600-E-MB	600	900	180	CAD
293/630-E-MB	630	950	190	CAD
293/670-E-MB	670	1000	200	CAD
293/750-E-MB	750	1120	224	CAD

Konfiguratoren	
Zweck	Einfache Zusammenstellung und Individualisierung des Produktes durch den Kunden oder den Vertriebsmitarbeiter
Inhalte	Produktübersicht, kundenrelevante Produkteigenschaften, Auswahlhilfen und -optionen, Preiskalkulation
Beispiel	 [Hilti Entwicklungsgesellschaft mbH], [Kra18]

Management

Gantt-Diagramm	
Zweck	Planung zeitlicher Programm- und Projektabläufe
Inhalte	Phasen, Aktivitäten, Arbeitsschritte, Plandauer, Planabweichung, Verantwortliche, Ressourcen
Beispiel	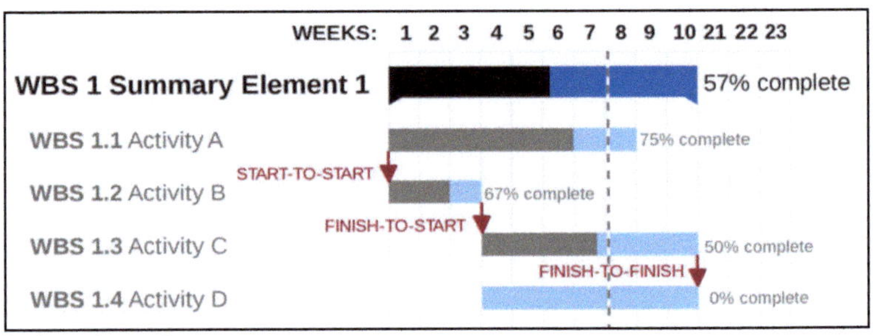 [wikimedia.org]

Organigramm

Zweck Übersicht und Planung der Aufbauorganisation des Unternehmens

Inhalte Bereiche und Abteilungen, Führungskräfte und Verantwortliche, Zuordnung der Verantwortungs- und Leitungsaufgaben

Beispiel

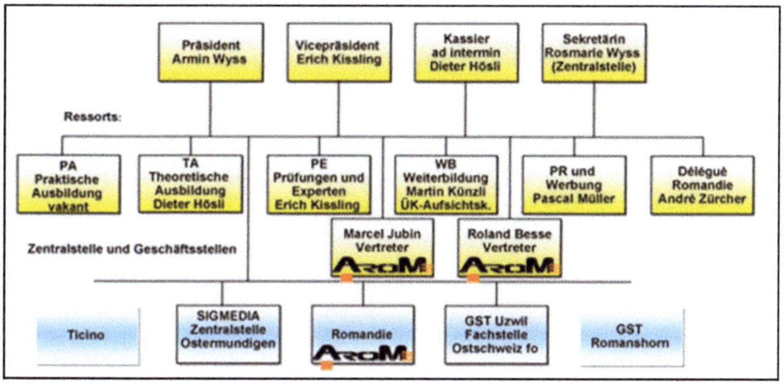

[wikimedia.org]

Management Cockpit

Zweck Informationsbereitstellung für Unternehmensführung und Controlling

Inhalte Beispielsweise Gewinnverlauf, Verkaufszahlen oder Betriebskosten

Beispiel

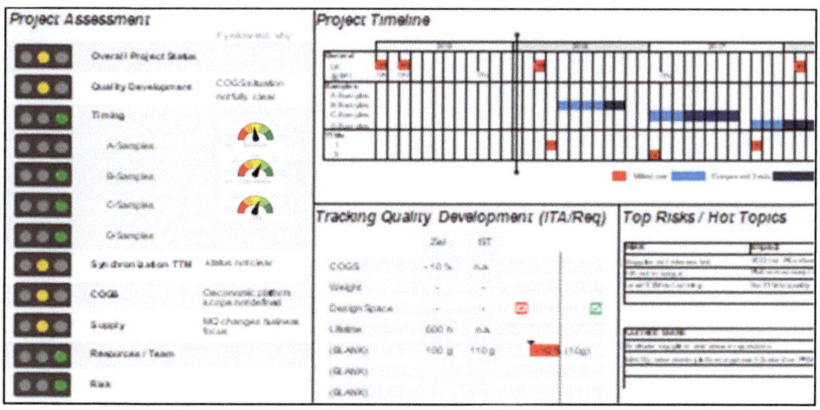

Qualitätsmanagement

Prozesslandschaft	
Zweck	Planungsübersicht der wesentlichen Unternehmensprozesse
Inhalte	Prozesse, Teilprozesse, Aufgaben, Bereiche, Verantwortliche
Beispiel	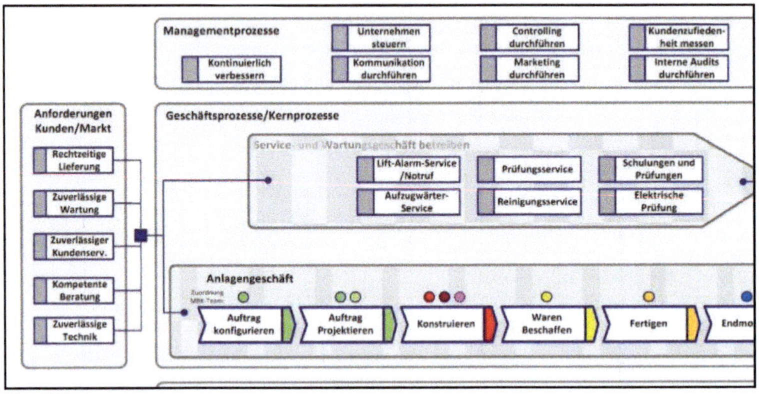 [Ste13]

Ishikawa-Diagramm	
Zweck	Untersuchung von Kausalbeziehungen zur Ursachenanalyse
Inhalte	Sammlung möglicher Ursachen einer Wirkung und deren kausale Zusammenhänge
Beispiel	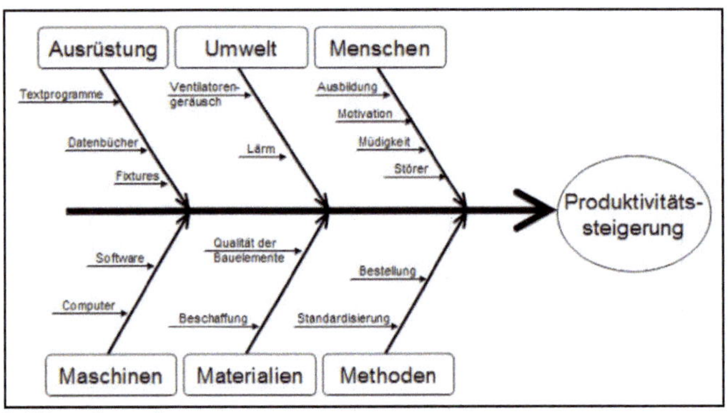 [wikimedia.org]

Qualitätsregelkarte	
Zweck	Auswertung von Prüfdaten zur Prozessbewertung und -steuerung
Inhalte	Qualitätsmerkmal mit Soll-Wert und zeitlichem Verlauf, Grenzwerte und Maßnahmen
Beispiel	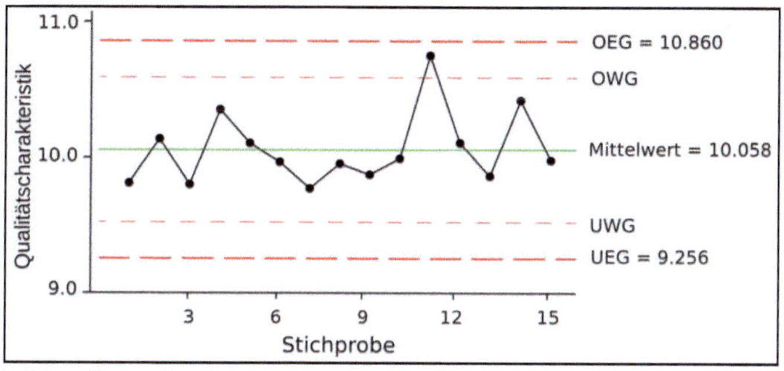 [wikimedia.org]

A6 Sammlung von Visualisierungskonzepten aus der Produktentwicklung

Zur groben Übersicht der bestehenden Lösungsmenge an Visualisierungskonzept in der Produktentwicklung wurden 41 Konzepte recherchiert. Diese sind im Folgenden aufgeführt. Die neu erstellten Lösungskataloge für Visualisierungsprinzipien und -techniken (siehe Anhang A7 und A8) stellen generische Lösungsmengen für die Entwicklung von Visualisierungskonzepten zur Verfügung (siehe Kapitel 4.7.1 und 4.7.2). Zur Überprüfung der Anwendbarkeit und Vollständigkeit wurden die Visualisierungsprinzipien und -techniken dieser Lösungskataloge mit den recherchierten Visualisierungskonzepten verglichen.

Im Rahmen der *Methode zur Entwicklung von Visualisierungskonzepten als Arbeitswerkzeuge in der Produktentwicklung* wird die Sammlung von Visualisierungskonzepten aus der Produktentwicklung in Phase 3 genutzt, um bestehende Teillösungen zu Sammeln (siehe Kapitel 4.6). In diesem Zuge sind auch verschiedene online-Datenbanken für Informationsvisualisierung empfehlenswert, wie beispielsweise (Abruf Juni 2019)

- www.treevis.net,
- www.visualisingdata.com/resources,
- www.financevis.net,
- www.datavizproject.com,
- www.seeingcomplexity.wordpress.com,
- www.mkweb.bcgsc.ca,
- www.vpascual.org.

Visualisierung	Quellen	Anwendungsaufgaben	Daten und Informationen	Visualisierungsprinzipien	Visualisierungstechniken
hierarchische Funktionsstruktur	[Pon08]	Analyse bestehender, technischer Systeme Untersuchung von Vernetzungen der Funktionen Synthese neuer Lösungen Entwicklungsgrundlage für Wirk- und Bauebene	Funktionen, Gesamtfunktionen, Teilfunktionen, Zugrhörigkeit	Baumdiagramm	Form, Position, Text
umsatzorientierte Funktionsstruktur	[Pon08], [Ehr13]	Analyse der Umsätze und deren Eigenschaftsänderungen im Produkt Synthese von neuen Produkten und Lösungen Entwicklungsgrundlage für Wirk- und Bauebene	Umsätze (Stoff, Energie, Signal), Funktionen, Regeln	Node-Link-Diagram	Form, Position, Linienart, Text
techn. Zeichnung, Tabellenzeichnung	[Gro87]	vollständige Dokumentation von Bauteilen und Komponenten sowie gegebenenfalls Fertigungs-, Montage- und Nutzungshinweise vollständige Grundlage für die Ableitung von Fertigungsunterlagen	Einzelteile, Komponenten, Geometrie, Materialien, Abmaße, Oberflächen	Zeichnung, Tabelle, Ansicht, Rendering	Form, Symbole, Text
Ereignisgesteuerte Prozesskette (EPK)	[Gad12]	Beschreibung und Analyse von Prozessabläufen, Aufgaben, organisatorischer Einheiten und Informationen	Ereignis, Funktion, organisatorische Einheit, Informationsobjekt, Anwendungssystem, Kontrollfluss, Datenfluss	Node-Link-Diagram	Form, Position, Linienart, Symbole, Text
Roadmap	[Mac06]	Planung von Einzelobjekten aus einem einheitlichen Betrachtungsbereich, also zum Beispiel verschiedene Produkte eines Unternehmens	Projekte, Technologien, Produkte, Ressourcen, Zeit, Module, Marktphasen	Gantt-Chart, Balkendiagramm	Form, Position, Länge, Text
Function Means Tree	[And15]	Entwickeln von verschiedenen Lösungsideen auf Ebene von Funktionen und Wirkprinzipien	Funktionen, Teilfunktionen, Wirkprinzipien	Baumdiagramm, Skizze	Form, Position, Linienart, Symbole, Text, Skizze
Dynamic Portfolio Map	[Lar07]	Produktplanung, Planung und Verfolgung der Produktentwicklung, Ressourcenplanung	Projekte, Projektmeilensteine, Ergebnisse, Kosten, Verspätungen, Projektstati, beteiligte Abteilungen, Projektprioritätsklasse	Ganttdiagramm, Wertediagrammen, Balkendiagramme, Swimlanediagramm	Form, Position, Farbe, Linienart, Linienfarbe, Länge, Text, Umrandung
Generic Production Flow	[Mor12]	Planung und Optimierung der Produktionsabläufe einer Produktfamilie Darstellung der Zusammenhänge zwischen Produkt und Produktion darstellt	Fertigungs- und Montagebläufe, Produktvarianten, Fertigungsmittel und Werkzeuge je Produktionsschritt, Bestände und Durchlaufzeit je Produktionsbereich, Auslastung, Anzahl an erzeugten Produktvarianten	Node-Link-Diagram, Flussdiagramm, Rendering	Form, Farbe, Linienart, Linienfarbe, Symbole, Text, Rendering, Metapher
Technology-driven Roadmap (TRM)	[Jin15]	strategisches Technologiemanagement und mittel- bis langfristige Planung von Technologien, Produkten und Märkten sowie Entwicklungsprojekten	Zeit, Projekte, Technologien, Produkte, Marktphasen	Node-Link-Diagram, Swimlane-Dagramm, Gantt-Chart, Zeitstrahl	Form, Position, Farbe, Linienart, Symbole, Text
Model of technical Systems (MTS)	[Fre14]	Entwicklung und Analyse von technischen Systemen	Komponenten, Bauteile, Gestaltung, Produkte, Funktionen, Flüsse, Prozesse	Node-Link-Diagram, Block-Diagramm, Zeichnung, Rendering, Flussdiagramm	Form, Position, Farbe, Linienart, Text
Company Strategic Landscape (CSL)	[Pak15]	Produktplanung, Festlegung von Anforderungen, Entwickeln einer produkt- und prozessgerechten Produktstruktur durch Aufnehmen von Randbedingungen und Abhängigkeiten	Produktstruktur, Baustruktur, Schnittstellen, Geschäftsmodelle, Prozesse, Organisationsstruktur, Ressourcen	Kartendiagramm, Node-Link-Digramm, Tabelle, Flussdiagramm, Portfolio,	Form, Position, Farbe, Linienart, Linienfarbe, Text, Skizze
Graph der Wirkelemente	[Lip00]	Entwicklung von Produktkonzepten und technischen Systemen anhand von Bauelementen und Wirkprinzipien	Wirkprinzipien, Wirkelemente, Bauelemente	Node-Link-Diagram, Skizze	Form, Linienart, Symbole, Text, Skizze
Funktionale Baumstruktur	[Jia00]	Dekomposition einer Kundenanforderung zur Entwicklung technischer Lösunngen	Anforderungen, Funktionen, Teillösungen, Varianten	Baumdiagramm	Form, Linienart, Text

Visualisierung	Quellen	Anwendungsaufgaben	Daten und Informationen	Visualisierungsprinzipien	Visualisierungstechniken
Product Architecture	[Mor11]	Planung der Produktgenerationen von modularen Produktprogrammen	Komponenten, Produkte, Produktgenerationen	Rendering, Matrix, Zeitstrahl	Position, Text, Rendering, Skizze, Umrandung
Product Structure Blue Print (PSBP)	[Pak15]	Entwicklung und Dokumentation der Produktstruktur für Produktfamilien, Verknpüpfung von Kundengruppen und Produktvarianz	Anforderungen, Kundengruppen, Produktfamilien, Funktionen, technische Lösungsmölichkeiten, Varianten	Baumdiagramm	Form, Position, Farbe, Linienart, Text
Vielfaltsbaum (Tree of external Variety,TeV)	[Kip12]	Analyse und Festlegung der externen Produktvielfalt einer Produkfamilie	Produkteigenschaften, Varianz, Produktvarianten, Anwendungen	Baumdiagramm	Farbe, Symbole, Text, Rendering, Skizze
Variantenorientierte Funktionsstruktur	[Kip12]	Identifikation der Varianz einer Produktfamilie auf Ebene der Funktionen und Findung von Lösungsansätzen zur Reduktion der internen Vielfalt	Zustände, Funktionen, Varianz, Flüsse	Node-Link-Diagram, Flussdiagramm	Form, Farbe, Linienart, Linienstärke, Text, Umrandung
Variety Allocation Modell (VAM)	[Kip12]	Analyse der Produktvielfalt und und Verbesserung der Variantengerechtheit einer Produktfamilie	Produkteigenschaften und deren Relevanz aus Kundensicht, Funktionen, mit Varianz, Wirkprinzipien, Komponenten, Kosten, Kopplungsgrad	Node-Link-Diagram	Form, Position, Farbe, Linienart, Symbole, Text, Rendering, Skizze, Umrandung
Product Family Master Plan (PFMP)	[Har06]	Entwicklung und Dokumentation von Produktfamilien, Reduzierung von Komplexität	Produktprogramm, Produkteigenschaften, Funktionen, Funktionsträger, Module, Wirkprinzipien, Produktstruktur, Baugruppen, Bauteile, Varianten	Tabelle, Node-Link-Diagram, Liste	Farbe, Linienart, Linienfarbe, Symbole, Text
Production variety funnel	[Hin97], [Wes04]	Analyse der Varianz entlang des Auftragsabwicklungsprozess, Planung der Variantenentstehungspunkte	Auftragsabwicklungsprozess, Anzahl der Kommissionsnummern und Varianten	Flussdiagramm, Balkendiagramm	Form, Position, Größe, Text
Carry-over Assignment Plan (CAP)	[Jon14]	Identifikation von Komponenten als möglichen Übernahmekandidaten zwischen verschiedenen Produktfamilien eines Produktprogrammes	Komponenten, Komponentenvarianz, Produkte, Produktfamilien, Übernahmekandidaten	Matrix, Tabelle, Node-Link Diagramm	Position, Farbe, Text
Carry-over Chart (COC)	[Eil16]	Identifikation von Modulen für den übergreifenden Einsatz in mehreren Produktfamilien, Reduktion der Varianz	Komponenten, Komponentenvarianz, Produktlinien, Wiederverwendung von Komponenten, Baureihen	Matrix, Tabelle, Node-Link Diagramm	Position, Farbe, Linienart, Text, Textfarbe
Module Indikation Matrix (MIM)	[Eri98]	Definition einer Modulstruktur Anhand Funktionen beziehungsweise Funktionsträger und Modultreibern aus verchiedenen Unternehmensbereichen	Modultreiberkategorien, Modultreiber Funktionen, Teilfunktionen, technische Lösungen	Matrix	Symbole, Text, Textur
Product Architecture Function Diagrams/Structures	[Ott01], [Zak01], [Hat00]	Systementwicklung und funktionale Dekomposition technischer Systeme, Entwicklung von Modulstrukturen anhand ihrer Funktionen und Schnittstellen	Anforderungen, Funktionen, Produkteigenschaften, Prozesse, Module	Node-Link-Diagram, Matrix	Form, Farbe, Linienart, Linienstärke, Symbole, Text, Umrandung
Generic Product and Process Structure (GPPS)	[Jia07]	Entwicklung von Produkt- und Produktionsprozessen und Reduktion deren Vielfalt, Identifikation geeigneter ProduktplattForm, Entwicklung von Produktfamilien	Produkte, Produktstruktur, Varianten, Prozesse, Anforderungen, Arbeitsstationen	Node-Link-Diagram, Listen, Flussdiagramm	Form, Farbe, Linienart, Symbole, Text, Zeichnung, Textur
Extended Generic Product Structure (EGPS)	[Cal06]	Entwicklung einer geeigneten Produktstruktur für variantenreiche Produkte	Produkte, Varianten, Produktstruktur, Gestaltung, Schnittstellen, Kombinierbarkeit	Node-Link-Diagram	Form, Farbe, Linienart, Linienstärke, Text
Module Interface Graph (MIG)	[Ble11]	Entwicklung einer modularen Produktstrukturierung unter Berücksichtigung der Varianz und Flüsse innerhalb einer Produktfamilie sowie Schnittstellen	Komponenten, Varianz, Flüsse im Produkt	Kartendiagramm, Node-Link-Diagram, Flussdiagramm	Form, Position, Farbe, Linienart, Text
Interface Diagram (IFD)	[Bru12], [Bru14]	Definition einer Modulstruktur, Doukmentation des Entwickungsvorgangs und Erstellung einer Produktdatenstruktur für Produktfamilien	Funktionen, Flüsse, Komponenten, Module, Schnittstellen, Varianz, Wirkprinzipien	Kartendiagramm, Node-Link-Diagram, Flussdiagramm	Form, Position, Farbe, Linienart, Symbole, Text

A7 Lösungskatalog der Visualisierungsprinzipien

Als unterstützendes Werkzeug wurde im Rahmen dieser Arbeit ein Lösungskatalog für Visualisierungsprinzipien neu erarbeitet. Der im Folgenden aufgeführte Katalog stellt Visualisierungsprinzipien generisch zur Verfügung und wurde auf Grundlage der Literatur der Informationsvisualisierung erarbeitet (siehe Kapitel 2.3.1), [Ber11], [Dua08], [War04], [Sch00].

Visualisierungsprinzip, Erläuterung, Beispiele		Anwendungshinweise	1. Auswahlschritt: räumlich / gegenständlich	1. Auswahlschritt: quantitativ	1. Auswahlschritt: Beziehungsstrukturen	1. Auswahlschritt: Abläufe	1. Auswahlschritt: qualitativ / abstrakt	2. Auswahlschritt: räumlich / gegenständlich: Realitätsnähe	2. Auswahlschritt: räumlich / gegenständlich: Detaillierungsgrad	2. Auswahlschritt: Beziehungsstrukturen: hierarchisch	2. Auswahlschritt: Beziehungsstrukturen: relational	2. Auswahlschritt: Beziehungsstrukturen: multibel vernetzt	2. Auswahlschritt: Abläufe: zeitliche Dauer	2. Auswahlschritt: Abläufe: Werteverlauf	2. Auswahlschritt: Abläufe: Abfolgen
Graphen		Die Anzahl der Schnittpunkte von Kanten sollte minimiert werden und besonders lange oder kurze Kantenlängen sowie Knicke in den Kanten vermieden werden. Kanten sollten sich nicht in kleinen Winkeln schneiden.													
einfache Graphen															
ungerichtete Graphen			◑	◑	●			gering	gering		●	●			
gerichtete Graphen															
gerichteter Graph	Graph mit gerichteten Kanten		◑	◑	●	◑		gering	gering		●	●	◑		●
Flussdiagramm	Leserichtung als Anordnungsregel der Knoten		◑	◑	●	●		gering	gering		●	●	◑		●
Swim-Lane-Diagramm	streifenförmigen Bereichen zur Anordnung der Knoten nach einer Eigenschaft		◑	◑	●	●		gering	gering	◑	●	●	◑		●
Sankey Diagramm	Breite der Kanten nach einer relevanten Eigenschaft der Relation		◑	●	●	●		gering	gering		●	●	◑	◑	●
hierarchische Graphen															
Baumdiagramm	Anordnung der Elemente auf ihren Hierarchieebenen			◑	●					●					
Dendrogramm	Baumdiagramm mit Postionierung der Elemente nach Ähnlichkeit einer ihrer Eigenschaften			●	●					●					
Hyperbolisches Baumdiagramm	Anordnung der Elemente auf ihren Hierarchieebenen als konzentrische Kreise	Die Elemte werden in Abhängigkeit ihrer Winkelpostition im Diagramm als unterschiedliche relevant wahrgenommen. Der Bezugspunkt sollte nach oben gelegt werden und von dort aus im Uhrzeigersinn fortgeschritten werden. Polarkoordinaten für Richtungen räumlich besonders gut nutzbar. wiederkehrende Zyklen sind durch den Umlauf gut darstellbar. Abläufe als in sich geschlossene Zyklen sind durch die Polarkoordinaten gut darstellbar.		◑	●					●					
Ring Tree	Winkel kann eine skalare Eigenschaft der Knoten repräsentiert		◑	●	●	◑		gering	gering	●			●		●
Sunburst	Winkel und Radius können skalare Eigenschaften der Knoten repräsentieren		◑	●	●	◑		gering	gering	●			●	◑	●
Kacheldiagramm (Tree Map)	Fläche repräsentiert eine Eigenschaft der Elemente	Weitere Aufteilungsprinzipien sind möglich, wie zum Beispiel Dreiecke.		●	●					●					
sonstige Graphen															
gruppierter Graph			◑		●	◑		gering	gering	●	●	●			◑
Ebenengraph			◑		●	◑		gering	gering	●	●	●			◑

Flussbild	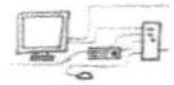	Flussdiagramm mit konkreter Abbildung der Knotenelemente	●		●	◑	◑	gering	gering	◑	●	●			◑
paralleler Koordinatenplot	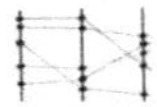	Die Achsen sollten auf ähnliche Längen skaliert werden. Mehr als ca. 7 Dimensionen oder ca. 30 Datensätzen erschweren die Übersicht. Die Reihenfolge der Achsen verursacht eine Priorisierung. Korrelationen zwischen zwei nicht nebeneinander liegenden Achsen sind kaum erkennbar.		◑	●						●	◑			◑
Bogen-Diagramm		Die Anwendbarkeit ist stark abhängig von der Minimierung der Kreuzungspunkte durch Vertauschung der Reihenfolge. Wenn möglich, ist ein Aufbau im Uhrzeigersinn empfehlenswert.			●						●	●			◑
Strahlennetz	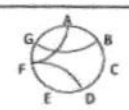				●						●	●			◑
Hive-Plot		Für die Anordnung der Achsen sollte oben gestartet und im Uhrzeigersinn fortgeschritten werden.													
Hypergraph	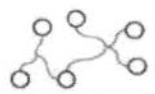	Graph mit mehreren Knoten pro Kante													
Abbildungen															
Handskizze	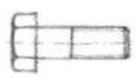		●		◑	◑	◑	mittel	mittel	◑					
Detailzeichnung	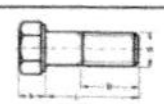		●	◑			◑	mittel	hoch						
Übersichtszeichnung			●		◑	◑	◑	mittel	mittel	◑	◑	◑			
Prinzipzeichnung	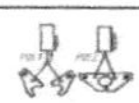		●		◑	◑	●	mittel	gering	◑	◑	◑			◑
Blockbild	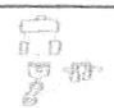		●		●		◑	mittel	gering	◑	●	◑			
Explosionszeichnung	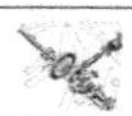		●		◑		◑	hoch	mittel	◑	●	◑			
Röntgenzeichnung			●		◑		◑	hoch	mittel		◑				
Rendering			●				◑	hoch	hoch						
Fotografie			●				◑	hoch	hoch						
Comic	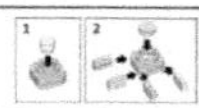	Darstellung eines Vorgangs in einer Folge von Bildern	●		◑	●	●	mittel	mittel						●

Metaphern													
Metapher	Verwendung eines allgemein bekannten Sinnbildes unter Ausnutzung der Assoziationen beim Betrachter. Das verwendete Sinnbild muss dem Anwender ausreichend bekannt sein oder von ihm eindeutig interpretiert werden können.	◐	◐	◐	◐	●			◐	◐	◐			◐
Ikonen- & Glyphenvisualisierung	Visualisierung durch visuelle Variablen, wie Länge, Winkel oder Form, Farbe oder Transparenz, von möglichst sprechenden Ikonen. F- E-		●											
Tabelle			●	◐	◐	●			◐	◐		◐		◐
Liste	Projekt – Teilprojekt — Teilaufgabe —— Arbeitspaket —— Arbeitspaket		●	◐	◐	●			●			◐		◐
Text / Annotation	"ABC" Als Visualisierungstechnik können das Format und die Schriftart eingesetzt werden.		◐	◐	◐	●			◐	◐	◐	◐		◐
Matritzen			●	◐	◐									◐
Matrix			●	●	◐				◐	●	◐			◐
+ Symbole			◐	●	◐				◐	●	◐			◐
+ Helligkeit			●	◐					◐	●	◐	◐		◐
+ Text			◐	●	◐	◐			◐	●	◐	◐		◐
Multi Domain Matrix			◐	●	◐				●	●	●			◐
Wertediagramme														
einachsige Wertediagramme			●		◐									
Einachsiges Streudiagramm			●		◐									
Zeitstrahl			●		●							●		●
kartesische Wertediagramme	Mehr als vier Variablen in einem Diagramm erschweren die Übersicht.													
Punktediagramm			●		◐					◐		◐	◐	
Kastendiagramm (Boxplot)			●		◐							◐	◐	

Blasendiagramm	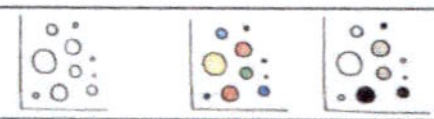			●		◑					◑		◑	◑	
Portfolio				●		◑									
Säulen- und Balkendiagramme															
Säulen- und Balkendiagramme		Verdeckungen der Säulen bei mehreren Variablen sollte vermieden werden. Bei nominalen Variablen sollte keine Achse dagestellt werden, um keine Ordnungsrelation zu suggerieren.		●		◑							◑	◑	
Rechteckdiagramm	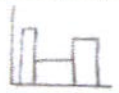			●		◑							◑	◑	
Säulen- und Balkendiagramm gruppiert				●		◑				◑			◑	◑	
Säulen- und Balkendiagramm abweichung	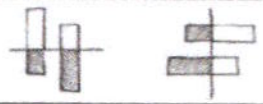			●		◑							◑	◑	
3D Säulendiagramm				●		◑				◑			◑	◑	
Säulen- und Balkendiagramme, gestapelt															
Säulen- und Balkendiagramm gestapelt				●		◑				◑			◑	◑	
Säulen- und Balkendiagramm gestapelt, normiert	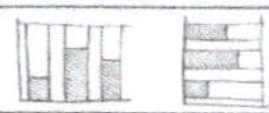			●		◑				◑			◑	◑	
Wasserfalldiagramm															
Säulen- und Balkendiagramme, schwimmend															
Säulendiagramm schwimmend				●		◑							◑	◑	◑
Balkendiagramm schwimmend	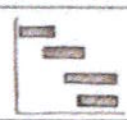			●		●							●	◑	●
Histogramme															
Säulenhistogramm	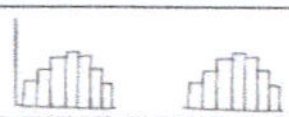			●		◑				◑			◑	●	
Linienhistogramm	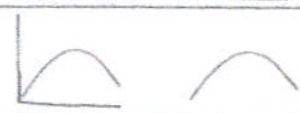			●		●							●	●	
Liniendiagramme															
Liniendiagramm	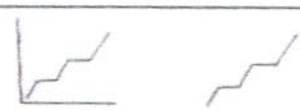			●		●							●	●	

Liniendiagramm gestapelt				●		●							●	●	
Flächendiagramme															
Flächendiagramm				●		●							●	●	
Flächendiagramm gestapelt				●		●				◑			●	●	
Flächendiagramm, gestapelt, normiert				●		●				◑			●	●	
Steam Graph				●		●				◑			●	●	
weitere Diagramme															
Parallelkoordinaten	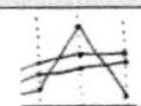			●		◑					●		◑	●	
Dreiecksdiagramm		Darstellung von konstanten Summen aus drei Variablen		●											
Igelkurven	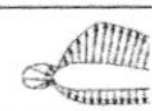	Wertediagramm auf beliebiger Referenzkurve; häufig ungenauer ablesbar als ein Liniendiagramm	◑	●				mittel							
Trajektorien	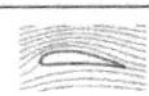		◑	◑											
Isolinien		Verbindungskurven gleicher, skalarer Datenwerte über ein Fläche	◑	●				gering							
3D Flächen-Diagramm				●										◑	
radiale Wertediagramme															
Sterndiagramm	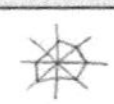	Elemte werden in Abhängigkeit ihrer Postition im Diagramm als unterschiedliche relevant wahrgenommen. Dies ist zusätzlich stark davon abhängig, was in der Nähe des Diagramms noch dargestellt ist. Falls ein Bezugspunkt möglich ist, diesen nach oben legen, und von dort aus die Elemente im Uhrzeigersinn anordnen. Wiederkehrende Zyklen sind durch den Umlauf gut darstellbar! Maximal sieben Variablen beziehungsweise Datenpunkte verwenden - ansonsten beispielsweise auf Säulen- und Balkendiagramme ausweichen. Da Winkel schlecht wahrgenommen werden können, Kreisdiagramme für Datensätze mit geringen Standardabweichung nicht verwenden oder Werte beischreiben.		●		◑					●		◑		●
radiales Säulendiagramm															
Polardiagramm				●		◑							●	◑	●
Kreisdiagramm				●		◑				◑			●		●
Ringdiagramm				●		◑				◑			●		●
radiales Balkendigramm				●		◑				◑					◑

Polares Flächendiagramm 		●		◐				◐			●		●
Mengendiagramm													
Venn-Diagramm 		●	◐					◐	◐				
Square Pie / Waffle Chart 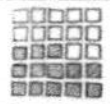		●						◐					
Flächengrößendiagramm 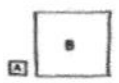		●											
gepacktes Mengendiagramm 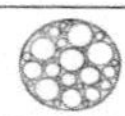		●											

A8 Lösungskatalog der Visualisierungstechniken

Als unterstützendes Werkzeug wurde im Rahmen dieser Arbeit ein Lösungskatalog für Visualisierungstechniken neu erarbeitet. Der im Folgenden aufgeführte Katalog stellt Visualisierungstechnik generisch zur Verfügung und wurde auf Grundlage der Literatur der Informationsvisualisierung erarbeitet (siehe Kapitel 2.3.1), [War04], [Ber11], [Sch00], [Dua08], [Spe07].

Visualisierungstechnik		Erläuterung & Anwendungshinweise	Empfehlung der Visualisierungstechniken für Daten und Informationen									
			qualitativ	ordinal	nominal	sachlich	quantitativ	zeitlich	abstrakt	relational	attentativ	betonenend
Farbton		- Die Wirkung der Farbe ist stark beeinflusst von der Größe des grafischen Elementes als dessen Träger. - Maximal 8 Klassen mit Farbe oder Helligkeiten kodieren. - vergleichsweise stark abhängig vom Darstellungsmedium	●	◑	◑	○	◑	○	○	○	●	●
Sättigung / Helligkeit		- vermeidet Farbfehlsichtigkeit - vergleichsweise stark abhängig vom Darstellungsmedium - Farbton und Sättigung / Helligkeit nicht zur Kodierung verschiedener Datenelemente gleichzeitig nutzen.	◑	●	◑	○	◑	○	○	○	○	○
Länge		Bei Verwendung ohne gemeinsame Bezugslinie sinkt die Genauigkeit der Darstellung.	○	◑	◑	○	●	●	○	○	●	○
Fläche / Größe		Bei Darstellung von skalaren Werten statt dem Durchmesser kognitionsgerecht die Kreisfläche verwenden.	◑	◑	○	◑	●	◑	○	○	●	◑
Position / Nähe		- als Skala mit Bezug verwendbar oder zur Gruppierung durch Nähe - Räumliche Nähe suggeriert Zusammengehörigkeit der Elemente.	○	●	◑	◑	●	●	◑	◑	●	◑
Form		- Möglichst nicht mehr als 5 unterschiedliche Formen verwenden. - Idealerweise ikonischen Bezug der Formen zum kodierten Inhalt erzeugen.	◑	○	◑	●	○	○	◑	◑	◑	○
Winkel / Orientierung		- Bis zu 8 verschiedene Orientierungen sind gut unterscheidbar. - besonderer Effekt bei Drehung von Gegenständen mit einer erwarteten Normallage	○	◑	◑	○	●	◑	○	○	●	○
Textur		Gegebenenfalls sind branchenspezifische Konventionen zu beachten, wie beispielsweise Zeichnungsnormen.	●	◑	●	◑	◑	○	◑	○	○	◑
Transparenz		Auf vergleichsweise freien Hintergrund achten.	○	◑	◑	○	◑	○	◑	○	○	◑
Skizzen-haftigkeit		- Andeutung von "Unfertigkeit" als Art visueller Metapher - Kann Diskussionen anregen und gefällig wirken.	◑	◑	○	○	○	○	●	○	○	◑

Visualisierungstechnik		Erläuterung & Anwendungshinweise	qualitativ	ordinal	nominal	sachlich	quantitativ	zeitlich	abstrakt	relational	attentativ	betonenend
			Empfehlung der Visualisierungstechniken für Daten und Informationen									
Schärfe		- Auf vergleichsweise freien Hintergrund achten. - Andeutung von Verschwindens und Ungenauigkeit	○	◑	○	○	○	○	◑	○	○	○
Verbindung		Überkreuzung verschiedener Verbindungen und Knicke sollten minimiert werden.	○	◑	●	○	○	◑	◑	●	○	○
Liniendicke		- gut geeignet zur Betonung bestimmter Elemente und zur Darstellung von Beziehungsintensitäten bei Verbindungen	◑	◑	◑	○	◑	○	○	●	○	●
Linienart		- gut geeignet zur Darstellung der Attribute von Beziehungen und Elementen - Gegebenenfalls muss auf branchenspezifische Konventionen geachtet werden.	◑	◑	◑	○	○	○	○	●	○	○
Text	"Abc"	- vielseitig anwendbar, jedoch mit erheblichen kognitiven Aufwand und Betrachtungszeit verbunden	●	●	●	●	●	●	●	◑	○	◑
Annotation/ Label	ABC	- vielseitig anwendbar, jedoch mit erheblichen kognitiven Aufwand und Betrachtungszeit verbunden - gut geeignet für Zusatzinformationen in der Visualisierung	●	●	●	●	●	◑	◑	●	○	○
Text-Formatierung	A **B** Ð		◑	◑	◑	○	○	◑	◑	◑	○	●
Symbol / Ikone		Häufig muss auf branchenspezifische Konventionen geachtet werden.	●	◑	●	●	◑	◑	●	◑	○	◑
Umfassung/ Hinterlegung		- gut geeignet zur Gruppierung	◑	◑	●	○	○	○	◑	●	●	◑
Abbildung / Zeichnung		- starke Bezugsbildung und Betonung (aufmerksamkeitsbindend) - stark abhängig von Inhalt und Ausführung (siehe Katalog der Visualisierungsprinzipien)	●	◑	◑	●	○	◑	●	◑	○	●

A9 Regeln zur Entwicklung von Visualisierungskonzept

In der Methode zur Entwicklung von Visualisierungskonzepten werden in Schritt 4.3 alternative Teilkonzepte erarbeitet und zu Visualisierungskonzepten zusammengestellt (siehe Kapitel 4.7.3). Für das Arrangement der Visualisierungsprinzipien und deren visuellen Elementen können dabei sinnvoll folgende Regeln und Gestaltungshilfsmittel verwendet werden.

- **Aufteilung** – Für eine ansprechende und übersichtliche Aufteilung verschiedener Visualisierungsprinzipien und deren Elemente auf einer Visualisierungsoberfläche bieten sich verschiedene Raster an. Sinnvollerweise sollte ein solches Raster einem Visualisierungskonzept zu Grunde gelegt und gegebenenfalls parallel zur Ausarbeitung des Visualisierungskonzeptes angepasst werden (siehe Bild A-6-2).

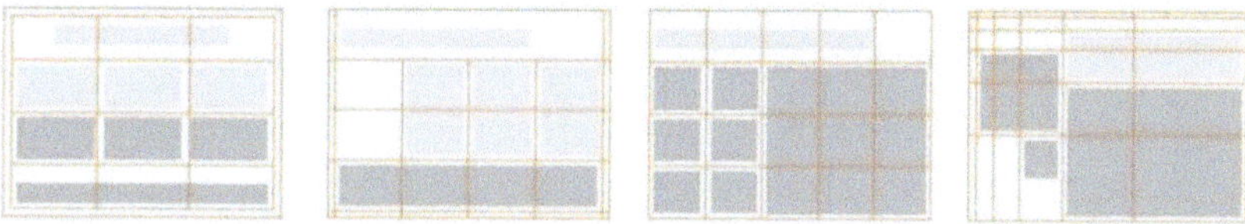

Bild A-6-2: Beispiele für die Aufteilung einer Visualisierungsfläche an Rasterlinien [Dua08]

- **Leserichtungen und Lesefluss** – Die Leserichtungen von links nach rechts beziehungsweise oben nach unten sind geläufig und werden daher unbewusst bevorzugt (siehe Bild A-6-3). Widersprüche sollten nur bei deutlichen Vorteilen anderer Leserichtungen vorgesehen und entsprechend durch die Struktur der Visualisierung, durch Pfeile oder in einer Legende klar kenntlich gemacht werden [Seg10].

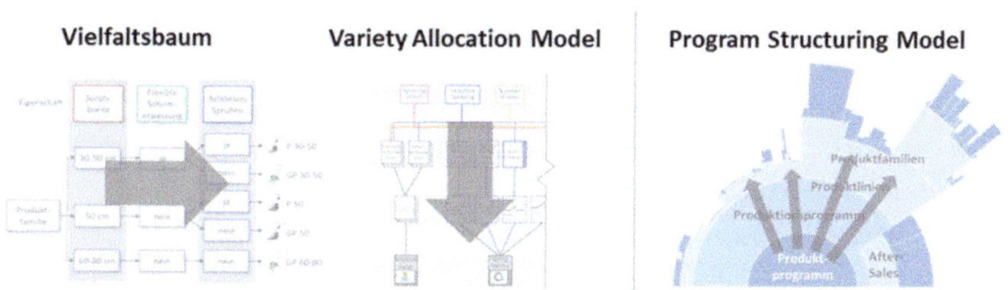

Bild A-6-3: Beispiele vorzuziehender Leserichtungen (links und Mitte) sowie einer Visualisierung mit vertretbarem Widerspruch zu bevorzugten Leserichtungen (rechts)

- **Gruppierung von Elementen** – Für die Übersichtlichkeit und schnelles, inhaltliches Verständnis ist es hilfreich, die Elemente einer Visualisierung nach den zu visualisierenden Beziehungsstrukturen aus Schritt 4.1 anzuordnen. Der Betrachter erfasst so besser und teilweise bereits unbewusst die korrekten Beziehungen der Inhaltselemente untereinander. Die Gruppierung kann dabei durch Nähe, Positionierung auf einer gemeinsamen (auch fiktiven) Linie, durch Umrahmung, gleiche Färbung, Form oder Symbole erfolgen [Ker07] (siehe Bild A-6-4).

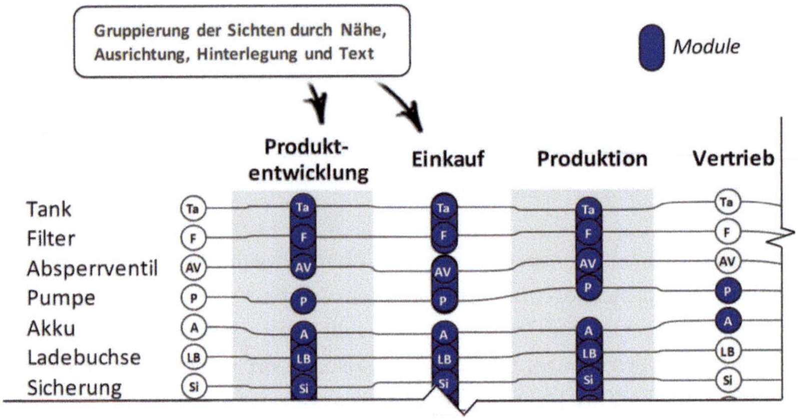

Bild A-6-4: Gruppierung von Inhaltselementen nach ihren Beziehungen und Sichten am Beispiel eines Module Process Charts (MPC) nach [Ble11]

- **Unterstützung der Sichten beteiligter Personen** – Gerade bei Arbeitsschritten, in denen Inhalte interdisziplinär kommuniziert und bearbeitet werden, ist es hilfreich, die Sichten der beteiligten Personen leicht identifizieren zu können. Dies kann entweder durch räumliche Trennung auf der Darstellungsfläche bis hin zu verschiedenen Darstellungsflächen geschehen oder durch die Markierung der entsprechenden visuellen Elemente zum Beispiel durch Umrahmung, Farben oder Symbole (siehe Bild A-6-4).
- **Zweckorientierung** – Die genutzten visuellen Elemente sollten jeweils einem oder mehreren klar formulierbaren Zwecken entsprechen. Dies ist meist die visuelle Codierung von Daten- und Informationselementen für den Betrachter, kann aber auch zum Beispiel der Identifikation von Teilbereichen des Visualisierungskonzeptes als Navigationshilfe, der Nutzungsanweisung oder einfach der Motivation der Nutzer dienen. Reine „Ausschmückungen“ sollten demgegenüber jedoch nicht verwendet beziehungsweise entfernt werden (siehe Bild A-6-5).

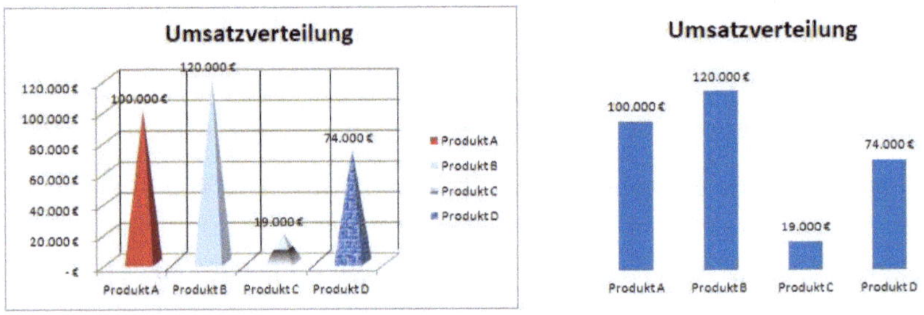

Bild A-6-5: Beispiel eines zweckorientierten Visualisierungskonzeptes (rechts) nach [Mey99]

- **Informationsdichte** – Ein bei der Gestaltung eines Visualisierungskonzeptes hilfreicher Parameter stellt die Menge der visualisierten Daten und Informationen pro Visualisierungsfläche da (streng genommen die Informationsmenge pro Sehwinkel, sodass ungewöhnlich kleine oder große Abstände des Betrachters zur Visualisierungsfläche berücksichtigt werden müssen). Die Informationsdichte sollte bewusst über das gesamte Visualisierungskonzept gesteuert werden. Idealerweise werden Bereiche mit besonders hoher Informationsdichte vermieden und gleichzeitig auch leere Bereiche im Sinne eines visuellen „Ruheraumes" belassen (siehe Bild A-6-6) [Sch11].

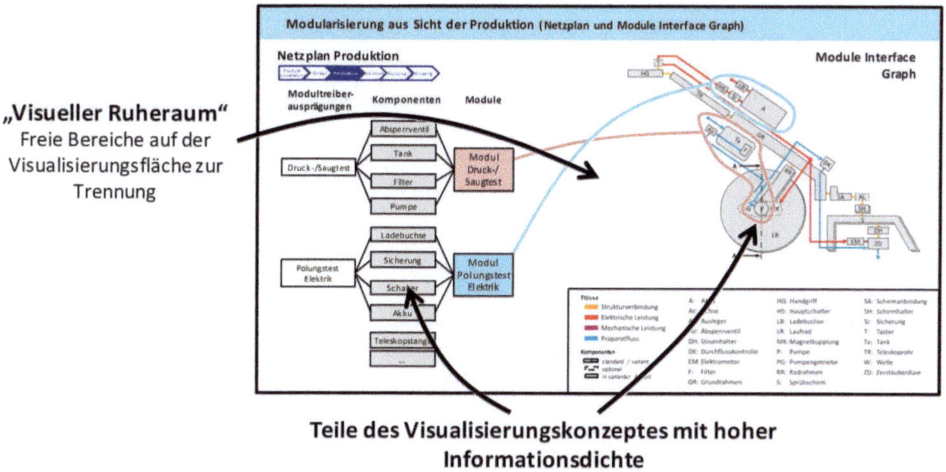

Bild A-6-6: Beispiel für eine angemessene Informationsdichte und visuelle Freiräume im Visualisierungskonzept (exemplarische Darstellung)

- **Übersicht und Detail** – Ein wesentliches Prinzip der Informationsvisualisierung ist die gleichzeitige Gewährleistung von Übersicht und Detail [Shn96], [Zuk06]. Bei kurzem Blick oder großem Betrachtungsabstand sollte eine Visualisierung bereits eine grobe Idee der Strukturen der gezeigten Inhalte vermitteln können. Bei längerer und näherer Betrachtung fallen mehr und mehr (Detail-)Inhalte ins Auge. Erreicht werden kann dies zum Beispiel durch unterschiedliche Schriftgrößen oder helle Hinterlegungen.
- **Visuelle Metaphern** – Visuelle Metaphern haben in der Entwicklung von Visualisierungskonzepten eine besondere Bedeutung (siehe Kapitel 2.3.2.7). Sie sind sehr gut geeignet, um die Identifikation der primären Daten- und Informationselementen in einer Visualisierung zu erleichtern, wichtige Strukturbeziehungen zwischen den Elementen zu betonen oder durch gezieltes Auslösen von Assoziationen wichtige Informationen eindrucksvoll zu vermitteln. Gerade Ideen zur Nutzung einer Visualisierung als Arbeitswerkzeug und die Zielsetzung von Arbeitsschritten können anschaulich und motivierend durch Metaphern ausgedrückt werden [Sch15].

Da die Bekanntheit der Metapher beim Nutzer nicht gegeben sein muss, oder diese nicht erkannt werden könnte, sollte die Anwendbarkeit des Visualisierungskonzeptes nicht davon abhängig sein. Ebenfalls muss nicht gleich eine überdeutliche Metapher genutzt werden – spontane und unbewusste Assoziationen können bereits genutzt werden. Metaphern können darüber hinaus gezielt eingesetzt werden, um bei interdisziplinärer Zusammenarbeit ein gemeinsames Verständnis zu erzeugen.

A10 Alternative Visualisierungskonzepte im Fall der Modulfreigabe

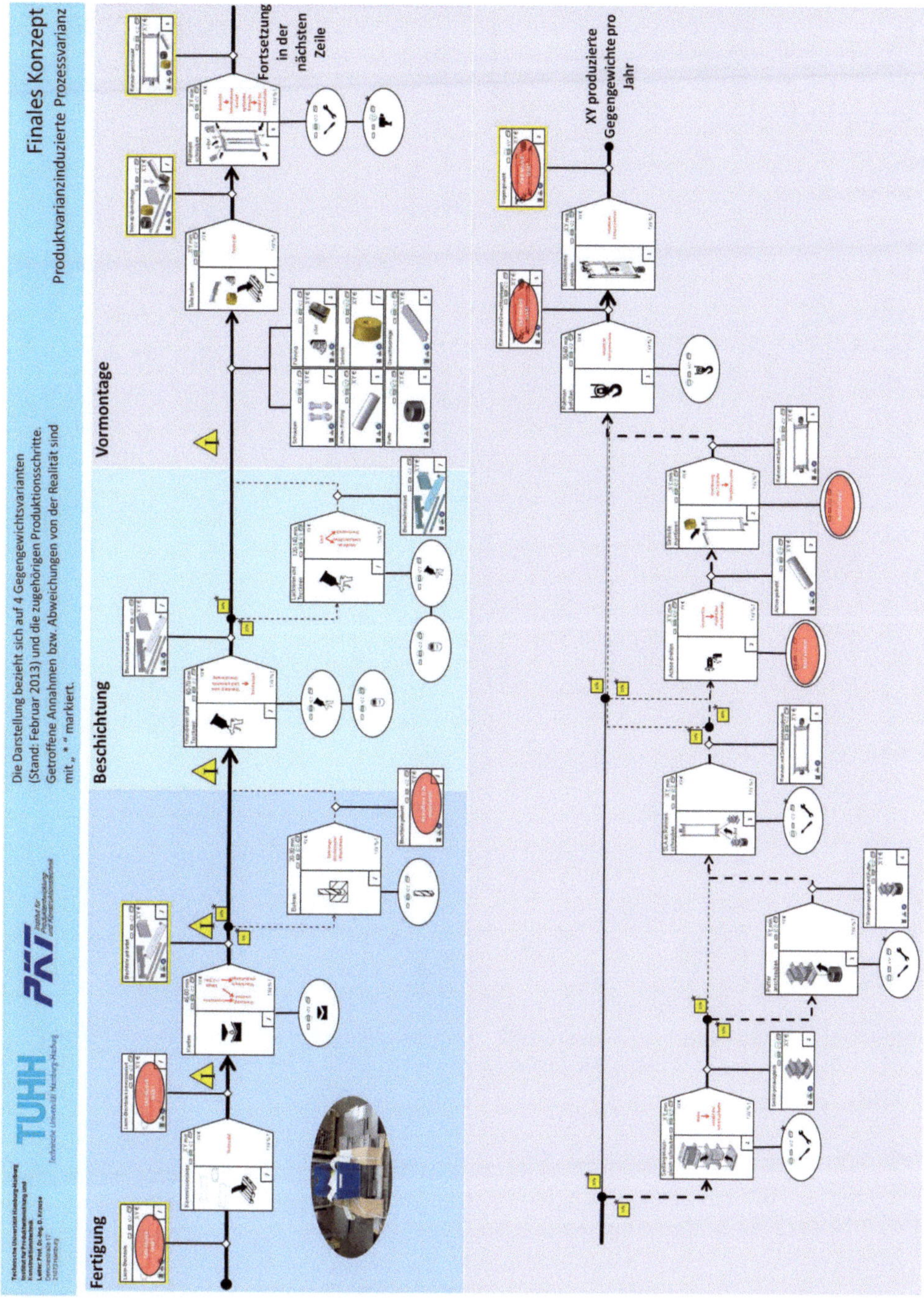

Bild A-6-7: Visualisierungskonzept 1 – Prozessorientierte Visualisierung (exemplarische Darstellung, Legende siehe Bild 4-34)

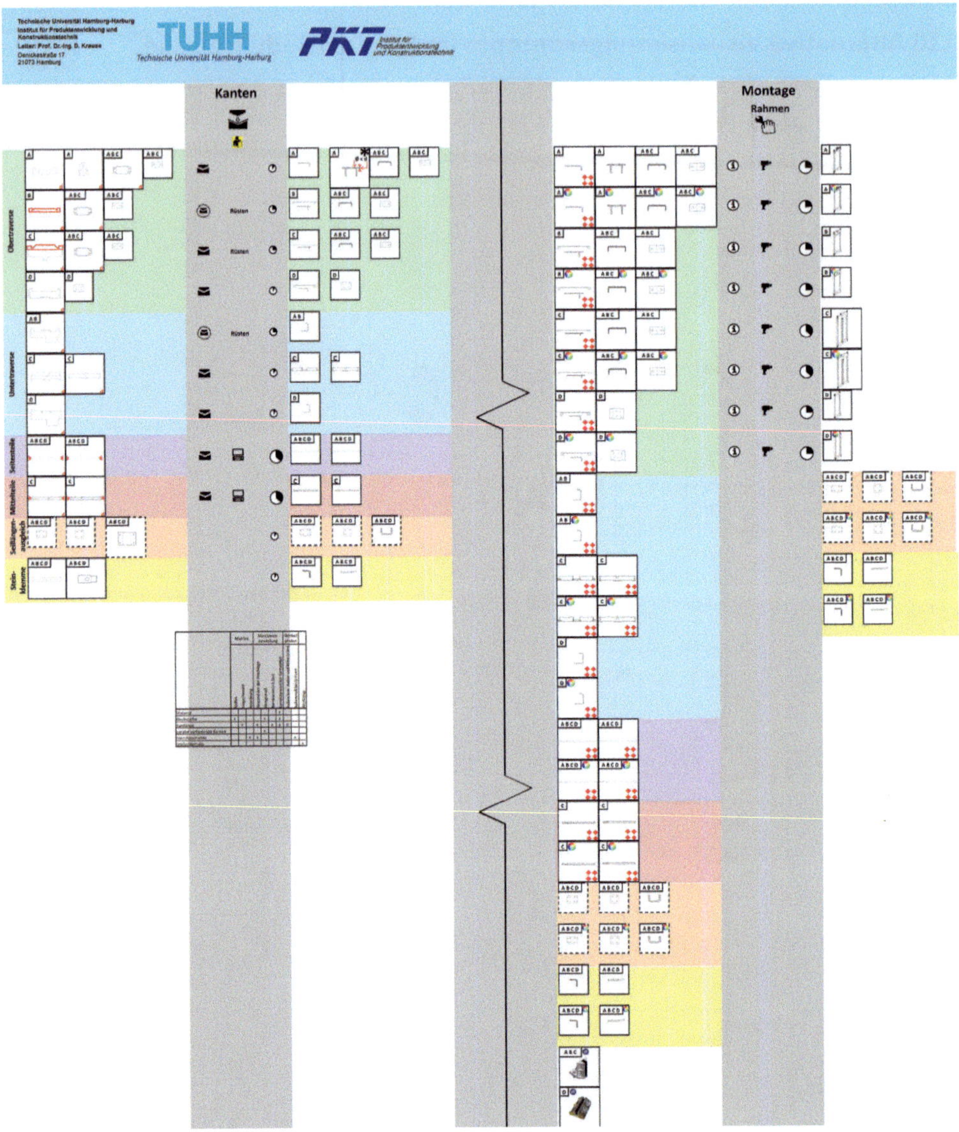

Bild A-6-8: Erster Teil Visualisierungskonzept 2 – Komponentenorientierte Visualisierung (exemplarische Darstellung, Legende siehe Bild 4-34)

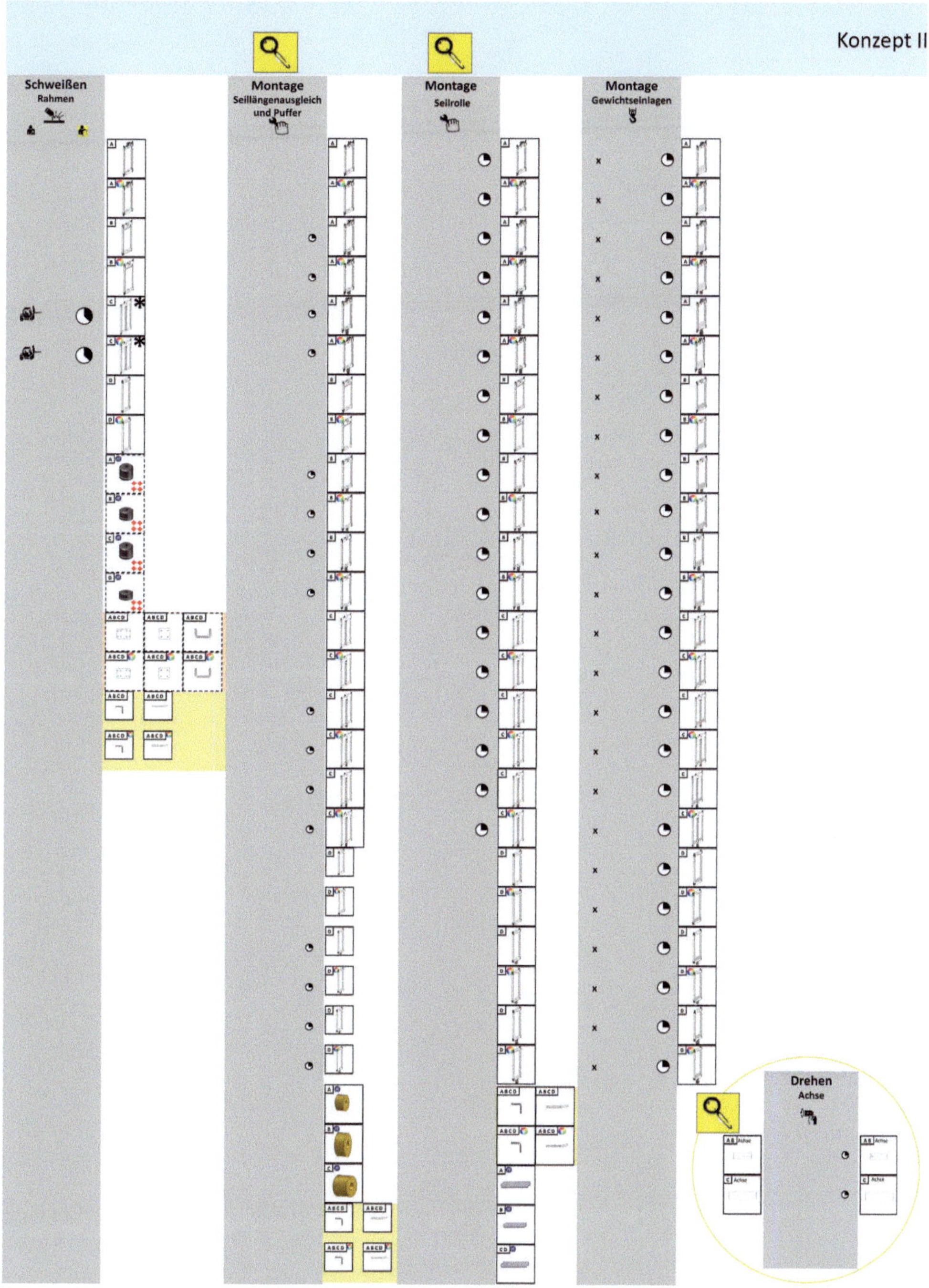

Bild A-6-9: Zweiter Teil Visualisierungskonzept 2 – Komponentenorientierte Visualisierung (exemplarische Darstellung, Legende siehe Bild 4-34)

Literaturverzeichnis

[Agr03] Agrawala, M.; Phan, D. et al.: „Designing effective step-by-step assembly instructions", in: ACM Transactions on Graphics, 2003, Jg. 22, Nr. 3, S. 828.

[Aig11] Aigner, W.; Miksch, S.; Schumann, H.; Tominski, C.: „Visualization of time-oriented data". Springer, London, 2011.

[Alb11] Albers, A.: „Der Entwickler im Zentrum des Systems der Produktentstehung", in: Stuttgarter Symposium für Produktentwicklung, 2011.

[And04] Andreasen, M. M.; Mortensen, N. H.; Harlou, U.: „Multi Product Development: New Models and Concepts", in: Design for X - Beiträge zum 15. DfX Symposium. Lehrstuhl für Konstruktionstechnik, Erlangen, 2004.

[And15] Andreasen, M. M.; Hansen, C. T.; Cash, P.: „Conceptual Design". Springer, Cham, 2015.

[Att10] Atteslander, P.: „Methoden der empirischen Sozialforschung". Erich Schmidt Verlag, Berlin, 2010.

[Bad01] Badke-Schaub, P.; Frankenberger, E.: „Management kritischer Situationen", in: Proceedings of the 13th International Conference on Engineering Design (ICED 2001), Glasgow, 2001.

[Bad04] Badke-Schaub, P.; Frankenberger, E.: „Management Kritischer Situationen - Produktentwicklung erfolgreich gestalten". Springer, Berlin, Heidelberg, 2004.

[Bal06] Ball, A.; Patel, M. et al.: „A Grand Challenge - Immortal Information and Through-Life Knowledge Management (KIM)", in: IJDC International Journal of Digital Curation, 2006, Jg. 1, S. 53–59.

[Bat08] Batinic, B.; Appel, M.: „Medienpsychologie". Springer Medizin Verlag, Berlin, Heidelberg, 2008.

[Bec13] Beckmann, G.; Krause, D.: „Process Visualisation of Product Family Development Methods", in: Proceedings of the 19th International Conference on Engineering Design (ICED 2013). Seoul, 2013.

[Bec14] Beckmann, G.; Gebhardt, N.; Krause, D.: „Transfer of Methods For Developing Modular Product Families into Practice - An Interview Study", in: Proceedings of the DESIGN 2014, 13th International Design Conference. Dubrovnik, 2014, S. 121–130.

[Beh91] Behrens, G.: „Konsumentenverhalten - Entwicklung, Abhängigkeiten, Möglichkeiten". Physica-Verlag HD, Heidelberg, 1991.

[Bek14] Bekos, M. A.; Kaufmann, M.; Kobourov, S. G.; Veeramoni, S.: „A note on maximum differential coloring of planar graphs", in: Journal of Discrete Algorithms, 2014, Jg. 29, S. 1–7.

N. Gebhardt, *Methodische Entwicklung von Visualisierungen als Arbeitswerkzeuge in der Produktentwicklung*, Produktentwicklung und Konstruktionstechnik 18, https://doi.org/10.1007/978-3-662-61622-2

[Ben16] Bender, B.; Gericke, K.: „Entwicklungsprozesse", in: Handbuch Produktentwicklung. Hanser Verlag, München, 2016, S. 401–424.

[Ber05] Bernhard, J.; Dragan, M.; Wenzel, S.: „Evaluation und Erweiterung der Kriterien zur Klassifizierung von Visualisierungsverfahren für GNL". Universität Dortmund, 2005.

[Ber11] Bertin, J.; Berg, W. J.: „Semiology of graphics - Diagrams, networks, maps". Esri Press, Redlands, 2011.

[Bie12] Biedermann, W.; Kirner, K. et al.: „Forschungsmethodik in den Ingenieurwissenschaften". Technische Universität München, 2012.

[Bir03] Birkhofer, H.; Jänsch, J.: „Interaction between individuals", in: Human behaviour in design - Individuals, teams, tools. Springer, Berlin, 2003, S. 195–202.

[Ble09] Blessing, L. T. M.; Chakrabarti, A.: „DRM, a design research methodology". Springer, New York, 2009.

[Ble11] Blees, C.: „Eine Methode zur Entwicklung modularer Produktfamilien". Dissertation, Technische Universität Hamburg, Hamburger Schriftenreihe Produktentwicklung und Konstruktionstechnik, Band 3, TuTech Verlag, Hamburg, 2011.

[Bos09] Bostock, M.; Heer, J.: „Protovis A Graphical Toolkit for Visualization", in: IEEE Transactions on Visualization and Computer Graphics, 2009, Jg. 15, Nr. 6, S. 1121–1128.

[Bos16] Bostock, M.: „D3 Data-Driven Documents". d3js.org, 2.10.2016.

[Bra13] Brandenburger, E.: „Technisches Zeichnen - Grundlagen". https://de.scribd.com/document/326117493/Technisches-Zeichnen-Grundlagen, 03.10.2018.

[Bro14] Brodtmann, T.: „Zukunftsperspektive deutscher Maschinenbau - Erfolgreich in einem dynamischen Umfeld agieren". Frankfurt a.M., 2014.

[Bro15] Brosch, M.: „Eine Methode zur Reduzierung der produktvarianteninduzierten Komplexität". Dissertation, Technische Universität Hamburg, Hamburger Schriftenreihe Produktentwicklung und Konstruktionstechnik, Band 7, TuTech Verlag, Hamburg, 2015.

[Brü15] Brüggemann, H.; Bremer, P.: „Grundlagen Qualitätsmanagement". Springer Vieweg, Wiesbaden, 2015.

[Buc92] Buchanan, R.: „Wicked Problems in Design Thinking", in: Design Issues, 1992, Jg. 8, Nr. 2, S. 5–21.

[Buu90] Buur, J.: „A theoretical approach to mechatronics design". Dissertation, Technical University of Denmark, IK Publication, Lyngby, Kopenhagen, 1990.

[Cha94] Charwat, H. J.: „Lexikon der Mensch-Maschine-Kommunikation“. Oldenbourg, München, 1994.

[Cro96] Cross, N. Hrsg.: „Analysing design activity“. Wiley, Chichester, 1996.

[Däß02] Däßler, R.: „Informationsvisualisierung“, in: Updates Visuelle Medienkompetenz. Königshausen & Neumann, Würzburg, 2002.

[deL06] de Lange, N.: „Geoinformatik in Theorie und Praxis“. Springer, Berlin, Heidelberg, 2006.

[Deu95] Deutsches Institut für Normung: „Informationsverarbeitung - Begriffe - Teil 1: Allgemeine Begriffe". Beuth, Berlin, 1995.

[DiB99] DiBattista, G.: „Graph drawing“. Prentice Hall, Upper Saddle River, 1999.

[Dic06] Dick, B.: „Untersuchung und Modell zur Beschreibung des Einsatzes bildlicher Produktmodelle durch Entwicklerteams in der Lösungssuche“. Dissertation, Technische Universität München, Verlag Dr. Hut, München, 2006.

[Dua08] Duarte, N.: „slide:ology“. O'Reilly Media, Sebastopol, 2008.

[Duc07] Duchowski, A. T.: „Eye tracking methodology - Theory and practice“. Springer, London, 2007.

[Dyl91] Dylla, N.: „Denk- und Handlungsabläufe beim Konstruieren“. Dissertation, Technische Universität München, Hanser Verlag, München, 1991.

[Ehr13] Ehrlenspiel, K.; Meerkamm, H.: „Integrierte Produktentwicklung - Denkabläufe, Methodeneinsatz, Zusammenarbeit“. Hanser Verlag, München, 2013.

[Eil12] Eilmus, S.; Gebhardt, N.; Rettberg, R.; Krause, D.: „Evaluating a methodical approach for developing modular product families in industrial case studies“, in: Proceedings of the 12th International Design Conference (DESIGN 2012). Dubrovnik, 2012, S. 837–846.

[Eis95] Eisentraut, R.: „Vorstellungen im Konstruktionsprozeß“, in: Bild und Begriff III - Zur Rolle von Anschauung und Abstraktion im konstruktiven Entwurfsprozess. Universitätsverlag TU Dresden, 1995, S. 77–92.

[Eng05] Engwall, M.; Kling, R.; Werr, A.: „Models in action - How management models are interpreted in new product development“, in: R and D Management, 2005, Jg. 35, Nr. 4, S. 427–439.

[Fin89] Finger, S.; Dixon, J. R.: „A review of research in mechanical engineering design. Part I: Descriptive, prescriptive, and computer-based models of design processes“, in: Research in Engineering Design, 1989, Jg. 1, Nr. 1, S. 51–67.

[Gad12] Gadatsch, A.: „Grundkurs Geschäftsprozess-Management“. Springer Vieweg, Wiesbaden, 2012.

[Geb12] Gebhardt, N.; Beckmann, G.; Krause, D.: „Product Family Models and Knowledge Transfer Support for the Development of Modular Product Families“, in: The Ninth Norddesign Conference 2012. Universität Aalborg, 2012.

[Geb14] Gebhardt, N.; Beckmann, G.; Krause, D.: „Visual Representation for Developing modular Product Families – Literature Review and Use in Practice“, in: Proceedings of the DESIGN 2014 13th International Design Conference. Durbovnik, 2014, S. 183–192.

[Geb15a] Gebhardt, N.; Bahns, T.; Krause, D.: „An Example of Visually Supported Design of Modular Product Families“, in: Mass customization and personalization, 24th CIRP Design Conference 2014. Mailand, 2015, S. 75–80.

[Geb15b] Gebhardt, N.; Krause, D.: „On the Development of Visualisation Concepts as Tools in Product Design“, in: Proceedings of the International Conference on Engineering Design 2015 (ICED 2015), Mailand, 2015.

[Geb16a] Gebhardt, N.; Krause, D.: „A Method for Designing Visualisations as Product Development Tools“, in: Proceedings of the DESIGN 2016, 14th International Design Conference, Dubrovnik, 2016, S. 611–620.

[Geb16b] Gebhardt, N.; Beckmann, G. et al.: „Projekt ModSupport - Methodische Entwicklung eines innovativen Modulbaukastens für Aufzugsanlagen“, in: Design for X - Beiträge zum 27. DfX-Symposium Oktober 2016. TuTech Verlag, Hamburg, 2016.

[Ger13] Gericke, K.; Meißner, M.; Paetzold, K.: „Understanding the Context of Product Development“, in: Proceedings of the 19th International Conference on Engineering Design (ICED 2013). Seoul, 2013, S. 191–200.

[Gia98] Giapoulis, A.: „Modelle für effektive Konstruktionsprozesse“. Dissertation, Technische Universität München, Shaker Verlag, Aachen, 1998.

[Gle12] Gleicher, M.: „Why ask why? Considering motivation in visualization evaluation“, in: Proceedings of the 2012 BELIV Workshop Beyond Time and Errors - Novel Evaluation Methods for Visualization. Seattle, Washington, ACM Publications, 2012, S. 1–3.

[Gra93] Grabowski, H.; Anderl, R.; Polly, A.: „Integriertes Produktmodell“. Beuth, Berlin, 1993.

[Gra97] Grabowski, H. Hrsg.: „Neue Wege zur Produktentwicklung“. Raabe, Stuttgart, 1997.

[Gre96] Greif, M.: „Teamerfolge in der Produktion durch Visualisierung“. Verlag Moderne Industrie, Landsberg, 1996.

[Gri08] Grieb, J. C.: „Auswahl von Werkzeugen und Methoden für verteilte Produktentwicklungsprozesse“. Dissertation, Technische Universität München, Verlag Dr. Hut, München, 2008.

[Gri15] Griesbach, M.: „Supply-Chain-gerechte Produktgestaltung“. Vortrag im Rahmen der Vorlesung Integrierte Produktentwicklung II, Technische Universität Hamburg, 2015.

[Gün12] Günther, H.-O.; Tempelmeier, H.: „Produktion und Logistik“. Springer, Berlin, Heidelberg, 2012.

[Hab90] Haber, R.; McNabb, D.: „Visualization Idioms: A Conceptual Model for Scientific Visualization Systems“, in: Visualization in Scientific Computing, 1990.

[Hac95] Hacker, W.; Sachse, P.: „Wie denkt, handelt der Konstrukteur?“, 1995.

[Hac14] Hacker, W.; Sachse, P.: „Allgemeine Arbeitspsychologie - Psychische Regulation von Tätigkeiten“. Hogrefe, Göttingen, 2014.

[Hac16] Hackl, J.; Krause, D.: „Effects of Modular Product Structures on Life Phases and Economic Factors“, in: Proceedings of the DESIGN 2016, 14th International Design Conference, Dubrovnik, 2016.

[Hac17] Hackl, J.; Krause, D.: „Towards an impact model of modular product structures“, in: Proceedings of the 21st International Conference on Engineering Design (ICED 2017), Vancouver, 2017.

[Hal13] Hales, C.; Gooch, S.: „Managing Engineering Design“. Springer, New York, 2013.

[Hal15] Halfmann, N.: „Montagegerechtes Produktstrukturieren im Kontext einer Lebensphasenmodularisierung“. Dissertation, Technische Universität Hamburg, Hamburger Schriftenreihe Produktentwicklung und Konstruktionstechnik, Band 8, TuTech Verlag, Hamburg, 2015.

[Hän89] Hänggi, D.: „Visuelle Vorstellungsfähigkeit“. Huber, Freiburg, 1989.

[Hea95] Healey, C. G.; Booth, K. S.; Enns, J. T.: „Visualizing real-time multivariate data using preattentive processing“, in: ACM Transactions on Modeling and Computer Simulation, 1995, Jg. 5, Nr. 3, S. 190–221.

[Hea17] Healey, C. G.: „Perception in Visualization“. https://www.csc.ncsu.edu/faculty/healey/PP/, abgerufen am 16.06.2019

[Hei14] Heisig, P.; Caldwell, N.; Clarkson, J.: „Core information categories for engineering design - Contrasting empirical studies with a review of integrated models“, in: Journal of Engineering Design, S. 88–124.

[Hen99] Henderson, K.: „On line and on paper - Visual representations, visual culture, and computer graphics in design engineering“. MIT Press, Cambridge, 1999.

[Heu15] Heuser, J.: „Illustrationen als Kommunikationsmittel“. Vorlesungsunterlagen, Technische Universität Hamburg, Hamburg, 2015.

[Hev10] Hevner, A. R.; Chatterjee, S.; Gray, P.; Baldwin, C. Y.: „Design research in information systems“. Springer, New York, 2010.

[Hol11] Holmqvist, K.; Nyström, M.; Andersson, R.: „Eye Tracking - A comprehensive guide to methods and measures“. OUP, Oxford, 2011.

[Hol12] Holt, J.; Perry, S. A.; Brownsword, M.: „Model-based requirements engineering“. Institution of Engineering and Technology, London, 2012.

[Hor01] Horváth, I.: „A contemporary survey of scientific research into engineering design“, in: Proceedings of the 13th International Conference on Engineering Design (ICED 2001), 2001.

[Irl99] Irlinger, R.: „Methoden und Werkzeuge zur nachvollziehbaren Dokumentation in der Produktentwicklung“. Dissertation, Technische Universität München, Shaker Verlag, Aachen, 1999.

[Jon14] Jonas, H.: „Eine Methode zur strategischen Planung modularer Produktprogramme“. Disseration, Technische Universität Hamburg, Hamburger Schriftenreihe Produktentwicklung und Konstruktionstechnik, Band 6, TuTech Verlag, 2014.

[Ker07] Kerren, A.; Ebert, A.; Meyer, J. Hrsg.: „Human-centered visualization environments“. Springer, Berlin, 2007.

[Ker15] Kerzner, H.: „Project management 2.0 - Leveraging tools, distributed collaboration, and metrics for project success“. John Wiley & Sons Inc, Hoboken, 2015.

[Khi14] Khire, R.; Wang, J. et al.: „Product Family Commonality Selection Using Optimization and Interactive Visualization“, in: Advances in Product Family and Product Platform Design. Springer, New York, 2014, S. 449–471.

[Kim95] Kimura, F.; Suzuki, H.: „Representing Background Information for Product Description to Support Product Development Process“, in: CIRP Annals - Manufacturing Technology, 1995, Jg. 44, Nr. 1, S. 113–116.

[Kip12] Kipp, T.: „Methodische Unterstützung der variantengerechten Produktgestaltung“. Dissertation, Technische Universität Hamburg, Hamburger Schriftenreihe Produktentwicklung und Konstruktionstechnik, Band 4, TuTech Verlag, Hamburg, 2012.

[Kir12] Kirk, A.: „Data Visualization - A successful design process“. Packt Publishing, Birmingham, 2012.

[deB12] Kirk, A.: „The 8 hats of data visualisation“. http://www.visualisingdata.com/2012/06/article-the-8-hats-of-data-visualisation-design/, abgerufen am 16.06.2019.

[Kis14] Kissel, M.: „Mustererkennung in komplexen Produktportfolios". Dissertation, Technische Universität München, 2014.

[Kra09] Krappe, H.: „Erweiterte virtuelle Umgebungen zur interaktiven, immersiven Verwendung von Funktionsmodellen". Dissertation, Universität Karlsruhe, Universitätsverlag Karlsruhe, 2009.

[Kra15] Krause, D.: „Industrieworkshop Konstruktionsmethodik - Weiterbildungsmaßnahme für die Industrie", Technische Univeristät Hamburg, 2015.

[Kra18] Krause, D.; Gebhardt, N.: „Methodische Entwicklung modularer Produktfamilien - Hohe Produktvielfalt beherrschbar entwickeln". Springer, Berlin, 2018.

[Kre09] Kreimeyer, M.: „A Structural Measurement System for Engineering Design Processes". Dissertation, Technische Universität München, München, 2009.

[Kul07] Kulyk, O.; Kosara, R.; Urquiza, J.; Wassink, I.: „Human-Centered Aspects", in: Human-centered visualization environments. Springer, Berlin, 2007, S. 13–75.

[Küp04] Küppers, H.: „Farbe verstehen und beherrschen - Praktische Farbenlehre". DuMont, Köln, 2004.

[Kvi10] Kvist, M.: „Product family assessment". Dissertation, Technische Universität Dänemark, DTU Management Engineering, Lyngby, Kopenhagen, 2010.

[Len07] Lengler, R.; Eppler, M.: „Towards a Periodic Table of Visualization Methods of Management", in: Proceedings of the IASTED International Conference on Graphics and Visualization in Engineering, Clearwater, Florida. ACTA Press, Anaheim, 2007, S. 83–88.

[Lin09a] Lindemann, U.: „Methodische Entwicklung technischer Produkte - Methoden flexibel und situationsgerecht anwenden". Springer, Berlin, Heidelberg, 2009.

[Lin09b] Lindemann, U.; Maurer, M.; Braun, T.: „Structural complexity management - An approach for the field of product design". Springer, Berlin, 2009.

[Lin16] Lindemann, U. Hrsg.: „Handbuch Produktentwicklung". Hanser Verlag, München, 2016.

[Loh14] Lohmeyer, Q.; Matthiesen, S.; Mussgnug, M.; Meboldt, M.: „Analysing visual Behaviour in Engineering Design by Eye Tracking Experiments", in: Proceedings of the 10th International Symposium on Tools and Methods of Competitive Engineering (TMCE 2014), Delft, 2014.

[Mac06] Machate, A.: „Zukunftsgestaltung durch Roadmapping - Vorgehensweise und Methodeneinsatz für eine zielorientierte Erstellung und Visualisierung von Roadmaps". Dissertation, Technische Universität München, 2006.

[Mac86] Mackinlay, J.: „Automating the design of graphical presentations of relational information", in: ACM Transactions on Graphics, 1986, Jg. 5, Nr. 2, S. 110–141.

[Mai05] Maier, A.; Eckert, C.; Clarkson, J.: „A meta-model for communication in engineering design", in: CoDesign: International Journal of CoCreation in Design, 2005, Jg. 1, Nr. 4, S. 243–254.

[Mai11] Maier, A.; Störrle, H.: „What are the characteristics of engineering design processes?", in: Proceedings of the 18th International Conference on Engineering Design (ICED 2011). Glasgow, 2011, S. 188–198.

[Mai14a] Maier, A.; Wynn, D.; Howard, T.; Andreasen, M. M.: „Perceiving design as modelling: a cybernetic system perspective", in: An anthology of theories and models of design - Philosophy, approaches and empirical explorations. Springer, Berlin, 2014.

[Mai14b] Maier, A.; Baltsen, N.; Christoffersen, H.; Störrle, H.: „Towards Diagram Understanding: A Pilot Study Measuring Cognitive Workload Through Eye-Tracking", in: International Conference on Human Behaviour in Design, Ascona, 2014.

[Mar13] Markman, A.: „Knowledge Representation". Taylor and Francis, Hoboken, 2013.

[Maz09] Mazza, R.: „Introduction to Information Visualization". Springer, London, 2009.

[McG05] McGrath, M.; Brown, J.: „Visual Learning for Science and Engineering", in: IEEE Computer Graphics and Applications, 2005, Jg. 25Experiences in visual thinking, Nr. 5, S. 56–63.

[Mel08] Melzer-Ridinger, R.: „Materialwirtschaft und Einkauf". Oldenbourg, München, 2008.

[Mey96] Meyer, J.-A.: „Visualisierung im Management". Deutscher Universitätsverlag, Wiesbaden, 1996.

[Mey99] Meyer, J.-A.: „Visualisierung von Informationen - Verhaltenswissenschaftliche Grundregeln für das Management". Gabler, Wiesbaden, 1999.

[Mil09] Miles, M. B.; Huberman, A. M.: „Qualitative data analysis". SAGE, Thousand Oaks, 2009.

[Mil56] Miller, G. A.: „The magical number seven, plus or minus two: Some limits on our capacity for processing information", in: Psychological Review, 1956, Nr. 101, S. 343–352.

[Mor08] Mortensen, N. H.; Pedersen, R.; Kvist, M.; Hvam, L.: „Modelling and visualising modular product architectures for mass customisation", in: IJMASSC International Journal of Mass Customisation, 2008, Jg. 2, Nr. 3/4, S. 216.

[Mor12] Mortensen, N. H.; Boelskifte, P. et al.: „Radikal forenkling via design". DTU Mekanik, Lyngby, Kopenhagen, 2012.

[Neu11] Neugebauer, R.; Heinig, R.; Wittstock, E.; Jentsch, S.: „Virtual Reality im konstruktiven Einsatz". https://www.it-production.com/allgemein/virtual-reality-im-konstruktiven-einsatz/, abgerufen am 16.06.2019.

[Nor11] North, K.: „Wissensorientierte Unternehmensführung". Gabler, Wiesbaden, 2011.

[Nyh08] Nyhuis, P.: „Fabrikplanung - Rechnereinsatz in der Fabrikplanung". Vorlesungsunterlage, Vorlesung Fabrikplanung, Leibniz Univeristät Hannover, Garbsen, 2008.

[Nyh12] Nyhuis, P.; Wiendahl, H.-P.: „Logistische Kennlinien - Grundlagen, Werkzeuge und Anwendungen". Springer, Berlin, Heidelberg, 2012.

[Ole92] Olesen, J.: „Concurrent development in manufacturing - based on dispositional mechanisms". Dissertation, Technische Universität Dänemark, Kopenhagen, 1992.

[Ott13] Otto, K. N.; Hölttä-Otto, K.; Simpson, T.: „Linking 10 years of modular design research: alternative methods and tool chain sequences to support product platform design", in: Proceedings of the ASME IDETC 2013. Portland, 2013.

[Pac99] Pache, M. W.; Schwankl, L.; Stetter, R.: „Körperliche Modelle in der Produktentwicklung", in: Rapid Prototyping - Methoden für die reaktionsfähige Produktentwicklung. Herbert Utz Verlag, München, 1999, 2.1-2.24.

[Pac05] Pache, M. W.: „Sketching for conceptual design - Empirical results and future tools". Dissertation, Technische Universität München, Verlag Dr. Hut, 2005.

[Pah07] Pahl, G.; Beitz, W.; Feldhusen, J.; Grote, K.-H.: „Konstruktionslehre - Methoden und Anwendung". Springer, Berlin, Heidelberg, 2007.

[Ped10] Pedersen, R.: „Product Platform Modelling". Dissertation, Technische Universität Dänemark, DTU Management Engineering, Lyngby, Kopenhagen, 2010.

[Pei04] Peil, D.: „Metapher", in: Grundbegriffe der Literaturtheorie. Metzler, Stuttgart, 2004, S. 176.

[Pep98] Pepels, W.; Birker, K.: „Technischer Vertrieb". Cornelsen Girardet, Berlin, 1998.

[Pfe14] Pfeffer, M.: „Bewertung von Wertströmen - Kosten-Nutzen-Betrachtung von Optimierungsszenarien". Dissertation, Technische Universität Wien, Springer-Gabler, Wiesbaden, 2014.

[Pon08] Ponn, J.; Lindemann, U.: „Konzeptentwicklung und Gestaltung technischer Produkte". Springer, Berlin, Heidelberg, 2008.

[Pon15] Ponn, J.: „Portfolio-Management für Elektroantriebe in Powertools bei Hilti: Herausforderungen und Lösungsansätze", in: 10. Paderborner Workshop Entwurf mechatronischer Systeme. Heinz Nixdorf Institut, Paderborn, 2015.

[Pre10] Preim, B.; Dachselt, R.: „Interaktive Systeme". Springer, Berlin, 2010.

[Pri04] Pricken, M.; Klell, C.: „Visuelle Kreativität". Schmidt, Mainz, 2004.

[Pro91] Probst, G.: „Vernetztes Denken - Ganzheitliches Führen in der Praxis". Gabler, Wiesbaden, 1991.

[Rad95] Radkte, M.: „Konzept zur Gestaltung prozess- und integrationsgerechter Produktmodelle". Dissertation, Technische Universität Kaiserslautern, 1995.

[Rau97] Rauh, O.; Stickel, E.: „Konzeptuelle Datenmodellierung". Vieweg und Teubner Verlag, Stuttgart, 1997.

[Rav14] Ravn, P. M.; Guðlaugsson, T. V.; Mortensen, N. H.: „Visual Modelling of Pilot Production to Support Decision Making in Production Development", in: Proceedings of the DESIGN 2014 13th International Design Conference. Dubrovnik, 2014, S. 1179–1188.

[Ren02] Renner, D.: „Informationsräume zur Visualisierung struktureller Zusammenhänge von Produktmodellen". Dissertation, Universität Karlsruhe, 2002.

[Ric05] Richter, M.: „Eine Plattform zur Visualisierung von einander abhängiger Produktdaten im Produktlebenslauf". Dissertation, Universität Karlsruhe, 2005.

[Rob17] Roberts, J. C.; Headleand, C. J.; Ritsos, P. D.: „Five design-sheets: Creative Design and Sketching for Computing and Visualisation". Springer, Cham, 2017.

[Rob94] Robertson, P. K.; Ferrari, L. de: „Systematic approaches to visualization: is a reference model needed", in: Scientific Visualization - Advances and Challenges, 1994, Jg. 18, S. 287–305.

[Röm01] Römer, A.; Pache, M. W. et al.: „Effort-saving product representations in design — results of a questionnaire survey", in: Design Studies, 2001, Jg. 22, Nr. 6, S. 473–491.

[Rot01] Roth, K.: „Konstruieren mit Konstruktionskatalogen - Band 2: Kataloge". Springer, Berlin, Heidelberg, 2001.

[Rub05] Rubin, H. J.; Rubin, I. S.: „Qualitative interviewing". SAGE, Thousand Oaks, 2005.

[Sah06] Sahin, A.; Terpenny, J.; Goff, R.: „A Graphical Modeling Environment for Configuring Modular Product Families and Platforms“, in: Proceedings of the ASME IDETC/CIE 2006. Philadelphia,, 2006, S. 1263–1275.

[Sch89] Schlicksupp, H.: „Innovation, Kreativität und Ideenfindung“. Vogel, Würzburg, 1989.

[Sch00] Schumann, H.; Müller, W.: „Visualisierung - Grundlagen und allgemeine Methoden“. Springer, Berlin, 2000.

[Sch02] Schichtel, M.: „Produktdatenmodellierung in der Praxis“. Hanser Verlag, München, 2002.

[Sch03] Schulz, A. P.: „Systemtechnische Gestaltung der Informationsarchitektur im Entwicklungsprozess“. Herbert Utz Verlag, München, 2003.

[Sch04] Schumann, H.; Müller, W.: „Informationsvisualisierung: Methoden und Perspektiven“, in: it-Information Technology, S. 135–141.

[Sch05] Schäppi, B.: „Handbuch Produktentwicklung“. Hanser Verlag, München, 2005.

[Sch11] Scholtz, J.: „Developing guidelines for assessing visual analytics environments“, in: Information Visualization, 2011, Jg. 10, Nr. 3, S. 212–231.

[Sch14] Schuh, G.: „Produktarchitektur - Implementierung eines Produktarchitekturentwicklungsprozesses“, in: ZWF Zeitschrift für wirtschaftlichen Fabrikbetrieb, 2014, Jg. 109, Nr. 7, S. 488–493.

[Sch15] Schoffelen, J.; Claes, S. et al.: „Visualising things. Perspectives on how to make things public through visualisation“, in: CoDesign: International Journal of CoCreation in Design, 2015, Jg. 11, Nr. 3-4, S. 179–192.

[Sch18] Schulz von Thun, F.: „Institut für Kommunikation - Homepage“. www.schulz-von-thun.de, 03.10.2018.

[Seg10] Segel, E.; Heer, J.: „Narrative Visualization: Telling Stories with Data“, in: IEEE Transactions on Visualization and Computer Graphics, 2010, Jg. 16, Nr. 6, S. 1139–1148.

[Sei06] Seidman, I.: „Interviewing as qualitative research“. Teachers College Press, New York, 2006.

[Sha98] Shannon, C. E.; Weaver, W.: „The mathematical theory of communication“. University of Illinois Press, Urbana, 1998.

[Shn96] Shneiderman, B.: „The Eyes Have It: A Task by Data Type Taxonomy for Information Visualizations“, in: IEEE Symposium of Visual Languages, Boulder, 1996.

[Shn06] Shneiderman, B.; Plaisant, C.: „Strategies for evaluating information visualization tools“, in: Proceedings of the 2006 AVI Workshop. Venedig, 2006, S. 1–7.

[Som95] Sommerfeld, E.; Krause, W.; Schleussner, C.: „Zur Messung des kognitiven Aufwands im Konstruktionsprozess“, in: Bild und Begriff III - Zur Rolle von Anschauung und Abstraktion im konstruktiven Entwurfsprozess. Universitätsverlag TU Dresden, 1995.

[Som07] Sommerville, I.: „Software engineering“. Addison-Wesley, Harlow, 2007.

[Spe07] Spence, R.: „Information visualization“. Addison-Wesley, Harlow, 2007.

[Sta89] Star, S. L.; Griesemer, J. R.: „Institutional Ecology, `Translations' and Boundary Objects“, in: Social Studies of Science, 1989, Jg. 19, Nr. 3, S. 387–420.

[Ste81] Steward, D. V.: „The design structure system - A method for managing the design of complex systems“, in: IEEE Transactions on Engineering Management, 1981, Jg. EM-28, Nr. 3, S. 71–74.

[Ste13] Steinmann, H.; Schreyögg, G.; Koch, J.: „Management - Grundlagen der Unternehmensführung“. Springer, Wiesbaden, 2013.

[Stö14] Störrle, H.; Baltsen, N.; Christoffersen, H.; Maier, A.: „On the Impact of Diagram Layout: How Are Models Actually Read?“, in: 17th International Conference on Model Driven Engineering Languages and Systems, Valencia, 2014, S. 31–35.

[Tja79] Tjalve, E.; Andreasen, M. M.; Schmidt, F.: „Engineering graphic modelling - A workbook for design engineers“. Newnes-Butterworths, London, 1979.

[Tor05] Tory, M.; Moller, T.: „Evaluating Visualizations: Do Expert Reviews Work?“, in: IEEE Computer Graphics and Applications, 2005, Jg. 25, Nr. 5, S. 8–11.

[Tuf01] Tufte, E.: „The visual display of quantitative information“. Graphics Press, Cheshire, 2001.

[Val00] Valkenburg, R.: „The reflective practice in product design teams“. Dissertation, Technische Universität Delft, 2000.

[VDI93] Verein deutscher Ingenieure, Ausschuss Methodisches Konstruieren: „VDI-Richtlinie 2221 - Methodik zum entwickeln und konstruieren technischer Systeme und Produkte". Beuth, Berlin, 1993.

[VDI18] Verein deutscher Ingenieure: „VDI-Richtlinie 2221 Blatt 1, Entwurf - Entwicklung technischer Produkte und Systeme - Modell der Produktentwicklung". Beuth, Berlin, 2018.

[Wal13] Walker, R.; Cenydd, L. et al.: „Storyboarding for visual analytics“, in: Information Visualization, 2013, Jg. 14, Nr. 1, S. 27–50.

[War04] Ware, C.: „Information visualization - Perception for design“. Morgan Kaufmann, San Francisco, 2004.

[War08] Ware, C.: „Visual thinking for design“. Morgan Kaufmann, Burlington, 2008.

[Waß13] Waßmann, H.: „Systematik zur Entwicklung von Visualisierungstechniken für die visuelle Analyse fortgeschrittener mechatronischer Systeme in VR-Anwendungen“. Dissertation, Universität Paderborn, Heinz Nixdorf Institut, 2013.

[Wik11] Wikström, A.: „Visualization – a Catalyst for Creativity in New Product Development“, in: International Conference on Design Creativity 2010. Springer, London, 2011.

[Win16] Windheim, M.; Krause, D.: „Opportunity Cost of Modularity: Challenges and Requirements for Balancing the Dilemma of Product Platforms“, in: Design for X - Beiträge zum 27. DfX-Symposium Oktober 2016. TuTech Verlag, Hamburg, 2016, S. 65–76.

[Win18] Windheim, M.; Gebhardt, N.; Krause, D.: „Towards a decision-making framework for multi-criteria product modularization in collaborative environments“. in: Procedia CIRP Design Conference 2018, Nantes, 2018, S. 380–385.

[Yin14] Yin, R. K.: „Case study research - Design and methods“. SAGE, Los Angeles, 2014.

[Yoo10] Yoon, B.: „Strategic visualisation tools for managing technological information“, in: Technology Analysis & Strategic Management, 2010, Jg. 22, Nr. 3, S. 377–397.

[Zuk06] Zuk, T.; Schlesier, L. et al.: „Heuristics for information visualization evaluation“, in: Proceedings of the 2006 AVI Workshop. Venedig, 2006, S. 55–60.

MIX
Papier aus verantwortungsvollen Quellen
Paper from responsible sources
FSC® C105338

If you have any concerns about our products,
you can contact us on
ProductSafety@springernature.com

In case Publisher is established outside the EU,
the EU authorized representative is:
Springer Nature Customer Service Center GmbH
Europaplatz 3, 69115 Heidelberg, Germany

Printed by Libri Plureos GmbH
in Hamburg, Germany